U0264142

“十四五”国家重点出版物出版规划项目

城市安全出版工程·城市基础设施生命线安全工程丛书

名誉总主编　范维澄
总　主　编　袁宏永

城市供水安全工程

刘锁祥　高　伟　主　编

URBAN WATER SUPPLY
SAFETY ENGINEERING

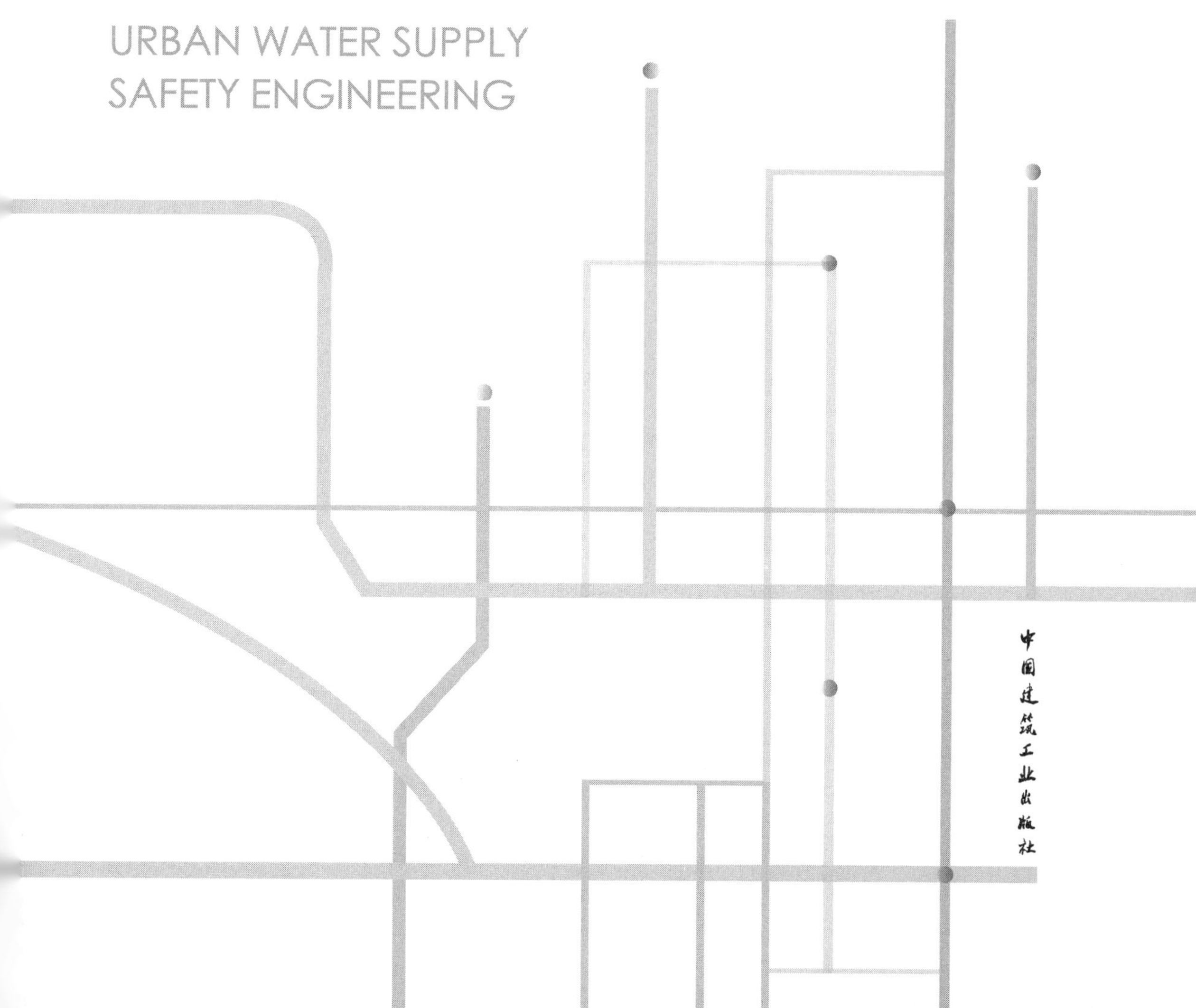

中国建筑工业出版社

图书在版编目（CIP）数据

城市供水安全工程 = URBAN WATER SUPPLY SAFETY ENGINEERING / 刘锁祥，高伟主编. --北京：中国建筑工业出版社，2024.11. --（城市基础设施生命线安全工程丛书 / 范维澄，袁宏永主编）. -- ISBN 978-7-112-30547-6

Ⅰ. TU991

中国国家版本馆CIP数据核字第2024VC6260号

丛书总策划：范业庶
责 任 编 辑：于　莉　杜　洁
文 字 编 辑：李鹏达
责 任 校 对：赵　力

城市安全出版工程 · 城市基础设施生命线安全工程丛书
名誉总主编　范维澄
总　主　编　袁宏永

城市供水安全工程

URBAN WATER SUPPLY SAFETY ENGINEERING

刘锁祥　高　伟　主　编

*

中国建筑工业出版社出版、发行（北京海淀三里河路 9 号）
各地新华书店、建筑书店经销
北京锋尚制版有限公司制版
建工社（河北）印刷有限公司印刷

*

开本：787 毫米×1092 毫米　1/16　印张：18¾　字数：405 千字
2024 年 12 月第一版　　2024 年 12 月第一次印刷
定价：**88.00** 元
ISBN 978-7-112-30547-6
（43496）

丛书编委会

城市安全出版工程·城市基础设施生命线安全工程丛书

编 委 会

本书编委会

城市供水安全工程

编 写 组

主　　编：刘锁祥　高　伟

执行主编：徐锦华　贾庆红

副 主 编：赵顺萍　顾军农　刘　阔　李玉仙　蔡　璐

编　　委：孙　迪　范瑞娜　王　敏　潘俊杰　魏桂芹
何　鑫　郭菁菁　王宏展　巴卓然　郑世雄
刘　彬　金　晔　胡振江　李云峰　齐轶昆
梁　军　冯博然　冯　斌　李瑞奇　段　然
韩小倩　宋海军　董毓良　佟景男　常　祺
刘　芬　李为星　孔祥达　柴　文　丁　硕
田　雨　刘　晨　冯　凯　汪　洋　王　玥
杨　扬　杨艳兵　李玉成　杜　萌　张　林
陈　哲　郭　晨　金其祥　李　骜　袁　春

主编单位：中国城镇供水排水协会
北京市自来水集团有限责任公司

副主编单位：北京市水务局
天津水务集团有限公司

参编单位：中国城市规划设计研究院
合肥泽众城市智能科技有限公司

丛书序言

我们特别欣喜地看到由袁宏永教授领衔，清华大学安全科学学院和中国建筑工业出版社共同组织，国内住建行业和公共安全领域的相关专家学者共同编写的“城市安全出版工程·城市基础设施生命线安全工程丛书”正式出版。丛书全面梳理和阐述了城市生命线安全工程的理论框架和技术体系，系统总结了我国城市基础设施生命线安全工程的实践应用。这是一件非常有意义的工作，可谓恰逢其时。

城市发展要把安全放在第一位，城市生命线安全是国家公共安全的重要基石。城市生命线安全工程是保障城市供水、排水、燃气、热力、桥梁、综合管廊、轨道交通、电力等城市基础设施安全运行的重大民生工程。我国城市生命线规模世界第一，城市生命线设施长期高密度建设、高负荷运行，各类地下管网长度超过 550 万 km。城市生命线设施在地上地下互相重叠交错，形成了复杂巨系统并在加速老化，已经进入事故集中爆发期。近 10 年来，城市生命线发生事故两万多起，伤亡超万人，每年造成 450 多万居民用户停电，造成重大人员伤亡和财产损失。全面提升城市生命线的保供、保畅、保安全能力，是实现高质量发展的必由之路，是顺应新时代发展的必然要求。

国内有一批长期致力于城市生命线安全工程科学研究和应用实践的学者和行业专家，他们面向我国城市生命线安全工程建设的重大需求，深入推进相关研究和实践探索，取得了一系列基础理论和技术装备创新成果，并成功应用于全国 70 多个城市的生命线安全工程建设中，创造了显著的社会效益和经济效益。例如，清华大学合肥公共安全研究院在国家部委和地方政府大力支持下，开展产学研用联合攻关，探索出一条以场景应用为依托、以智慧防控为导向、以创新驱动为内核、以市场运作为抓手的城市生命线工程安全发展新模式，大幅提升了城市安全综合保障能力。

丛书坚持问题导向，结合新一代信息技术，构建了城市生命线风险“识别—评估—监测—预警—联动”的全链条防控技术体系，对各个领域的典型应用实践案例进行了系统总结和分析，充分展现了我国城市生命线安全工程在风险评估、工程设计、项目建设、运营维护等方面的系统性研究和规模化应用情况。

丛书坚持理论与实践相结合，结构比较完整，内容比较翔实，应用覆盖面广。丛书编者中既有从事基础研究的学者，也有从事技术攻关的专家，从而保证了内容的前沿性和实用性，对于城市管理者、研究人员、行业专家、高校师生和相关领域从业人员系统了解学习城市生命线安全工程相关知识有重要参考价值。

目前，城市生命线安全工程的相关研究和工程建设正在加快推进。期待丛书的出版能带动更多的研究和应用成果的涌现，助力城市生命线安全工程在更多的城市安全运行中发挥“保护伞”“护城河”的作用，有力推动住建行业与公共安全学科的进一步融合，为我国城市安全发展提供理论指导和技术支撑作用。

中国工程院院士、清华大学公共安全研究院院长　范维澄

2024 年 7 月

丛书前言

党和国家高度重视城市安全，强调要统筹发展和安全，把人民生命安全和身体健康作为城市发展的基础目标，把安全工作落实到城市工作和城市发展各个环节各个领域。城市供水、排水、燃气、热力、桥梁、综合管廊、轨道交通、电力等是维系城市正常运行、满足群众生产生活需要的重要基础设施，是城市的生命线，而城市生命线是城市运行和发展的命脉。近年来，我国城市化水平不断提升，城市规模持续扩大，导致城市功能结构日趋复杂，安全风险不断增大，燃气爆炸、桥梁垮塌、路面塌陷、城市内涝、大面积停水停电停气等城市生命线事故频发，造成严重的人员伤亡、经济损失及恶劣的社会影响。

城市生命线工程是人民群众生活的生命线，是各级领导干部的政治生命线，迫切要求采取有力措施，加快城市基础设施生命线安全工程建设，以公共安全科技为核心，以现代信息、传感等技术为手段，搭建城市生命线安全监测网，建立监测运营体系，形成常态化监测、动态化预警、精准化溯源、协同化处置等核心能力，支撑宜居、安全、韧性城市建设，推动公共安全治理模式向事前预防转型。

2015 年以来，清华大学合肥公共安全研究院联合相关单位，针对影响城市生命线安全的系统性风险，开展基础理论研究、关键技术突破、智能装备研发、工程系统建设以及管理模式创新，攻克了一系列城市风险防控预警技术难关，形成了城市生命线安全工程运行监测系统和标准规范体系，在守护城市安全方面蹚出了一条新路，得到了国务院的充分肯定。2023 年 5 月，住房和城乡建设部在安徽合肥召开推进城市基础设施生命线安全工程现场会，部署在全国全面启动城市生命线安全工程建设，提升城市安全综合保障能力、维护人民生命财产安全。

为认真贯彻国家关于推进城市安全发展的精神，落实住房和城乡建设部关于城市基础设施生命线安全工程建设的工作部署，中国建筑工业出版社相关编辑对住房和城乡建设部的相关司局、城市建设领域的相关协会以及公共安全领域的重点科研院校进行了多次走访和调研，经过深入地沟通和交流，确定与清华大学安全科学学院共同组织编写“城市安全出版工程·城市基础设施生命线安全工程丛书”。通过全面总结全国城市生命线安全领域的现状和挑战，坚持目标驱动、需求导向，系统梳理和提炼最新研究成果和实践经验，充分展现我国在城市生命线安全工程建设、运行和保障的最新科技创新和应用实践成果，力求为城市生命线安全工程建设和运行保障提供理论支撑和技术保障。

“城市安全出版工程·城市基础设施生命线安全工程丛书”共9册。其中，《城市生命线安全工程》在整套丛书中起到提纲挈领的作用，介绍城市生命线安全工程概述、安全运行现状、风险评估、安全风险综合监测理论、监测预警技术与方法、平台概述与应用系统研发、安全监测运营体系、安全工程应用实践和标准规范。其他8个分册分别围绕供水安全、排水安全、燃气安全、供热安全、桥梁安全、综合管廊安全、轨道交通安全、电力设施安全，介绍该领域的行业发展现状、风险识别评估、风险防范控制、安全监测监控、安全预测预警、应急处置保障、工程典型案例和现行标准规范等。各分册相互呼应，配套应用。

“城市安全出版工程·城市基础设施生命线安全工程丛书”的作者有来自清华大学、清华大学合肥公共安全研究院、北京交通大学、中国矿业大学（北京）等高校和科研院所的知名教授，也有来自中国市政工程华北设计研究总院有限公司、国网智能电网研究院有限公司等工程单位的知名专家，也有来自中国城镇供水排水协会、中国城镇供热协会等的行业专家。通过多轮的研讨碰撞和互相交流，经过诸位作者的辛勤耕耘，丛书得以顺利出版。本套丛书可供地方政府尤其是住房和城乡建设、安全领域的主管部门、行业企业、科研机构和高等院校相关人员在工程设计与项目建设、科学研究与技术攻关、风险防控与应对处置、人才培养与教育培训时参考使用。

衷心感谢住房和城乡建设部的大力指导和支持，衷心感谢各位编委和各位编辑的辛勤付出，衷心感谢来自全国各地城市基础设施生命线安全工程的科研工作者，共同为全国城市生命线安全发展贡献力量。

随着全球气候变化、工业化与城镇化持续加速，城市面临的极端灾害发生频度、破坏强度、影响范围和级联效应等超预期、超认知、超承载。城市生命线安全工程的科技发展和实践应用任重道远，需要不断深化加强系统性、连锁性、复杂性风险研究。希望“城市安全出版工程·城市基础设施生命线安全工程丛书”能够抛砖引玉，欢迎大家批评指正。

序言

水是生命之源，供水是城市居民生活的基本需求，直接关系到居民的健康和生活质量。进入 21 世纪以来，2022 年全国城市用水人口增长了 126%，城市供水安全在城市基础设施生命线中的重要性不可忽视，尤其在我国这样人口密集、城市化进程加快的国家。城市供水安全直接关系到城市的经济发展和社会稳定，任何因为供水问题而引发的危机都可能导致社会动荡和民众不满。供水系统的稳定运行是支撑城市工商业生产和经济活动的重要保障。如果供水出现中断或水质问题，将严重影响工厂生产、商业活动和居民生活，造成经济损失和社会不稳定。保障城市供水安全是一项极为重要的工程，也是一项充满挑战的任务。

住房和城乡建设部办公厅、国家发展改革委办公厅和国家疾病预防控制局综合司于 2022 年 8 月 30 日发布《关于加强城市供水安全保障工作的通知》，是为了进一步提升城市供水安全保障水平，要求坚持以人民为中心的发展思想，全面、系统加强城市供水工作，推动城市供水高质量发展，持续增强供水安全保障能力，满足人民群众对供水安全的需要。自 2023 年 4 月 1 日起，城市供水全面执行《生活饮用水卫生标准》GB 5749—2022；到 2025 年，建立较为完善的城市供水全流程保障体系和基本健全的城市供水应急体系。为了完善相关制度机制，2022 年 11 月 30 日住房和城乡建设部发布了关于《城市供水条例（修订征求意见稿）》公开征求意见的通知，有助于进一步规范城市供水工作、强化城市供水安全保障。

随着城市化进程的加快和环境污染的加剧，城市供水面临着越来越多的挑战。水源污染、管网老化、供水设施设备的老化和管理不善等问题，都可能影响城市供水的安全性和可靠性。因此，加强水源保护、优化供水管网建设、提高供水设施设备的管理和维护水平，是保障城市供水安全的关键措施。《生活饮用水卫生标准》GB 5749—2022 的实施对我国饮用水水质安全发挥了重要的保障作用，特别是强化了对消毒副产物和感官性状指标的管控，强化了对风险变化的关注，对城市供水也提出了更高的要求。我们迫切需要深入研究城市供水系统的安全工程，找出解决问题的有效途径和方法。

为了响应国家关于推进城市安全发展、加强城市基础设施生命线安全工程建设的要求，中国建筑工业出版社和清华大学合肥公共安全研究院共同组织编制“城市安全出版工程 · 城市基础设施生命线安全工程丛书”，其中《城市供水安全工程》由中国城镇供水排水协会牵头组织编写，北京市自来水集团有限责任公司作为主要编写单位，在保障城市居民饮水安全、提高供水质量、改善供水服务、推动供水科技创新等方面积累了丰硕的实践成果。本书全面系统地介绍了城市供水系统的构成、运行机理、安全技术和管理方法等方面的知识，深入剖析了供水系统可能面临的各种安全隐患和风险，并提出了有效的风险防范方法。本书为我国城市供水系统的安全稳定运行提供理论支撑和技术保障，对提升城市供水系统的安全韧性、保障城市居民的生活饮用水安全具有重要的指导意义。

本书在编写过程中充分考虑了我国城市供水行业的实际情况，结合了最新的研究成果和实践经验，为城市供水系统的安全工程提供了宝贵的参考和指导。我相信，通过我们的共同努力，城市供水系统的安全工程一定能够取得更大的成就，为推动城市供水事业的发展、促进社会经济的稳定和繁荣作出更大的贡献。

愿《城市供水安全工程》这部著作能够成为供水行业安全的经典之

作，为我国城市供水系统的安全工程提供强有力的理论支撑和实践指导，为建设美丽中国、实现民族复兴的中国梦贡献我们的智慧和力量。

谨以此序，献给所有致力于城市供水安全工程的科研工作者、工程技术人员和管理者，愿我们携手并进，共同开创城市供水安全事业的美好未来！

清华大学环境学院

2024 年 4 月

前言

城市供水是重要的民生工程，供水安全则是保障人民群众身体健康和社会稳定的基础。随着社会的不断发展，人民群众对供水安全和供水质量的要求也不断提高。我国一些城市的供水能力、水质检测、管网建设改造、应急处置能力有所提升，特别是得益于“智慧水务”等信息化管理平台的建设，城市供水安全保障能力不断提高。然而，当前我国城市饮用水水源单一，缺乏备用或应急水源；水质监测能力和监测手段落后；管网老化导致的爆管、漏损和压力不足等问题仍普遍存在，一旦遇到突发事件，居民的饮用水安全可能无法得到保障。

城市供水安全工程贯穿城市供水全流程，从源头水源地到供水厂水质净化，再到水泵加压、管网运输，最后到居民家中，涉及取水、制水、供水多个环节。饮用水安全保障涉及规划、设计、建设、运行维护等多个过程，涉及政府、企业、百姓等多个主体。因此，城市供水安全的实现需要各环节共同发力，多方统筹合作。随着国家对城市供水安全保障工作要求的提高，2022 年住房和城乡建设部办公厅等三部门联合下发《关于加强城市供水安全保障工作的通知》，要求推进供水设施改造，提高供水检测与应急能力，优化提升城市供水服务，健全保障措施；全面、系统加强城市供水工作，推动城市供水高质量发展，持续增强供水安全保障能力，到 2025 年建立较为完善的城市供水全流程保障体系和基本健全的城市供水应急体系。为了响应国家的号召，积极推进城市供水安全体系建设，中国城镇供水排水协会、北京市自来水集团有限责任公司和天津水务集团有限公司主持编写了《城市供水安全工程》，本书系统介绍了城市供水工程的韧性建设以及供水工程各环节的风险识别和防范，希望能够为地方政府、相关企业提供参考，为我国城市供水安全保障工作的顺利推行略尽绵薄之力。

本书共 8 章，第 1 章介绍了城市供水系统韧性建设，分析了供水系统发展的现状与需求、面临的挑战，提出系统韧性强化的方向和方法。第

2、3、4、5、6章分别介绍了安全生产、水源安全、供水厂运行、管网运行、加压调蓄设施的安全风险识别与防范策略。第7章重点介绍了城市供水新技术，包括近年来热度较高的智慧供水、数字孪生技术、管网在线监测技术等。第8章对城市供水安全工程涉及的法律法规、部门条例、国家标准等进行了内容梳理和解读。

本书由中国城镇供水排水协会和北京市自来水集团有限责任公司主持编写。各章节编写人员主要来自于以下单位：第1章，北京市自来水集团有限责任公司、中国城镇供水排水协会和中国城市规划设计研究院；第2章，北京市自来水集团有限责任公司；第3、4、5章，北京市自来水集团有限责任公司、合肥泽众城市智能科技有限公司；第6章，天津水务集团有限公司；第7、8章，北京市自来水集团有限责任公司。

由于编者水平有限，不足之处，敬请读者批评指正。

刘锁祥

北京市自来水集团有限责任公司

2024年4月

目录

第 4 章　供水厂运行安全风险识别与防范

第 5 章　管网运行安全风险识别与防范

第 8 章 城市供水典型法规标准

附录

参考文献

第 1 章 城市供水系统韧性建设

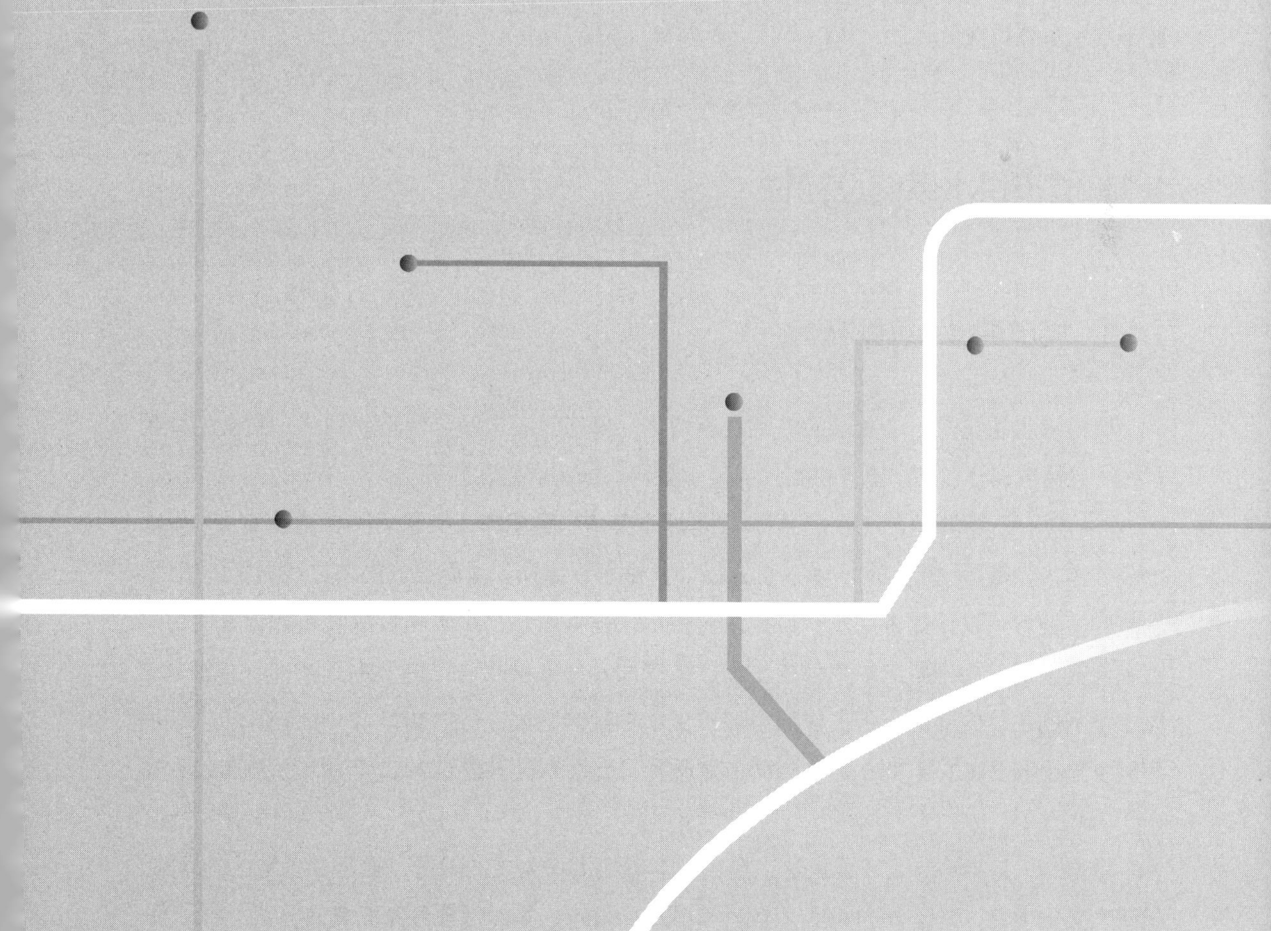

城市供水是城市建设中重要的民生工程，事关人民群众身体健康和社会稳定。为了全面、系统地加强城市供水工作，推动城市供水高质量发展，以及增强城市供水安全保障能力，2022 年 8 月住房和城乡建设部办公厅、国家发展改革委办公厅、国家疾病预防控制局综合司联合印发了《关于加强城市供水安全保障工作的通知》，提出城市供水自 2023 年 4 月 1 日起全面执行《生活饮用水卫生标准》GB 5749—2022 标准；到 2025 年，建立较为完善的城市供水全流程保障体系和基本健全的城市供水应急体系。城市供水安全涉及城市供水系统中的各个环节，首先要认识到加强城市供水安全的重要性和紧迫性，通过构建高质量的城市供水设施和设备体系、高水平的水质检测体系、高效率的应急管理体系、高标准的服务体系和高效能的供水安全监管体系，提升城市供水系统安全和有效供给水平，建设强有力的城市供水系统韧性。

1.1 城市供水系统及韧性

1.1.1 城市供水系统概况

城市供水系统是一个复杂的基础设施网络，旨在为城市和居民提供清洁、安全的饮用水，一般组成部分包括水源、供水厂、输水管网、加压调蓄设施等。

《中华人民共和国城市供水条例》规定城市供水包括城市公共供水和自建设施供水。城市公共供水，是指城市自来水供水企业以公共供水管道及其附属设施向单位和居民的生活、生产和其他各项建设提供用水；自建设施供水，是指城市的用水单位以其自行建设的供水管道及其附属设施主要向本单位的生活、生产和其他各项建设提供用水。城市公共供水是城市供水的主体的部分，所占份额为城市供水总额的绝大部分。2023 年 10 月 13 日，住房和城乡建设部发布的《2022 年中国城市建设状况公报》显示截至 2022 年城市供水普及率达 99.39%（图 1–1）。

城市是人口集中、工商业发达、居民以非农业人口为主的地区，通常是各地区的政治、经济、文化中心。截至 2022 年，我国共有 695 个城市，按照规模分为五类七档。

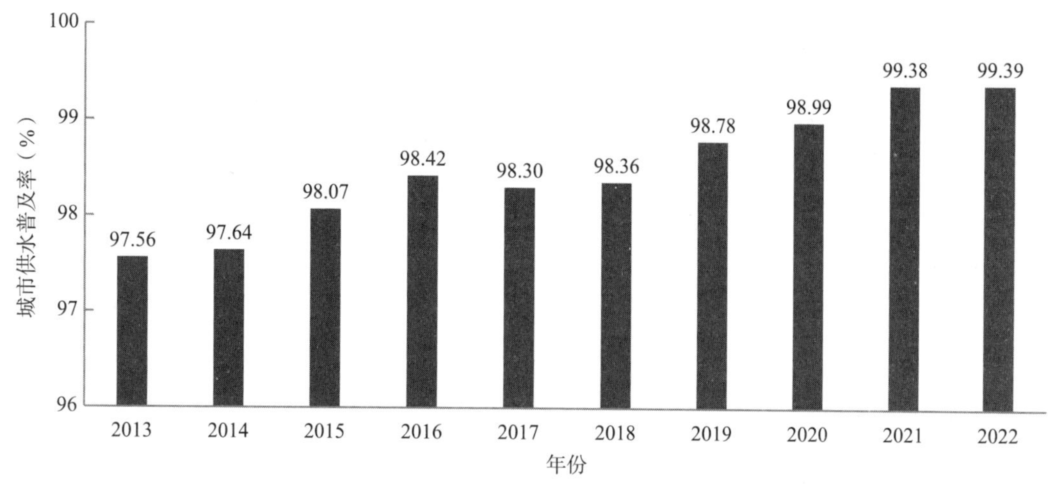

图 1-1　我国城市供水普及率（2013 ~ 2022 年）

超大城市，城区常住人口超过 1000 万人的城市：北京、上海、广州、深圳、重庆、天津、成都、东莞、武汉、杭州、台湾（共 11 个）。

特大城市，城区常住人口在 500 万人 ~ 1000 万人的城市：西安、郑州、南京、济南、合肥、沈阳、青岛、长沙、苏州、香港（共 10 个）。

Ⅰ型大城市，城区常住人口在 300 万人 ~ 500 万人的城市：哈尔滨、长春、昆明、南宁、厦门、太原、福州、大连、乌鲁木齐、宁波、石家庄、南昌、兰州（共 13 个）。

Ⅱ型大城市，城区常住人口在 100 万人 ~ 300 万人的城市：贵阳、无锡、洛阳、汕头、惠州、温州、烟台、呼和浩特、临沂、南通、常州、邯郸、徐州、淄博、海口、唐山、珠海、义乌、新疆生产建设兵团（以下简称新疆兵团）、商丘、开封、金华等。

中等城市，城区常住人口在 50 万人 ~ 100 万人的城市：泰州、湖州、荆州、德州、嘉兴、平顶山、昆山、周口、沧州、牡丹江、许昌、丹东、北海、韶关、廊坊、怀化、信阳、驻马店、佳木斯、延吉、鹤壁、延安等。

Ⅰ型小城市，城区常住人口 20 万人以上 50 万人以下的城市：铁岭、克拉玛依、通辽、景德镇、大理、衢州、桐乡、宁德、黄冈、孝义、张家界、新郑、高密、曲阜、荥阳、敦化等。

Ⅱ型小城市，城区常住人口在 20 万人以下的城市：开原、枝江、五常、公主岭、黑河、日喀则、吐鲁番、敦煌、汾阳、额尔古纳、漠河、五指山、霍尔果斯、阿拉山口等。

2022 年全国部分省（区、市）和新疆兵团城市供水普及率如图 1-2 所示，其中，河北、上海、江苏、浙江和天津 5 个省（市）城市供水普及率达到 100%；宁夏、福建、海南、湖北、山东、广西、北京、安徽、广东、新疆、西藏、内蒙古、青海、甘肃、江西、河南、黑龙江、云南和湖南 19 个省（区、市）超过 99%；辽宁、贵州、山西、重庆和陕西 5 个省（市）

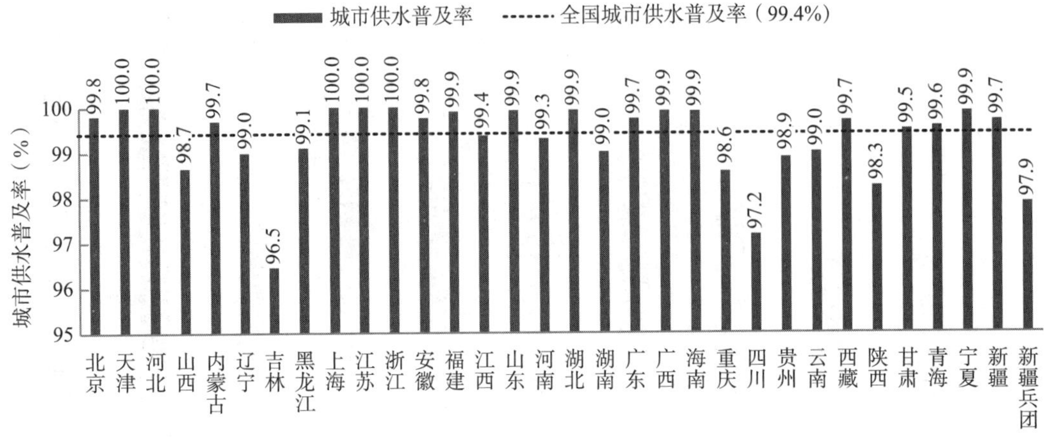

图 1-2　我国部分省（自治区、直辖市）和新疆兵团城市供水普及率（2022 年）

超过 98%；四川、吉林 2 个省和新疆兵团超过 95%。

城市供水的最终目的是为居民提供生活生产用水，我国城市人均日生活用水量基本呈现逐年上升的趋势（图 1-3）。城市供水过程主要是通过取水泵站汲取水源水输送至供水厂，并经供水厂处理工艺净化，水质符合国家《生活饮用水卫生标准》GB 5749—2022，再由配水泵站经输配水管网供给用户。在城市供水日常管理方面，根据《中华人民共和国城市供水条例》规定，国务院城市建设行政主管部门主管全国城市供水工作。省、自治区、直辖市人民政府城市建设行政主管部门主管本行政区域内的城市供水工作。县级以上城市人民政府确定的城市供水行政主管部门主管本行政区域内的城市供水工作。城市供水工作实行开发水源和计划用水、节约用水相结合的原则。且对城市供水系统提出了明确要求。

城市供水水源：县级以上城市人民政府应当组织城市规划行政主管部门、水行政主管部

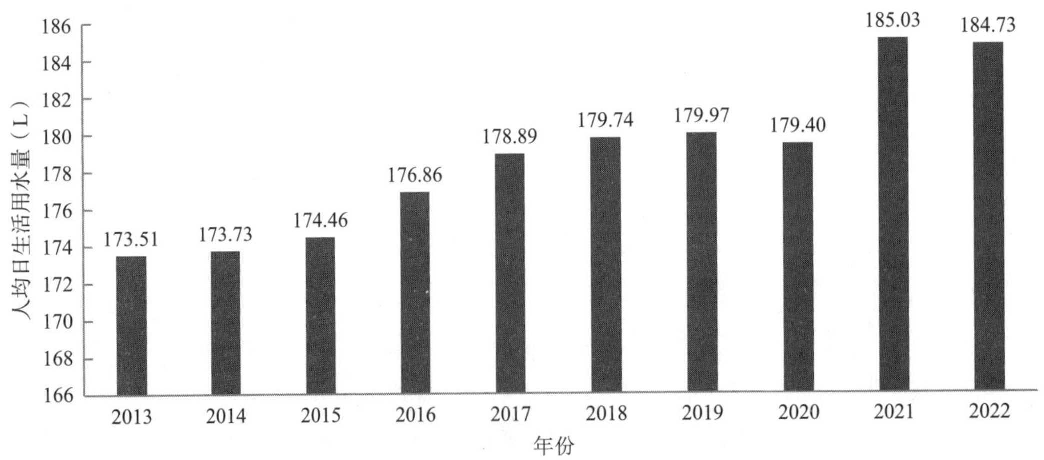

图 1-3　我国城市人均日生活用水量（2013～2022 年）

门、城市供水行政主管部门和地质矿产行政主管部门等共同编制城市供水水源开发利用规划，作为城市供水发展规划的组成部分，纳入城市总体规划。在水源地选取规划中有以下要求：应当从城市发展的需要出发，并与水资源统筹规划和水长期供求计划相协调；应当根据当地情况，合理安排利用地表水和地下水；应当优先保证城市生活用水，统筹兼顾工业用水和其他各项建设用水。

城市供水工程建设：城市供水工程的设计、施工，应委托持有相应资质证书的设计、施工单位承担，并遵守国家有关技术标准和规范。禁止无证或者超越资质证书规定的经营范围承担城市供水工程的设计、施工任务。

城市供水经营：城市自来水供水企业和自建设施对外供水的企业，经工商行政管理机关登记注册后，方可从事经营活动。资质审查办法由国务院城市建设行政主管部门规定。

城市供水系统的首要组成部分是水源，通常是河流水、湖泊水、水库水、地下水或井水。这些水源通常需要受到保护，以确保水质的安全性。水源通常由水库和水坝管理，这些结构有助于储存水资源，同时也可以调整水流，以满足城市的需求。水坝还可以用于水的调节，以应对干旱或洪水。从水源取水后，由输水管道将水送往供水厂，供水厂负责处理水源水，处理工艺通常包括但不限于常规处理工艺（混凝、沉淀和过滤）、深度处理工艺（活性炭吸附、臭氧生物活性炭、纳滤）和消毒（氯、臭氧或紫外线）等步骤，以去除污染物和病原微生物。处理后的饮用水通常会储存在巨大的储水池中，以平衡供需、应对紧急情况和维持水质。水从供水厂通过管道输送到城市的各个地区。城市供水系统通常包括大量的输水管道，这些管道埋在地下或架设在地面。管网应科学合理设计，以确保水流稳定、压力适中，同时减少损失。

从主要输水管道分支出起配水作用的支管，将水供应到不同的区域、社区和家庭。当民用与工业建筑生活饮用水对水压、水量的要求超过城镇公共供水或自建设施供水管网能力时，通过储存、加压等设施经管道供给用户或自用的供水方式称为加压调蓄设施。加压调蓄设施通常包括水塔、水泵站、水箱和管网，以保持供水的稳定性。大多数城市会在家庭和企业的水管入口安装水表，以测量用水量并对其进行计费。同时，城市供水系统还会定期监测水质，以确保水源和供水系统的水质安全。

城市供水系统示意图如图 1–4 所示。城市供水系统的全生命周期包括供水系统的规划、建设、运营、维护以及城市供水系统在环境和社会方面的影响。城市供水系统的全生命周期始于规划和建设阶段，这包括选择水源、设计水库和水坝、建设供水厂和输水管道等。规划必须考虑城市的人口增长和用水需求，同时需要满足相关环保法规和可持续发展标准。供水系统的运营和维护是其生命周期中一个重要的环节，包括日常水质监测、维护管道和设备、调整供水厂操作以应对水质变化。运营和维护是为了确保连续供水和水质安全。供水系统必须提供清洁、安全的饮用水。因此，对水质和卫生的管理和监测至关重要，通过消毒、维护

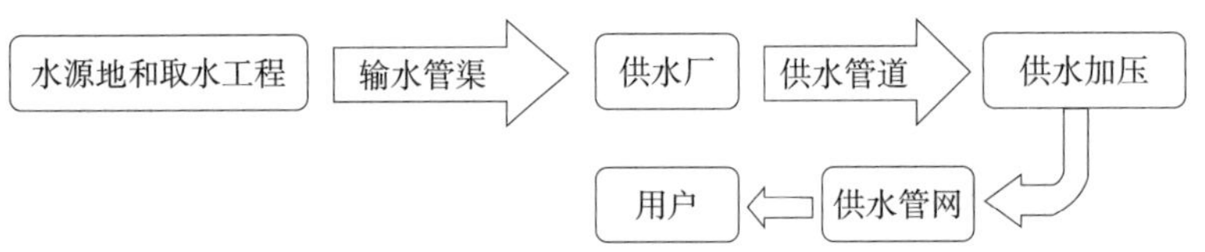

图 1-4　城市供水系统示意图

储水池和管道的卫生、监测水质并采取必要的措施来保障公众的健康。供水系统的建设和运营对环境有直接或间接的影响。水源保护和管理、水库和水坝的建设、管道的铺设以及消毒和处理工艺都会对当地的生态系统产生影响。全生命周期也需要关注供水系统对生态平衡的影响，并采取措施来减少负面影响。供水系统的运营和维护需要能源，这可能来自电力、天然气等。在全生命周期规划中，需要评估供水系统的能源效率，以减少对能源的消耗，降低碳足迹。供水系统的全生命周期还涉及经济方面的考虑，这包括资金投入、设施建设、维护成本，以及用水费用，需要确保系统的可持续性和经济合理性。供水系统的安全性、可靠性和可访问性对城市居民的生活质量有深远影响。供水系统必须满足社会的需求，并确保水资源的公平分配。

1.1.2　城市供水系统韧性

随着城市人口数量不断增加，为满足日益提升的用水需求，具有较强韧性的城市供水系统才能跟随现代发展的进程。“韧性”一词源自拉丁文，本意为“恢复到原始状态”。1973年加拿大生态学家 Holling 首次提出韧性概念并应用于生态学，指生态系统受到外界扰动后，通过自身调节，维持正常功能的能力。后来该概念延伸至多个领域，包括供水系统。现阶段的韧性概念主要指的是演进韧性，即韧性不只是系统恢复到稳态的能力，而是在恢复的过程中产生的一系列变化和能力，如持续、适应、转变。

近年来，建设韧性城市已经成为指导城市发展的重要方略。《中华人民共和国国民经济和社会发展第十四个五年规划和 2035 年远景目标纲要》中指出：顺应城市发展新理念新趋势，开展城市现代化试点示范，建设宜居、创新、智慧、绿色、人文、韧性城市；加强公共设施应对风暴、干旱和地质灾害的能力，完善公共设施和建筑应急避难功能。由此可见，韧性城市相关政策已经成为指导城市建设的重要方略。供水系统是重要的城市基础设施，其韧性是城市韧性的关键组成部分。在这种背景下，建设供水系统韧性成为水务部门重点工作之一。

城市供水系统的韧性是供水系统在面对外界的众多压力与变化时能够保持功能的能力，以及在超过一定承受限度时恢复自身结构功能、保持稳定的能力。供水系统韧性具有广义和狭义两种内涵，如图 1-5 所示。广义的韧性是指面临如洪涝、保障工程事故、气象灾害等突发灾害事故，以及如气候变化、人口变化等长期变化时，系统具有灾害前、中、后各阶段防

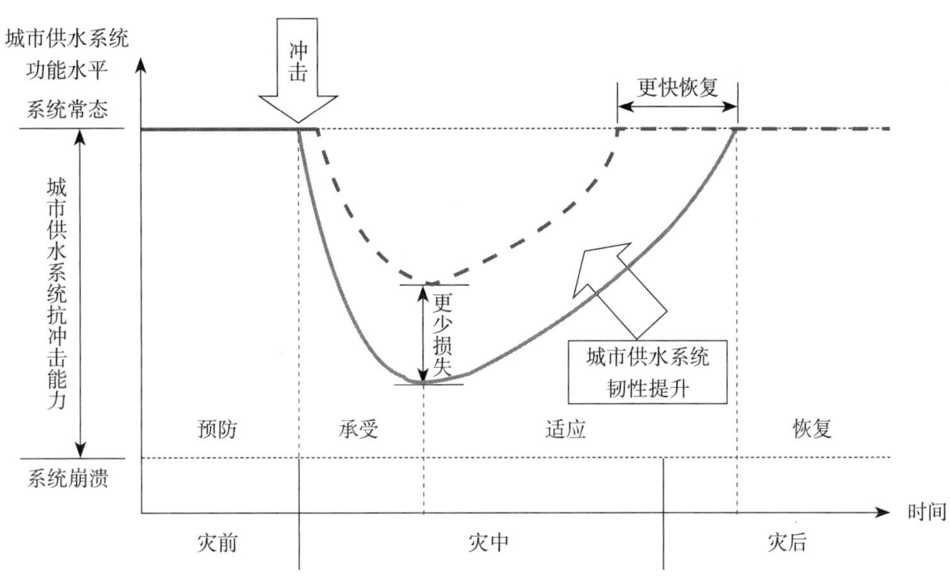

图 1-5　城市供水系统韧性示意图

御、承受、适应和恢复的全过程能力。狭义的供水系统韧性是指灾害中、后阶段的承受、适应、恢复的能力。

对城市供水系统的韧性进行评估，需要首先采取合适的评估方法。本书汇总三类相对典型的韧性评估方法。

1. 多准则评估法

从基础设施和服务提供两个方面评估城市供水系统的韧性，韧性评价指标体系选取五个方面，包括资源禀赋、用水需求、供水设施、污水排放、管理措施。当涉及多个目标或准则时，需要考虑它们之间的关系，且做出最优决策时，一般采用多准则评估方法，此方法依据指数或分值对参评对象的综合状况进行排序评价。多准则评价考虑两个层次，准则层和指标层，以获得评价结果。

资源禀赋准则层下选取了水资源总量和年降水量作为指标层，用水需求准则层下选取了人均日生活用水量和用水人口作为指标层，供水设施准则层下选取了综合生产能力、漏损水量、供水管道长度、供水总量、用水普及率作为指标层，污水排放准则层下选取了城市污水排放量作为指标层，管理措施准则层下选择了绿化覆盖率、城市污水处理率作为指标层。这些指标及数据的选取依据是连续多年的《中国城市建设统计年鉴》《中国城市统计年鉴》，以及各省份的统计年鉴。

首先采用归一化方法对数据进行处理。归一化方法有许多优点，一是由于选取的指标各自有不同的统计单位和尺度，归一化处理可以避免数据量纲不统一；二是归一化方法能减少调参数的人工干预；三是可以提升后续步骤中模型计算的收敛速度。归一化方法中最常见的方法就是最小值－最大值归一化。

对于越大越优的正向化指标，标准化公式如下：

$$y_i = \frac{x_i - \min(x_i)}{\max(x_i) - \min(x_i)} \tag{1-1}$$

对于越小越好的负向化指标，标准化公式如下：

$$y_i = \frac{\max(x_i) - x_i}{\max(x_i) - \min(x_i)} \tag{1-2}$$

式中 x_i——指标 i 的值；

$\max(x_i)$——该指标的最大值；

$\min(x_i)$——该指标的最小值；

y_i——指标 i 的标准值。

然后采用均方差法计算各指标的客观权重，进而计算出城市供水系统韧性值。

$$E(y_i) = \frac{1}{n}\sum_{i=1}^{n} y_i \tag{1-3}$$

式中 $E(y_i)$——指标 i 的平均值；

n——指标 i 的数量。

$$\sigma_i = \sqrt{\frac{\sum_{i=1}^{n}\left[y_i - E(y_i)\right]^2}{n}} \tag{1-4}$$

式中 σ_i——指标 i 的均方差；

n——指标 i 的数量。

选取连续多年的《中国城市建设统计年鉴》《中国城市统计年鉴》，以及各省份统计年鉴中的数据，运用以上公式可以计算城市供水系统的韧性值。

多准则评估韧性测算方法有如下优点：一是能计算出韧性值的原理简单易懂，计算快速；二是该指标体系的准则层既考虑内部因素，也考虑外部因素，都有其必要性，具有一定的参考价值。资源禀赋指的是该城市的水资源量，供水系统的恢复和适应能力与该城市水资源的充足程度密切相关，如果水资源足够充足，城市供水系统的恢复和适应就具备足够的支撑，恢复和适应能力也就相对较高。需水量指人口增加或者季节变化等多种因素可能导致用水量的变化，但城市供水系统的供水能力是有限的，面对变化及时调整供水，达到供需平衡是一个城市供水系统韧性的重要体现。供水设施反映了供水系统基础建设、运行、维护的水平，加强供水设施的建设和维护，可以保障供水系统长期、稳定地运行，减弱外界带来的影响。此方法选择污水排放作为准则层，其考虑到污水排放会破坏城市环境、水资源，导致用水受到负面影响，而且控制污染也要耗费大量的人力、物力、时间，这不利于建设城市供水系统的韧性。管理对策的有效性有助于改善生产生活用水方式，促进城市供水系统抗风险能力的提升，有利于保障城市供水安全，实现资源、环境和社会协调发展。

多准则评估韧性测算方法也存在一定的问题，一是只考虑较长期限内持续状态或改善当前状态的能力，不考虑与突发灾难事件有关的适应能力，因此这一评估方法在面对突发灾害事件时不适用；二是其指标和数据从各城市的统计年鉴中选取，而年鉴是统计一年内实事与数据的总览，不具有实时性，若要即时地判断某个城市的供水系统韧性则难以实现；三是污水排放准则层选择的指标是城市污水排放量，这一数据一般不能实时获知，如果要即时地测算某一城市供水系统的韧性值，这一指标将不适用；四是运用了此方法一般只测算韧性值，用来比较多年以来不同城市供水系统的韧性值相对大小或者同一城市供水系统韧性值的相对波动趋势，没有明确说明韧性值与韧性的绝对对应关系。因此，此方法无法通过单次测算直接判断某城市供水系统的韧性建设程度。

2. 层次分析和模糊综合评价结合法

层次分析法是当一个问题有多个目标时，将这个问题看作一个系统，分解出三个层级：目标层、准则层、指标层，将指标从定性转变为模糊量化，算出各指标权重，通过权重和排序，得出优化决策。层次分析法适合于具有多个目标的复杂问题，且指标分层交错的情况，但当指标过多时，数据统计工作繁重会导致解决问题效率较低，且权重难以确定。

模糊综合评价法的理论基础是模糊数学，根据隶属度理论把定性指标转换为定量，再对各个因素设置一定的权重，通过计算为指标建立适合的隶属函数和评价矩阵，最后根据模糊综合评价模型进行计算，得出评价结果。模糊综合评价法适合各种非确定性问题的评价，能较好地解决模糊的、难以量化的问题。

采用层次分析法和模糊综合评价法相结合，两次计算并综合考虑确定各指标体系的权重，可以提高各指标权重的合理性和评价的准确性。

城市供水系统韧性评估体系建立的原则包括科学性原则、综合性原则、动态性与静态性相结合原则、定性与定量相结合原则、可比性原则、层次性原则、前瞻性与导向性原则、可操作性原则等。科学性原则：选取指标应以城市供水系统的现状为基础，遵循科学的理论，客观地反映不同因素对城市供水系统的影响。综合性原则：选取的指标应该足够全面，覆盖城市供水系统的各个方面，包括从水源到用户、现在到未来、实施到管理等，指标应真实、典型，尽可能全面反映供水系统韧性的总体水平。动态性与静态性相结合原则：选取的指标应能够反映过去一定时间的状况，还应能够反映未来的发展趋势，从而对未来发展进行预测。层次性原则：供水系统韧性的评估涉及的指标较多，应对指标根据特性进行分类，建立由多个层次构成的评价体系，层次越高，指标越综合，层次越低，指标越具体。可操作性原则：选取指标应在满足要求的基础上，考虑资料获取的便捷性、可靠性及成本，概念及计算方式尽量简单易懂。

韧性评估体系建立的原则选定后，确立城市供水系统评估体系的目标层、准则层和指标层。目标层是分析城市供水系统的韧性状况，发现主要问题，为城市供水系统的韧性规划建设提供依据。准则层包括多样性、冗余性、鲁棒性、适应性、恢复能力、学习能力。供水系统多样性主要反映系统结构的多元化，多样性准则层下主要指标包括：水源结构，供水厂集约性、供水厂连通性。供水系统冗余性主要反映供水系统水源、设施、设备等的冗余度及设施的连通性，冗余性准则层下主要指标包括：供水保证率、备用水源情况。供水系统鲁棒性主要反映供水系统运行的稳健性及抵御多种突发事件的能力，该准则层下的主要指标包括：管网漏损率、水厂工艺、水源保护。供水系统适应性主要反映城市供水系统应对外界环境变化或未知突发事件的能力，该准则层下的主要指标包括：水源水质、二次供水水质。供水系统恢复能力主要反映城市供水系统在受到外界干扰，导致冲击或损坏后，是否还能恢复到初始状态，主要指标包括：供水应急预案、管理办法及机制。学习能力主要反映供水系统从以往经验教训中总结提升韧性的方法，及利用新技术进行系统升级，主要指标包括公众教育宣传、智慧管理平台建设。

在确定了评估体系的原则和层次后，采用层次分析法和模糊综合评价法建立评估模型。由于各影响因子类型、单位、尺度均不同，先用层次分析法，构建判断矩阵。准则层和指标层中各个因子所占的权重不同，采用 Saatty 引入各元素标度的方法，构建判断矩阵，将影响因子定量化，从而得到准则层和指标层各个因子的权重，通过一致性检验，即可确定权重。

将城市供水系统韧性评价指标评价标准分为 5 个等级，从 1 级到 5 级依次递减，其中 1 级，2 级，3 级，4 级和 5 级分别代表最优、良好、中等、较差和最差。根据城市供水系统韧性评价指标体系研究成果并参照国家相关规范、标准以及专家学者的研究成果，最终形成供水系统韧性评价指标体系评价标准。

随后采用隶属度函数计算，隶属度函数是属于模糊评价函数中的概念，这种方法做出的评价不是绝对的，而是用模糊集合来表示，这个方法具有较强的弹性，能充分体现专家的评价过程，有效避免因评价者不同造成的主观差异。根据隶属度函数对指标层进行计算得到一级模糊矩阵，再根据各个准则层所确定的权重进行二级模糊计算。为了能够更直观地看出供水系统韧性等级，将二级模糊评价矩阵 $\boldsymbol{P}$ 与参数列向量相乘得到综合评分。根据上述评价结果，可以得出该城市供水系统韧性评价等级。同时，为反映各评价子指标对供水系统韧性的影响，将各子指标隶属度矩阵与评分矩阵相乘，并进行分析，可以得出哪个指标是该城市供水系统韧性的短板，在之后的建设中可以着重加强这些短板的升级改造。

层次分析和模糊综合评价结合法比多准则评估法复杂，但从评估体系的建立原则、指标选取到计算方法，都考虑得更加全面。

3. 确定 / 不确定情景评估法

确定 / 不确定情景评估法是分别对确定情景下和不确定情景下的城市供水系统韧性展开评估的方法。

第一种情景是确定情景，以城市供水系统全过程管理包括水源系统、供水厂系统、供配水管网系统和用户系统为基础，综合考虑社会、自然环境、经济、物理、组织等维度，构建城市供水系统韧性具体分析框架。采用相关性分析和因子分析选取指标，构建出城市供水系统韧性评估指标体系，其中的指标包括：

水源系统层下的指标：年末水库蓄水量、年末常住人口、城市化率、人均水资源量、万元工业增加值用水量、万元国内生产总值用水量。

供水厂系统层下的指标：城市居民生活用水量、供水综合生产能力、水利环境和公共设施管理业城镇单位就业人员、城市生活污水处理率、供水总量、治理废水项目完成投资。

供配水管网系统层下的指标：供水管道长度、建成区供水管道密度、水利环境和公共设施管理业固定资产投资。

用户系统层下的指标：因水旱受灾人口数、城镇基本医疗保险年末参保比例、参加失业保险人数、社区卫生服务中心数、国家财政性教育经费、人均地区生产总值、城镇居民人均可支配收入、老年人口抚养比、城镇登记失业率、人口自然增长率、节约用水量、超计划定额用水量。

接着运用熵权法对指标进行赋权。先采用标准化方法，避免指标数据量纲不统一；再计算权重，形成一套既考虑城市供水系统全过程管理又考虑城市管理系统的双维度评估指标体系；最后，基于云模型构建韧性评估模型。

熵权法的原理是，将多年的指标权重取平均数，并把此平均数作为一个定值。当对不同的评估对象进行评估时也采用此统一权重来进行计算韧性评价值，这样能够快速对某个地区供水系统韧性进行评估，并使评估结果更具有可比性。熵权法的优点是，不需要对指标的重要性进行主观赋值，减少了主观性影响。适用于指标间相关性较弱的情况，能够更好地处理指标间的相互影响。具有较好的可操作性，计算比较简单。但它也存在一定的缺点。无法处理指标间存在强相关性的情况，容易出现权重分配不合理的情况；对样本指标数据的标准化要求较高，若指标的测量单位不同或量纲不同，会影响熵权法计算结果的准确性，权重将会失真；熵权法并未考虑指标间的互动关系，即指标之间的组合效应，因此不能充分考虑各指标的实际重要性。

韧性评估云模型是由李德毅（中国工程院院士）提出的用于定性概念与定量描述相互发生不确定性转换的数学模型。云模型能够克服现有定性评价普遍存在的主观性大和随意性大等问题。

设 U 是一个用数值表示的定量论域，C 是 U 上的定性概念，若定量数值 $x \in U$ 是定性概

念 C 的一次随机实现，x 对 C 的确定度 $u(x)\in[0,1]$ 是有稳定倾向的随机数，即：

$$u:U\to[0,1],\ \forall x\in U,\ x\in u(x)$$

则 x 在论域 U 上的分布称为云模型，简称云，记为 $C(x)$；每一个 x 称为一个云滴。云模型在整体表征一个概念时，是用期望 E_x，熵 E_n 和超熵 H_e 三个数字特征来实现。E_x 左右界值 (L_x, R_x) 熵 E_n 以及超熵 H_e 等数值来表示峰值，各数值特征存在以下关系：

$$E_n=\frac{R_x-L_x}{6} \tag{1-5}$$

$$H_e=\frac{E_n}{\alpha} \tag{1-6}$$

式中　α——给定常数，一般取 6～8。

基于云模型构建评估模型的一般步骤为：确定因素论域和评价论域后，利用指标权重对这两个论域进行单因素评价，建立模糊关系矩阵 R，利用正态云模型计算隶属度，根据指标值，计算云模型隶属度矩阵，通过模糊转换并结合最大隶属度原则，得出目标层综合评价结果。

第二种情景是不确定情境下，分为静态评估和动态评估两部分。

在进行静态评估时，采用了资本组合法。资本组合法由 Krueger 等人开发和应用，它包括城市管理部门提供的公共服务和由公共服务和社区适应服务短缺组成的综合服务。此方法包含 5 项资本，（1）财政资金，即金融资本，为技术系统所需资本，包括水务部门建设、运行和维护供水系统等适应措施费用，以及扩大基础设施所需的财政费用；（2）管理效能，即政治资本，为技术系统所需资本，用来支持供水系统稳定运行和维持系统供水服务能力；（3）基础设施，即有形资本，为技术系统所需资本，用于储蓄、处理和分配饮用水至用水对象；（4）可用水资源，即自然资本，为技术系统所需资本，包括自然可用水、收集雨水、再生利用水、脱盐水等水的总量；（5）组织自适应，即社会资本，为社会系统所需资本，指管理者为响应破坏性事件造成供水服务不足而采取的措施。

配合鲁棒性和可恢复性来度量系统韧性。可恢复性由各种资本的可用性决定，即运作良好的基础设施要素的数量和可用资源数量是实现恢复的基础，因此用资本可用性来表示可恢复性。自适应性指组织在应对干扰事件时，整合资本，恢复或改造技术系统，以恢复或改善供水服务功能，代表组织适应环境变化的动态能力。

五项资本和鲁棒性（RB）计算二进制分数的平均值、可恢复性（RE）、风险（R）进行组合聚合成为具有供水系统韧性特性的指标。

基于以上资本组合结果，构建了社会－技术耦合系统动力学模型，考虑到城市供水韧性的内容具有复杂性和时间变化，此方法采取压力、状态、影响、响应这 4 个动态的视角对韧性进行分析。再经过模型参数化、设置情景、线性拟合和非线性拟合得出结果，对鲁棒性和可恢复性与韧性代表性指标之间的关系进行拟合分析，以识别关键临界点。水旱灾害等确定情境下的评估方法相对简单，但灾害在日常生活中占比较少，不适合常态下的韧性评估。而其不确定情景下的韧性评估方法较为复杂，不适合快速评判城市供水系统韧性。

城市供水系统的运作是一个复杂的过程，需要严格地管理、监测和维护，以确保向居民提供高质量的饮用水，同时保护环境。城市供水系统还必须应对气候变化、自然灾害和人为污染等风险挑战，以确保水资源的持续供应和安全，构建强韧性的城市供水系统。

1.2　城市供水系统发展现状与需求

1.2.1　发展情况

城市供水系统的发展进程经历了漫长的历史演变，从最早的手工提水到如今高度自动化的先进水处理技术，这一过程中体现了技术、社会、环境等多方面的变迁。在城市供水的早期，主要依赖手工提水、引河引湖等简单方式进行水源采集和分配，供水系统相对简陋。随着城市化的推进，人口急剧增加，对水资源的需求也日益增大，这迫使城市供水系统迎来了技术和管理的升级。

20 世纪初，城市供水系统开始引入机械化技术，如蒸汽泵和水泵等，以提高供水效率。20 世纪中叶，水处理技术的进步成为城市供水系统发展的重要驱动力，水质的卫生安全成为关注的焦点。随着水处理工艺的改进，如氯化消毒、沉淀过滤等技术的广泛应用，城市供水质量得到了显著提升。

20 世纪末，城市供水系统进入数字化和智能化阶段。先进的传感器、自动控制系统以及远程监测技术的引入，使得供水系统更加高效、智能，能够实时监控水质、管网压力等关键参数。全球范围内，城市供水系统还逐渐开始注重可持续性发展，包括水资源管理、再生水利用、节水技术等的推广。

目前，我国的城市供水系统呈现出先进的水处理工艺、覆盖广泛的供水管网以及数字化管理的特点。为满足城市居民的用水需求，城市供水系统不断扩建和改善。基础设施建设方面，我国大力投资包括水库、水坝、供水厂、输水管道、水源保护区域和储水设施等城市供水基础设施建设，供水系统不断扩展并实现现代化，以适应城市发展。水质管理方面，我国城市供水系统致力于提供高质量的饮用水。水质监测和管理在我国得到重视，以确保饮用水的安全性。此外，城市供水系统采用各种水处理技术来净化水源，包括过滤、消毒和高级氧化等。节水措施方面，我国城市供水系统推动包括修复漏水管道、安装节水设备和推广用水意识教育等节水措施，以减少用水浪费。环保和可持续性方面，我国鼓励城市供水系统采取包括水资源的合理管理、生态保护、用水循环利用和可再生能源的使用等环保和可持续的管理方法。然而，城市供水系统也面临一系列挑战，如老旧管网的更新、水资源的短缺、水质污染等问题，这些都需要综合且有效的解决方案。

未来，城市供水系统的发展将继续围绕提高供水质量、保障供水安全、推动科技创新和实现可持续发展等方向努力。新兴技术，如物联网、大数据、人工智能等的应用，将为城市供水系统带来更多可能性，推动其迈向智慧水务的时代。在全球气候变化和城市化进程的背景下，城市供水系统的未来将需要更多跨学科的合作，以构建更为健康、智能和可持续的供水体系。

我国的供水水源现状在不同地区存在较大的差异，主要受地理、气候和城市化程度等因素影响。我国的许多城市依赖附近的河流水和湖泊水作为主要供水水源。这些水源往往需要经过水处理和净化，以满足饮用水标准。一些城市如北京、上海和广州都依赖于黄河、长江、珠江等大河流作为主要水源地。地下水是我国供水的重要组成部分。尤其是在北方干旱地区，地下水被广泛开采用于供水。然而，不合理的地下水开采导致地下水水位下降和地下水污染等问题。我国建设了大量的水库和水坝，用于水资源的蓄积和调配。这些水库通常用于供水、灌溉和发电等多种用途。例如，我国的三峡水电站是世界上最大的水电站，也用于供水和防洪。一些城市采用雨水收集系统来利用雨水作为供水水源。此外，再生水（经过废水处理后重新利用的水）也被越来越多地用于供水，以减轻淡水资源的压力。位于长江三角洲地区的城市，如上海和南京，水源主要是长江。该地区水资源相对丰富，但也受到水质污染和洪涝问题的影响。我国的西部干旱地区，如新疆、内蒙古和甘肃等，供水水源较少。这些地区通常依赖地下水和人工输水渠道来满足用水需求。我国一直在推动水资源管理和保护，以确保供水水源的可持续利用。

我国城市供水厂的现状因地区而异，总体上在不断提高水质和供水可靠性方面取得了显著进展。我国建设了大量的供水厂，以满足城市和农村的饮用水需求。这些供水厂通常包括水处理厂、水质监测设施、水库和水坝等基础设施。一些大城市的供水厂设备和技术处于国际领先水平。供水厂的主要任务之一是确保供水水质符合卫生标准。我国的供水厂配备了现代化的水处理技术和设备，包括过滤、消毒和深度净化等技术，以去除水中的污染物。通常采用混凝沉淀、过滤、氧化、消毒等多个处理工艺，以确保供水的安全和卫生。一些供水厂还引入了先进的膜分离技术，以提高水质处理效率。随着科技的发展，许多供水厂引入了自动化控制系统，以提高运营效率和降低人工成本。这些系统能够实时监测水质，进行自动调整和报警，确保供水质量。我国鼓励水资源的保护和可持续管理。

我国城市供水系统管网的发展经历一系列的升级。20 世纪初，我国的城市供水系统主要依赖于地下水井和河流。供水管网设施相对简单，主要为木制或铸铁管道。供水覆盖率有限，水质控制较为薄弱。20 世纪中叶，我国的城市供水管网开始迅速发展。大规模供水工程项目启动，供水系统逐渐扩大到更多城市。此时的供水管道设施多为铸铁管和水泥管。20 世纪末和 21 世纪初，我国加大了城市供水基础设施建设的力度。水源工程、水处理设施和供水管道得到大幅改善。新建城市和现有城市的供水网络也得到加强和扩建。供水管网的老化和损坏问题逐渐凸显，政府加强了对供水管网设施的升级和维护。旧的铸铁管道逐渐被新材料和新技术所替代。为确保供水水质，我国加强了水源保护和水质监测。加强了供水系统的自动化控制和远程监测，以及应急处理能力。我国引入了新技术，如大数据分析、智能水表、远程监控和水资源管理信息系统，以提高供水系统的运行效率和管理能力，以适应不断增长的城市和农村用水需求，并提高供水系统的可持续性。这一过程仍在持续进行，以适应未来的城市化和人口增长挑战。

我国加压调蓄设施的发展始于 20 世纪初，早期的加压调蓄设施采用供水水塔，之后经历了水塔、恒压变频供水设备（图 1-6）、高位水箱（图 1-7）、补气式气压供水设备、叠压/无负压供水设备等加压调蓄设施形式，分别反映了一定时期内社会生产力发展的进程，各有特点，适用于不同的用水情况。水塔的引进是一些城市为了提高供水质量和稳定性，早期的水塔通常较小，用于存储有限的供水。现代水塔通常采用智能控制系统，可以更精确地管理供水。一些水塔还引入了节能技术，减少能源消耗。高位水箱是水塔的升级版，通常由不锈钢材质制成。最早的高位水箱主要用于储存和供应有限数量的用户，随着我国城市化进程的加速，为了提高供水的可靠性和效率，高位水箱开始引入水泵和自动控制系统。随着科技的进步，我国的高位水箱不断实现现代化和智能化。目前高位水箱通常配备了远程监测和控制

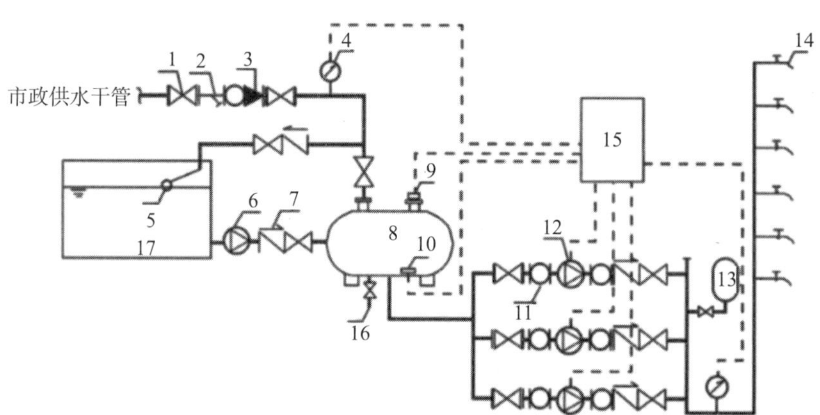

图 1-6 恒压变频加压调蓄设施

1-阀门；2-过滤器；3-浮球阀；4-水泵；5-止回阀；6-气压水罐；7-压力表；8-用水设施；9-电气控制柜（箱）；10-液位检测器；11-软接头；12-水泵；13-气压水罐；14-用水设施；15-电气控制柜（箱）；16-清洗阀；17-不锈钢水箱

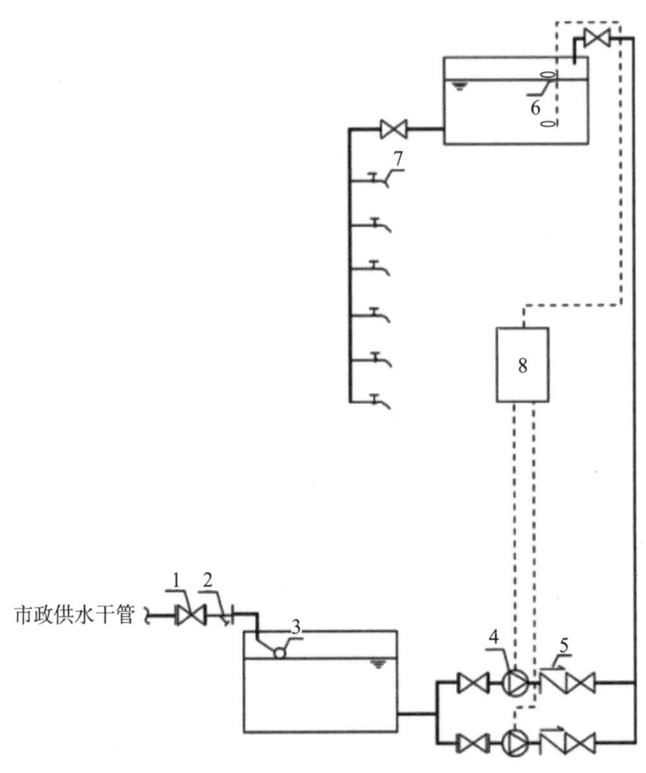

图 1-7　高位水箱

1-阀门；2-过滤器；3-浮球阀；4-水泵；5-止回阀；
6-液位传感器；7-用水设施；8-电气控制柜（箱）

系统，以实现对供水系统的远程管理和优化。补气式气压供水设备采用密封碳钢压力罐和气体补偿装置，通过控制气体的注入来维持供水的压力，可以保持供水系统中的恒定水压，确保用户始终获得稳定的供水；通过智能控制气体的注入量，可以减少能源消耗，提高能效；相对于传统的供水系统，维护和保养要求较低；它有助于减少供水系统中的液压波动，减少管道的压力损失。

城市加压调蓄设施中，恒压变频供水设备是一种重要的水力调节和控制装置。其作用是通过调整水泵的运行频率和电机的工作状态，实现水压的恒定，确保供水网络中的水压稳定在预定的水平，以适应不同的用水需求，具有灵活性强、能效高、运行稳定等优点，适用于城市居民区、商业区和工业区等不同场景。在加压调蓄设施中，恒压变频供水设备能够根据用水峰谷期的变化，智能调整水泵的运行状态，达到节能降耗的目的。此外，设备配备的传感器能够实时监测管网中的水压情况，及时反馈给控制系统，实现对水压的精确控制。叠压 / 无负压供水采用了多泵并联运行的设计，通过智能控制和自动切换机制，实现了水压的叠加 / 无负压效应，提高了供水系统的性能和稳定性。叠压供水的优势主要表现在以下几个方面：通过多泵并联运行，系统具备了强大的供水能力，能够满足高峰用水期的需求，确保水压的稳定性；系统具备自动切换功能，当某一泵出现故障或需要维护时，其他水泵能够自动接替工作，保障了供水的连续性；通过智能控制，叠压供水系统能够实现对水压的高精度控制，适应不同场景和用水需求，提高了系统的灵活性和响应速度。

1.2.2 存在问题

城市供水系统普遍存在水资源短缺、水质需提高、基础设施老化和能源消耗高等问题。尽管我国水资源丰富，但一些地区面临供水不足的问题，特别是北方干旱地区。一些供水水源可能受到工业废水、农业污染和城市排放的污染，影响水源的水质。供水不足可能导致用水困难，对人们的生活和农业产生负面影响。城市供水存在不平衡的问题。尽管我国的大城市拥有完善的供水系统，但一些小城市的供水设施仍然滞后，供水差距仍然存在，区域不平衡，需要进一步改善。水资源的过度开发和浪费可能威胁我国供水系统的可持续性。气候变化也可能影响水资源的可持续性。

随着水资源短缺问题的加剧，我国城市供水系统不断推动多元化的水资源利用。这包括地下水、河流水、湖泊水、再生水等。同时，我国也探索雨水收集和海水淡化等新的水资源开发途径。我国一些城市面临水质污染问题，如重金属污染和有机污染。因此，水质监测和治理仍然是供水系统管理的挑战之一。

供水系统中的水质问题包括水源受到污染、水质不达标，以及老旧管网中的水质受到影响。水质问题可能对居民健康构成威胁。一些供水厂采取措施，如减少水资源浪费、提高用水效率和开展水资源再生利用。我国各地的供水厂状况差异较大，一些发达地区拥有先进的水处理技术，而一些贫困地区仍然存在供水不足和水质差的问题。我国的供水厂仍然面临挑战，包括水资源短缺、水污染和水资源保护等问题。政府一直在采取措施，以改进供水厂的运营和提高供水质量。

城市供水基础设施老化是当今城市管理面临的一项严重挑战，其引发的问题不仅影响居民的正常生活，还对城市的可持续发展构成了潜在威胁。这一问题的复杂性体现在供水系统的多个方面，包括管网、设备和水源等多个层面。管网老化是城市供水系统面临的主要问题之一。大部分城市的供水管网建设于 20 世纪初至 20 世纪中期，随着使用时间的增长，这些管道逐渐显露出腐蚀、磨损和老化的现象。老化的管道容易出现漏损和破裂，导致供水系统的水损问题加剧。在一些老旧城区，甚至使用铸铁管道用于供水，其腐蚀和磨损问题更加严重，给城市的供水安全带来潜在的风险。

老化的水处理设备和泵站也成为城市供水系统的一大隐患。随着技术的进步，旧的水泵和处理设备逐渐变得过时，其效率下降，能源消耗增加，甚至可能存在操作失灵的风险。这不仅影响了供水的稳定性和可靠性，还对城市的节能减排目标构成了制约。老化的水源设施也是一个需要关注的问题。一些城市的水源保护区域长期受到不合理开发，导致水源的质量下降，水负荷逐渐超出水源的可持续承载能力。老化的水源设施无法适应当下对水质和水量更高标准的需求，可能导致城市供水出现断流、水质恶化等问题。老化基础设施带来的风险不仅表现在设备和管网的功能性问题上，还包括其对城市生活和环境的全面影响。老化的供水系统可能无法满足城市不断增长的用水需求，特别是在人口密集区域。这将导致供水不足、水压不稳等问题，严重影响市民的正常居住和生活。老化基础设施容易受到极端天气事件的影响，如暴雨、洪水、台风等。老旧的管网和设备更容易遭受自然灾害的破坏，从而引发供水系统的紧急状况，给城市的灾害应对和恢复增加了难度。

解决城市供水基础设施老化问题需要多部门协作。城市管理者需要制定长远规划，加大对供水系统的投资力度，进行设备更新和管网改造。技术创新应当得到更多的支持，引入先进的水处理和供水技术，提高供水系统的整体效率和安全性。同时，建立健全的水资源管理制度，加强水源保护和可持续利用，确保水资源的可持续供应。在面对老化基础设施带来的风险时，城市管理者需要采取前瞻性地审慎规划，确保城市供水系统能够适应未来的变化和挑战。这既包括技术层面的更新，也需要政策和管理层面的创新，以提高供水系统的韧性和可持续性，确保城市居民始终享有安全可靠的供水服务。

城市供水管道漏损问题是当今城市供水系统面临的一项严重挑战，对城市的供水安全、经济运行和环境保护都产生了深远的影响。这一问题主要集中在供水管网，而管网漏损不仅仅意味着水资源的浪费，还涉及一系列可能引发的风险，包括水资源浪费、供水系统的压力降低和不稳定、供水水质的问题等。解决管道漏损问题需要综合考虑多个方面的因素。首先，科技手段的运用是关键。现代的管道监测技术，如远程传感器和智能监测系统，能够实时监测管道的运行状况，及时发现漏损点，提高维修效率。管道的定期维护和更新也是预防漏损的重要手段。老旧的管道系统容易出现腐蚀和磨损，及时更换和更新管道是减少漏损的有效途径。同时，采用高质量、耐用的材料，加强管道系统的抗腐蚀能力，也是有效的防范措施。政策层面的引导也是解决问题的重要方向。建立健全的供水管网管理制度，加大对水资源和供水系统的投资，提高城市供水系统的整体抗风险能力，都是保障城市供水系统长期稳定运行的重要措施。只有通过综合治理，才能降低管道漏损对城市供水系统带来的多方面风险，确保城市居民持续享有安全、稳定的供水服务。

城市供水管网作为城市基础设施的重要组成部分，在确保居民正常用水、维护城市生态环境等方面发挥着关键作用。然而，当前城市供水管网面临着一系列问题，这些问题既影响了供水系统的正常运行，也对城市的可持续发展带来了潜在威胁。供水管网老化是一个严峻的问题。许多城市供水管道建设于 20 世纪，随着使用年限的增长，管道的老化、腐蚀和磨损现象明显。老旧的管道容易出现漏损、断裂等问题，不仅浪费了宝贵的水资源，也增加了供水系统的运维成本。在城市发展过程中，供水管网的建设和更新并不均衡，一些老旧区域的管网设施相对滞后，难以适应城市发展的需求。这导致城市不同区域供水能力不均衡，一些区域可能面临供水压力不足、水质不佳等问题。供水管网智能化水平相对滞后。现代供水系统需要更高水平的智能监测和管理，以实现对供水过程的精细控制。然而，一些城市供水管网的监测手段相对简陋，缺乏实时监测和数据反馈系统，难以及时发现和解决潜在问题。管道破损和漏损是常见的问题。由于管道长时间的使用，地下管道容易受到地质运动、自然腐蚀和人为破坏等因素的影响，导致管道破损和漏损。这不仅会引起供水系统的压力下降，还可能导致地面沉降、道路塌陷等安全事故。此外，一些地区供水系统的应急响应机制相对薄弱。在面对自然灾害、突发事故等紧急情况时，一些城市供水系统难以迅速做出响应，缺乏应急预案和灵活的调度手段，影响了供水系统的应急管理能力。一些地区供水系统的可持续性发展受到威胁。城市化进程和人口增长使得对水资源的需求不断增加，而一些供水系统并未能及时调整和扩充。这使得一些城市面临水资源供需矛盾，不仅影响居民的正常生活，也制约了城市的可持续发展。

城市供水技术和管理问题直接关系到城市居民的正常生活和城市的可持续发展。首先，技术方面的问题主要体现在供水设施的老化和更新滞后。许多城市的供水管道和供水厂设备建设于 20 世纪，随着使用年限的增长，这些设施逐渐出现老化、腐蚀和磨损。老旧的管道不仅容易发生漏损和断裂，还影响了供水水质，加大了供水系统的维护难度。另外，一些城市供水系统在技术更新方面滞后，未能充分采用先进的监测、控制和修复技术，导致系统运行效率低下。城市供水系统的电耗巨大，传统的经验调度方式浪费能源问题严重，应采用优化调度来节约能源，且使供水系统在合理状态下运行，满足供水需求的同时，使管网压力更为合理。管理方面的问题表现为供水系统运营的不协调和紧急响应机制的薄弱。城市供水系统包括多个环节，如水源采集、水处理、输水管网、供水站点等，这些环节需要协同运作才能保障居民用水。然而，一些地区存在管理层级不明确、信息沟通不畅等问题，导致供水系统的运营不够协调。在面对突发事件时，一些城市供水系统的应急响应机制相对薄弱，缺乏科学的预案和灵活的调度手段，难以及时做出有效的响应，增加了灾害和事故带来的风险。

另外，城市供水系统中的技术创新和智能化水平相对滞后。随着科技的发展，供水系统需要更高水平的智能监测和管理。一些先进的城市供水系统已经采用了智能感知、大数据分析等技术，实现对供水过程的实时监测和远程控制。然而，全面提升城市供水系统的智能化水平仍然面临挑战，包括技术应用难度、成本问题以及相关政策法规的制约等。

这些问题需要采用综合性的措施来解决，包括设施更新、水资源管理、供水管网维护、水质监测、价格政策等。我国已经采取了多项举措来改善供水系统的状况，但问题仍然存在，需要长期关注和投入。城市供水系统的可持续发展和现代化是我国城市可持续发展的一个重要组成部分。

1.2.3 发展趋势

城市供水系统的发展趋势涉及多个方面，包括技术、管理、环境、社会等多个层面。未来城市供水系统的发展将呈现以下几个主要趋势：

1. 水资源综合利用

面对水资源日益紧张的挑战，城市供水系统将更加注重水资源的综合利用。采用多源水源，包括地下水、水库水、河流水等，通过科技手段提高水质处理效率，实现水资源的可持续开发和利用，这将有助于满足日益增长的用水需求。我国将继续改善供水系统的水质，确保居民获得高质量、清洁、安全的饮用水。加强水源的保护，提高水质监测和水处理技术。供水系统将继续鼓励合理用水和节约用水。这可能包括定价政策、宣传教育以及智能水表等措施。

2. 环保和可持续发展

未来城市供水系统将更加注重环保和可持续性。采用清洁能源，减少能耗和碳排放；推广绿色供水技术，如雨水收集、废水处理再利用等，以减小对自然资源的开采程度，实现水资源的可持续发展。

3. 应急管理和抗灾能力提升

针对自然灾害、突发事件等可能影响供水系统正常运行的因素，未来城市供水系统将加强应急管理和抗灾能力建设。建立健全的供水应急预案、提高供水系统的灾害适应性，加强区域联调联供机制建设，确保在紧急情况下能够迅速、有序地响应和调度。

4. 社会参与和透明度提高

未来城市供水系统将更加注重社会参与和信息透明。通过建立社区参与机制、倡导水资源节约理念，提高居民对供水系统的认知和参与度。同时，通过信息技术手段，提高供水系统运营信息的透明度，增强公众对供水系统的信任感。

5. 智能化和数字化水平提升

随着信息技术和物联网的发展，城市供水系统将更加智能化。智能感知设备、远程监控系统以及大数据分析将广泛应用于供水网络，实现对水质、管网状态等关键数据的实时监测和分析。这将有助于提前发现问题、快速响应异常情况，提高供水系统的运行效率和稳定性。

6. 绿色科技创新

绿色科技将成为城市供水系统发展的引领力量。新型水处理技术、水资源管理系统、智能传感设备等绿色科技的不断创新将为城市供水带来更为可持续、高效的解决方案。

7. 跨界合作与整合管理

为了更好地协调城市基础设施和服务，城市供水系统未来将更加注重跨界合作。与交通、能源、环保等领域协同发展，实现城市资源的高效整合，提高城市系统的整体运行效能。

总的愿景是建立一个可持续、高效、高质量、公平、绿色的城市供水系统，以满足城市居民对清洁、安全水源的需求，同时促进城市的可持续发展。这一愿景将有助于改善居民的生活质量，减少水资源浪费，保护环境，并推动城市经济和社会的繁荣。

1.2.4 重点任务

我国城市供水系统结合前述存在的问题，重点任务需落实在以下 7 个方面：

1. 保护水源安全

保护城市供水水源的安全性至关重要，不仅关系到居民的生活用水，更直接关乎整个城市的健康和可持续发展。水源的安全性是城市供水系统运行的基石。针对水源保护不到位，导致水源水质受到污染的问题，需加强水源保护，改进环境管理，减少污染源，确保供水水质。为了确保城市供水系统的稳定运行和全体居民的生活品质，必须高度重视水源的保护工作，通过加强管理、强化法规、推动科技创新等手段，全面提升水源的安全性，为城市的可持续发展创造坚实的基础。

2. 统筹管理

城市供水系统管理和城市发展统筹管理相互交织，密不可分，对于实现可持续城市发展至关重要。城市供水系统作为城市基础设施的关键组成部分，直接关系到居民生活、工业生产和城市生态环境的健康。其科学高效的管理不仅关系到城市居民的用水安全，更关系到整个城市的可持续发展。供水系统管理需要与城市规划相协调，合理规划供水设施的布局、水源的保护，确保供水网络覆盖全面，能够满足城市日益增长的用水需求。此外，需要与环境保护相结合，通过科技手段提高水质监控水平，降低供水过程对环境的负面影响。同时，统筹城市供水与污水处理，实现循环水利用，减少水资源的浪费。城市发展统筹管理则需要考虑到城市用水需求的增长，通过科学规划、高效管理，推动城市可持续发展。城市发展需考虑资源的有机利用，将供水系统与其他城市基础设施紧密衔接，实现资源共享、协同发展。通过城市供水系统管理和城市发展统筹管理的紧密结合，可以建立起高效、安全、可持续的供水体系，为城市居民提供稳定、清洁的用水，推动城市可持续发展。这种综合管理不仅能够提高城市的抗灾能力，还能够促进经济发展和社会进步。

3. 基础设施设备更新和维护

一些城市供水管道和设施老化，频繁发生漏水和故障，针对老化基础设施问题，需进行基础设施维护和更新，减少漏水和损坏，提高系统可靠性。针对供水管网中漏损严重，用水效率低，管网老化等问题，需改进供水管网，减少漏损，提高用水效率，升级管网设施。一些城市供水系统的水处理工艺滞后，难以处理新出现的水质问题，如有机污染物和重金属，针对水处理和水质问题，需更新和升级水处理设施，采用更先进的水处理技术，确保供水水质达标。

4. 加压调蓄设施保障

加压调蓄设施在城市供水系统中扮演着至关重要的角色，在水质、水压、水温、水力稳定性等方面有更高的要求和更灵活的调节方式。加压调蓄设施可以有效改善水质，通过在水源引入专门的处理措施，如过滤、消毒、调整 pH 等，保证供水的卫生和安全。此外，可以更灵活地适应城市复杂的用水需求。通过在不同地点设置水泵站、调压设备等，可以实现水压的稳定分布，解决城市中、高层建筑和远离水源区域的水压不足问题。此外，通过建设加压调蓄设施，还能够实现水资源的再利用和节约，推动城市的可持续发展。加压调蓄设施的建设不仅有助于提高城市供水系统的灵活性和安全性，还能够提升城市的水资源利用效率，为居民提供更加便捷、安全、高质量的用水服务。

5. 提升水质监测与应急能力

水质监测是保障居民健康的重要环节。通过对水源、供水厂和供水管网中的水质进行实时监测，能够及时发现潜在的水质问题，采取相应的措施防止水质污染，保障居民饮水安全。水质监测是提高供水系统运行效率的关键。通过监测水质状况，可以及时调整水处理工艺，提高水质的稳定性，减少因水质波动引起的供水问题，确保供水系统平稳运行。提升水质监测能力也是城市水资源管理和可持续发展的必要手段。通过监测水质状况，可以科学合理地制定水资源管理政策，推动水资源的可持续利用，促进城市的环境保护和生态平衡。而在突发事件或自然灾害发生时，提高供水系统的应急能力显得尤为重要。具备强大的应急响应机制和设备能够迅速应对水质问题，采取紧急措施，减轻可能造成的危害，最大限度地保障居民的生命安全和生活需要。因此，城市供水系统要致力于不断提升水质监测技术水平，建设健全的应急响应体系，以确保居民长期享受优质、安全的供水服务。

6. 提高智慧化水平

城市供水系统的智慧化发展对于提高运行效率、优化资源利用、提升服务质量等方面具有重要意义。通过引入先进的信息技术，智慧化系统能够实现对整个供水网络的实时监测和数据采集。这包括对水源、供水厂、供水管网的各个环节进行远程监控，以及对水质、水压、水量等关键指标进行精准测量。为及时发现潜在问题、迅速响应提供了有力支持，有效减少了供水系统的故障发生率，保障了供水的稳定性。此外，智慧化发展使得供水系统能够更加灵活、智能地运行。通过数据分析和人工智能算法，系统可以预测供水需求，合理调整运行策略，实现对供水过程的智能优化。这不仅有助于提高供水效率，降低运营成本，还能够有效应对日益复杂的城市水务管理挑战。智慧化的城市供水系统可以为居民提供更加便捷、个性化的用水服务。通过手机 APP 等平台，居民可以实时了解水质情况、查询用水账单、申请服务等，提升了用户体验。综合来看，智慧化发展不仅是提高供水系统管理水平和服务水平的必由之路，也是适应城市化进程、构建可持续水务体系的战略选择。

7. 建立城市供水风险管理体系

建立城市供水系统的风险管理体系对于确保水资源安全、提高供水系统韧性和降低潜在风险具有至关重要的作用。风险管理体系的建立有助于提前发现、识别和评估供水系统可能面临的各类风险，包括自然灾害、人为事故、水源污染等多方面的潜在威胁。通过系统的风险评估，可以更全面地了解供水系统所面临的各种挑战，有助于采取有针对性的预防和应对措施。可以提高对供水系统的监测和应急响应能力。通过引入先进的监测技术、建立科学合理的监测指标，可以实时监测供水系统运行状态，迅速发现问题并及时作出响应。在紧急情况下，系统可以更迅速、有效地进行应急处置，降低因风险事件对供水系统造成的影响。此外，建立风险管理体系也有助于提高供水系统的韧性。通过不断优化管理策略，减小系统面临的风险，使得供水系统更具适应性、恢复能力和调整能力，能够更好地适应不断变化的外部环境。总体而言，建立城市供水风险管理体系是一项长远且全面的工程，对于保障城市居民用水安全、提高供水系统的可持续性至关重要。

城市供水系统中存在的以上问题和重点任务表明我国城市供水系统需要不断改进和发展，以满足城市日益增长的用水需求，提高水资源的可持续性，减少水资源浪费，保护供水水质，提高系统的可靠性和环保性。通过综合的政策、投资和管理措施，建立更加可持续和高效的城市供水系统。

1.3 城市供水系统面临的安全挑战

1.3.1 水源不稳定和水质污染

我国城市化进程迅猛，城市人口不断增加，城市已成为用水的主要消耗者。随着城市用水需求增加，供水覆盖率也不断提高。根据官方数据，截至目前，我国城市供水覆盖率已经达到 95% 以上。我国城市供水的水资源短缺情况在不同地区存在巨大差异。北方地区普遍面临着更为严重的水资源短缺问题，而南方地区相对较好。城市的水资源管理问题也导致了短缺情况的恶化，包括水资源浪费、过度抽取地下水、水污染等。一些地区经常受到干旱的影响，干旱时水资源短缺的情况尤为严重。一些城市的水源受到污染，导致供水困难。污染严重的水源需要投入更多的资金来净化水质。

尽管我国城市供水覆盖率在不断提高，但水资源短缺问题仍然存在。我国采取了一系列措施来改善城市供水，包括提高供水效率、探索新的水源、加强水资源管理等。水资源短缺问题仍然需要长期关注和努力解决。

我国的供水水源水质污染问题在一些地区仍然比较严重。地下水是主要的供水水源之一，但在一些地区，地下水遭受不同程度的重金属、农药、工业废水和生活污水的污染。这些污染物对地下水质量产生负面影响。一些主要河流也受到了不同程度的污染，污染源包括大气降水、农村排放和工业排放。湖泊和水库也受到了废水排放和农药污染的威胁。这些水体通常被用作供水水源，污染问题对城市供水造成了威胁。一些地表水源，尤其是在城市周围，受到大量生活污水、工业废水和农业排放的污染，导致一些地表水质量的下降。水源的保护工作存在不足，一些水源地缺乏有效的保护措施，容易受到各种污染源的侵害。我国供水水源水质污染问题是一个严峻的挑战。政府相关部门已经采取了一些措施来改善供水水源的水质，包括制定严格的排放标准、加强水污染治理和水源地保护等。尽管如此，这仍然是一个需要长期关注和解决的问题。

1.3.2 供水厂水质安全风险

城市供水厂最突出的安全风险之一是水质安全风险。关注城市供水厂面临的水质安全挑战是至关重要的，因为水质直接关系到居民的生活饮水安全。水质风险存在于供水系统的多个环节，需要全面地监测、评估和管理。

城市供水厂水质风险存在的主要环节如下：

首先，水源水质是水质安全的首要关切点。水源可能受到农业、工业和生活排放的污染，包括有机物、重金属、农药等。水源水质的不断变化可能直接影响到后续处理和供水的质量。

其次，水处理工艺是影响水质的关键环节。供水厂采用的处理工艺如混凝、絮凝、过滤、消毒等，对水质的净化和杀菌有着直接的影响。不当的处理工艺可能导致水质不稳定，甚至造成二次污染。

管网系统是水质最后一道屏障，但也是潜在的风险源。老化的管网可能存在腐蚀、渗漏等问题，使外部有害物质进入供水系统，导致水质污染。此外，管网中的水流停滞、死水区也可能滋生微生物，影响水质。

水质监测和管理是降低水质风险的重要手段。及时、准确地监测可以发现水质异常，采取相应的措施进行调整和处理。建立科学的水质管理体系，包括紧急预案、监测网络、定期评估等，有助于及早发现和解决潜在的水质问题。在当前环境污染不断加剧的背景下，关注城市供水厂水质风险是确保居民安全用水的前提。通过综合的监测和管理措施，可以降低水源、处理工艺和管网系统带来的潜在风险，保障供水的安全和可靠。

1.3.3　供水管网老化

很多城市的供水管网设施存在老化问题，部分管道可能服役了几十年。老化管道容易出现漏水、破裂和水质问题，增加了供水系统的脆弱性和安全风险。管道漏损是我国供水系统的一个普遍问题。漏损不仅浪费了宝贵的水资源，还可能导致地下管道周围土壤的污染，影响供水水质。管网中的水质安全问题可能源自供水源、污水回流、管道腐蚀和外部污染。这些问题可能导致水质下降，对居民健康构成威胁。一些地区可能存在水压不足的问题，尤其是高层建筑。不足的水压可能导致居民供水不便。管道腐蚀可能会影响供水水质，并导致管道的老化和损坏。特别是在使用不锈钢、铸铁或铅管道时，管道腐蚀可能是一个问题。供水设施的管理和维护不当可能会导致问题的扩大，例如管道破裂或设备故障。城市供水系统需要应对紧急事件，如自然灾害、水源受到污染、供水中断等。如果面对紧急事件准备不足，可能会对供水系统的正常运行产生严重影响。一些地区的供水系统可能缺乏先进的监测和信息技术，难以实时监控供水质量和管道状态。

解决这些问题需要改进供水系统的管理和维护，投入资金进行管道修复和更新设施，加强水质监测，改善紧急事件应对措施，并提高供水设施的可持续性。政府相关水务部门和供水企业需要共同合作，以确保供水系统的可靠性、安全性和可持续性。

1.3.4　加压调蓄设施管理水平参差不齐

近年来，我国城市加压调蓄设施管理中出现了一些安全问题，这些问题涉及供水水源、供水管网、水质监测等多个方面。

一些城市在加压调蓄设施管理中存在供水水源不足的问题。由于城市人口不断增加和经济发展，供水需求急剧增加，导致一些地区水源供应不足。一些城市为了满足需求，可能会采取不合理的水源开发方式，导致水源破坏和水质下降，进而影响加压调蓄设施的安全性。

城市加压调蓄设施管网老化、渗漏等问题也日益凸显。一方面，一些城市的供水管网建设年代较早，管道老化、腐蚀严重，容易发生漏水事故，不仅浪费水资源，还可能引入外部污染物。另一方面，一些地区由于管网设计不合理或建设质量不达标，存在渗漏严重的情况，增加了管网运行的不稳定性，影响了供水的安全性。

一些城市在水质监测方面也存在不足。加压调蓄设施的水质监测是保障饮用水安全的重要环节，然而一些地区由于监测手段不先进、监测频率不够等原因，无法及时、准确地发现水质异常，存在潜在的安全隐患。

在解决这些问题的过程中，城市加压调蓄设施管理需要进行全面的评估和规划，采用先进的技术手段提升供水系统的整体运行水平。同时，政府相关部门需要加强对水源保护、管网维护和水质监测的监管力度，确保城市居民饮水安全。加强公众宣传教育，提高市民对加压调蓄设施安全的关注度，也是确保城市加压调蓄设施安全的重要手段。通过多方面的努力，建设更加安全、可靠的城市加压调蓄设施。

1.3.5 供水风险管理薄弱

我国城市供水系统风险管理经历了多个发展阶段，主要包括以下 4 个阶段：

1. 起步阶段：我国城市供水系统的风险管理较为简单，风险评估和管控主要关注传统水质安全、供水可靠性和基础设施老化等方面。在这一阶段，主要采用经验法和规范要求，对供水系统进行定期巡检和维护，以确保基本的供水安全和水质符合国家相关标准。

2. 数据化阶段：随着信息技术的发展，城市供水系统逐渐实现了数据化管理。引入自动化监测系统、传感器技术及地理信息系统（GIS），使得对供水系统的监控更加精准和实时。同时，开始引入统计学和数据分析方法，进行更深入的风险管理，以便及时发现潜在问题。

3. 现代化阶段：进入 21 世纪，我国城市供水系统的风险管理逐渐转向现代化和智能化。先进的模拟和预测技术应用于供水系统的运行管理，包括水质预测、供水管网分析和供水压力控制等。同时，风险评估工具不断完善，涌现出更多适用于城市供水系统的模型和方法。

4. 全生命周期阶段：近年来我国城市供水系统开始关注全生命周期的风险评估和管控，这包括对供水系统建设、运营、维护和更新等全过程的风险评估。从供水源头、供水厂处理、管网运输到加压调蓄设施，都需要全方位地进行风险分析，以建立更为综合和长远的管理体系。

风险管控的途径主要包括：

1. 技术创新：引入先进的监测、传感和处理技术，提高供水系统的智能化水平，减少事故发生的可能性。

2. 法规制度：完善相关法规和标准，规范供水系统的建设和运营，强化管理和监管。

3. 应急预案：制定完善的供水系统应急预案，确保在发生突发事件时能够迅速响应和处理。

4. 公众参与：加强对市民的教育，提高其对供水系统的了解，促使公众更好地参与供水风险的管控。

城市供水系统的风险管理是确保供水安全和可持续运行的关键步骤。随着城市化的加速发展和水资源环境的变化，对供水系统进行全面的风险评估变得尤为重要。近年来，我国城市供水系统在风险管理方面取得了一些进展，但仍存在一些不足之处。

城市供水系统的风险评估方法逐渐从传统的定性评估发展为定量评估，包括运用风险矩阵、风险指标等手段，更加科学和系统地分析供水系统可能面临的各种威胁。风险评估需要大量的数据支持，包括供水系统的结构、性能、水质、水资源状况等，然而，一些城市在风险评估的数据获取和分析能力上仍有欠缺，导致评估结果的准确性和全面性有待提高。有些供水系统的风险评估主要关注特定方面，如可靠性或水质，而综合性评估相对不足。这可能导致风险综合考虑不足。一些供水系统可能缺乏先进的技术和工具用于进行高质量的风险评估。风险评估工具和技术的不足可能会限制评估的效力。

城市供水系统在风险管控方面强化了监测、预警和紧急响应机制。建立了一系列的管理制度和标准，加强了对水源地、供水厂、供水管网等关键节点的监控。采用了先进的传感技术和信息化手段，提高了系统对异常事件的感知和响应速度。然而，在城市化进程中，一些地区的管网老化、信息化水平不一致，仍然存在一些盲区，需要进一步完善，也需要综合考虑技术、设备、管理和社会因素，以确保供水系统的可靠性和安全性。

城市供水系统在应对气候变化、新污染物、人为破坏等新兴风险方面尚未形成系统的应对策略。此外，一些地方的法规体系和标准规范对于风险评估和管控的要求尚不够明确，导致实际操作中存在较大的主观性和局限性。在未来的发展中，城市供水系统需要进一步加强风险评估的技术手段和方法，借助先进的信息技术、大数据分析等手段提高评估的准确性和科学性。同时，应注重提升供水系统的整体应对能力，强化在应急事件处理、紧急响应和风险溯源等方面的能力建设。加强相关法规的制定和标准的修订，明确责任主体和操作细则，也是提升城市供水系统风险管控水平的关键一环。

在过去的几十年里，我国城市供水水质监测系统取得了显著的进展。起初，监测主要依赖于人工取样和实验室分析，监测频率相对较低，数据获取较为有限。主要关注水源地的监测，用于确保水源的基本卫生和安全。这一阶段主要关注水质中的微生物指标，如大肠杆菌，以及一些基本的理化指标。随着自动化技术和在线监测技术的引入，水质监测变得更加及时和全面，水质监测逐渐多元化，主要关注水中的化学物质，如重金属、有机物质和氧化还原电位（ORP）等。许多城市建立了自动监测站点，通过实时监控水质参数，提高了对供水水质变化的感知能力。

应急能力方面，城市供水系统逐渐建立了紧急事件响应机制。预警系统的建设使得水质异常可以更早地被察觉，相关部门能够更迅速地做出反应。一些城市还进行了供水系统的脆弱性评估，制定了应急预案，提高了在突发事件中的抗风险能力。我国建立了国家供水应急救援中心和八大基地，填补了我国供水应急救援能力方面的空白，在芦山地震、恩施洪水、涿州洪水等事件的应急供水中起到快速响应、保民所需的重要作用。

然而，仍然存在一些问题。一些地区水质监测设施仍然滞后，监测网络不够密集，导致一些问题在较晚才被发现。另外，自动监测设备的维护和管理需要更专业的团队，有的地方仍存在技术人才不足的问题。一些城市在应急预案的实施和协调方面还需要进一步加强，以确保在紧急情况下能够迅速、有序地应对。城市供水突发事件时有发生，以往实际案例对城市供水风险管理提出了更高的要求。

北京密云水库嗅味事件：北京某水厂原水取自密云水库。随着水库蓄水量的逐年减少，水库富营养化程度加剧，在2002年9月发生局部水华现象，出厂水嗅味达到一级，用户反映强烈。针对这一问题，北京某供水公司开展了相关研究，确定主要致嗅物质为2-甲基异莰醇；后经试验研究，确定了高锰酸钾预氧化技术去除嗅味，出厂水基本无味，用户反映有所缓解。

哈尔滨松花江硝基苯污染：2005年11月13日13:36，某化工厂发生爆炸，约100t化学品泄漏进入松花江，其中主要化学品为硝基苯，造成了松花江流域重大水污染事件。该污染团到达吉林省松原市时硝基苯浓度超标约100倍，而国家标准《地表水环境质量标准》GB 3838—2002中硝基苯的限值为0.017mg/L，松原市供水厂被迫停水。根据当时预测，污染团到达哈尔滨市时的硝基苯浓度最大超标约为30倍，哈尔滨市被迫停水4d。在本次污染事件中，采用了投加粉末活性炭和粒状活性炭过滤来吸附水中的硝基苯，其中在取水口处投加粉末活性炭，利用水源水从取水口到供水厂的输送距离，在输水管道中完成吸附过程，把应对硝基苯污染的安全屏障前移，是应急处理取得成功的关键措施。对于超标倍数更高的原水，单纯投加粉末活性炭的方法将无法应对，这时可以采用粉末活性炭与高锰酸钾复合药剂联用技术。聚合氯化铝（PAC）预吸附协同高锰酸盐复合药剂强化混凝工艺，具有控制效果好、费用省、对短期水质突变适应能力强等优点，是一种经济且简单易行的控制突发硝基苯水污染事件的应急工艺。

广东北江镉污染事故：2005年12月5日至14日某冶炼厂在设备检修期间超标排放含镉废水，造成广东北江韶关段水体镉超标（当时执行的国家标准《地表水环境质量标准》GB 3838—2002及《生活饮用水卫生标准》GB 5749—1985中镉浓度限值为0.005mg/L），12月15日北江高桥断面镉超标10倍。北江水污染影响了下游韶关、清远、英德等多座城市的生活秩序，部分城市相继停止供水。佛山、三水、顺德等城市也纷纷进入了应急状态，启动预案监测水质。在这次事件中，紧急确定了弱碱性混凝处理的除镉技术，除镉处理的pH控制在9，在该弱碱性条件下进行混凝、沉淀、过滤的净水处理，以矾花絮体吸附去除水中的镉，然后在滤池出水处加酸，回调pH。采用应急处理技术，在水源水中特征污染物超标数倍的情况下，供水厂出水中污染物的浓度远低于饮用水水质标准的限值，应急处理取得了成功。

江苏无锡太湖水污染事件：2007年5月28日下午，无锡市某水源地突然恶化，供水厂的出厂水为黄绿色、淡黄色，太湖的水发灰、发黑，其嗅味等级达到了5级（劣5类）。藻类总数是6000万～8000万g/L，COD达到15～20mg/L，氨氮为7～10mg/L，溶解氧为0mg/L。当地供水厂采取了应对藻类水华的应急处理措施，即在取水口处同时投加粉末活性炭和高锰酸钾，供水厂内提高混凝剂和消毒剂氯的量。但是效果不显著。专家组试验确定典型致臭物质后，采用高锰酸钾和粉末活性炭联合应急处理技术，在取水口处先投加高锰酸钾氧化致臭物质，然后在供水厂投加粉末活性炭吸附水中剩余的臭味物质和其他可吸附污染物，多余的活性炭通过过滤去除，每立方米水处理费用增加 0.2～0.35 元。

河北秦皇岛洋河水库嗅味事件：2007 年 6 月下旬，洋河水库蓝藻暴发，取水口蓝藻浓度最高达 8000 余万个 /L，以螺旋鱼腥藻为优势藻种，该藻产生高浓度土臭素嗅味物质，原水浓度高达 11.97μg/L，约为人可感知浓度（10ng/L）的 1200 倍。现有供水厂常规工艺（粉末活性炭和高锰酸钾除味）无法有效去除嗅味物质，致使出厂水和管网水出现异味。7 月 6 日，建设部、水利部、环境保护总局、卫生部四部门组成了联合专家组，通过烧杯搅拌试验和供水厂的现行工艺状况，确定在原水投加粉末活性炭，同时加强供水厂水处理工艺运行的技术方案。在藻类数量较多时期根据进厂水水质情况，在供水厂内进行补炭；在原水水质较好的情况下，采用先减少供水厂内活性炭投加量，再减少取水口活性炭投加量的技术方案，同时加强现行工艺的除污染能力，确定沉淀或气浮单元、滤池单元的出水水质控制指标，从而指导水处理工艺运行参数的调整，保障出厂水的安全、卫生。

江苏盐城水污染事件：2009 年 2 月 20 日，江苏省盐城某水厂的水出现强烈异味，检测发现原水酚类化合物浓度为《生活饮用水卫生标准》GB 5749—2006 中酚类限值的（0.002mg/L）几百倍，造成盐城市水源地污染的原因是某化工公司偷排污水，2 月 20 日 7:20 受污染的城西水厂、越河水厂停止供水，受影响居民在 20 万人左右。事件发生后，盐城市政府按照突发环境事件应急预案，启动了应急体系。水利部门开始调度沿海新洋港闸全力引江水、清水冲污、释污，同时加强居民用水水质监测，设定 17 个用水检测点，对城西水厂、越河水厂供水范围内的管网，实行每小时检测一次。启用备用水源通榆河取水口，加大城东水厂的生产能力，限制部分工业用水和特种行业用水，启用深水井，以保障市民的基本生活用水；加强供水管网调度，加快城西片区主管网内受污染自来水的排放。针对酚类化合物的污染状况，专家确定了在进水口增加活性炭吸附的应急处理措施。2 月 23 日 2:00，因水源受污染而停产的城西水厂开始恢复正常供水，自来水各项指标均符合当时执行的《生活饮用水卫生标准》GB 5749—2006 的要求。

内蒙古赤峰市水污染事件：自 2009 年 7 月 24 日起，内蒙古赤峰市千余市民在饮用自来水后出现腹泻、呕吐、头晕、发热等症状。至 8 月 3 日晚 4322 名就医的当地市民中，仍有 87 人住院，374 人接受门诊治疗。产生此次重大水污染事件的主要原因是赤峰市市区突降暴雨，地面水排泄不畅，大量污水淹没了某供水企业水源井，致使部分居民饮用自来水后患病。卫生部门对水源井检测发现，井水总大肠菌群、菌落总数严重超标，同时检出沙门氏菌，说明水源井受到严重污染。肠炎沙门氏菌主要存在于动物和人的粪便中，易通过水体传播，能引起畏寒发热，体温一般 38～39℃，伴有恶心、呕吐、腹痛、腹泻等症状。7 月 26 日下午供水企业在各小区贴出告示，提醒居民不要直接饮用生水，应将自来水烧开后饮用。在清洗蔬菜、水果时应使用凉开水，以免造成二次污染，同时告知居民在规定时间内统一排放管网末梢水，水费由供水厂减免。7 月 27 日起，关闭了受污染的水源井，并对新城区所有生活饮用水主管网进行冲洗、消毒，同时配合疾控、环保部门做好清水池、水源井、主管网和末梢水的水质检测工作，避免二次污染。8 月 9 日晚，城区水污染经过检测化验，理化和微生物共 19 项指标全部符合当时执行的《生活饮用水卫生标准》GB 5749—2006 的要求。

郑州暴雨灾害事件：2021 年 7 月 17 日至 23 日，河南省遭遇历史罕见特大暴雨。强降雨在郑州市自西向东移动加强，河流洪水汇集叠加，郑州地形西南高、东北低，属丘陵山区向平原过渡地带，造成外洪内涝并发。受暴雨影响，侯寨水厂、石佛水厂、白庙水厂、桥南水厂皆因停电导致停水；此外，主城区普遍严重积水，导致全市超过一半的居民小区地下空间和重要公共设施受淹，大量二次供水设施停水，给市民的正常生活秩序造成了严重影响。灾害发生后，郑州市自来水总公司派出抢险队伍对受损供处进行连夜抢修，并在全市设置了 41 个临时取水点，供市民全天候取水，以解决市民基本生活用水。截至 7 月 24 日 12:00，侯寨水厂未恢复供水，主城区因灾停水小区达 1864 个，其中恢复供水 1577 个，完全未供水 94 个，193 个因二次供水设备问题导致高层未正常供水。2021 年 12 月，郑州市吸取“7・20”经验教训，印发《关于加强防洪防涝规划管理工作的通知（试行）》，其中规定：供水厂等城市重大基础设施选址时，应避开地势低洼、易产生内涝和曾经划定为滞洪区的地区；在项目建设阶段选址论证时，应对防灾减灾应急救援进行专题论证；二次供水加压泵房不应设置在地下一层以下。泵房应设置挡水门槛，或泵房门外设置截水沟，截水沟与附近集水坑联通。

北京暴雨灾害事件：2023 年 7 月，受台风“杜苏芮”影响，海河流域遭遇特大洪水，受山洪下泄影响，某供水厂厂区进水，配水机房被淹，停止供水，影响约 15 万户。立即采取应急措施，调配 50 余辆水车应急供水，紧急开启具备条件的热备补压井、从其他供水厂调配 2 台同型号配水泵电机，同时，尽全力完成跨区调水管线疏通工作，实现跨区供水；紧急修复配水泵房、加药间、滤池、炭池等设备间受损设备，逐步恢复供水能力。

为了进一步提升城市供水水质监测和应急能力等风险管理能力，可以通过加强监测网络建设，引入更先进的在线监测技术，提高监测的时空分辨率。培养更多的水质监测专业人才，加强设备的定期维护和更新。通过信息技术手段，建立更为智能化的应急响应系统，提高紧急事件的处理效率。我国供水水质监测和应急方面不断创新，加强管理，以适应日益复杂多变的城市供水环境。

1.3.6 供水智慧化发展滞后

我国城市供水系统的智慧化发展历程分为四个阶段：

起步阶段：最早的城市供水系统基本依赖人工运维，缺乏自动化和数字化技术支持。这一阶段主要集中在供水基础设施的建设和扩展。

自动化引入阶段：随着自动化技术的引入，供水系统开始采用远程监测、传感器和自动化控制设备。这些技术改善了供水系统的运行效率和稳定性。

智能化和数据化阶段：进一步发展为智能化和数据化阶段，其中供水系统采用智能传感器、大数据分析和云计算等技术。这使得系统能够更好地监测和管理供水质量、供水压力和设备状态。

智慧城市整合阶段：最近的发展趋势是将供水系统整合到智慧城市框架中。包括城市规划、智能交通、环境监测等多个领域的数据共享和交互操作。这一整合有助于提高城市的整体可持续性和综合管理。

与国际水平对比，我国的城市供水系统的智慧化发展已经取得了显著进展，但仍存在一些差距。在智慧化方面，数据安全和隐私是一个重要问题。在一些国际领先的城市中，更强调数据隐私保护和安全性，这是一个可以改进的领域。一些国际领先城市的供水系统已经实现了更高程度的系统整合，涵盖了供水、废水处理、能源管理等多个方面。我国的城市可以进一步推进不同基础设施领域的整合。国际上一些城市注重社会参与，鼓励市民参与智慧城市项目的规划和决策。在我国，社会参与程度可以进一步提高，以确保城市供水系统的发展符合市民需求。

综合来看，我国城市供水系统的智慧化发展已经取得了巨大进展，但在数据隐私、系统整合和社会参与等方面仍有提升空间。随着技术的不断发展和经验的积累，我国的城市供水系统有望逐步缩小与国际领先城市之间的差距。

1.4　城市供水系统的韧性建设

城市供水系统韧性的增强具有重要的战略意义。城市供水系统作为基础设施的一部分，承担着保障居民用水、支持城市正常运行的重要职责。增强城市供水系统韧性意味着面对各种内、外部的冲击和压力都能够更加灵活和有力地进行应对，能够保障持续供水和水质安全，降低灾害风险，以及适应长期变化。第一，增强城市供水系统韧性可以减轻自然灾害、人为事故等突发事件对供水系统的影响。通过建设抗震、防洪、防汛等设施，以及采用先进的监测和预警技术，系统可以更早地察觉到潜在风险，并采取措施减小灾害的影响。第二，韧性的增强有助于保障供水系统的可持续运行。在面对供水管道破裂、水源受污染等紧急情况时，系统可以通过备用设备、紧急修复计划等手段快速响应，减少中断时间，确保城市居民的正常用水。第三，增强城市供水系统的韧性还需要充分考虑社会、经济、技术等多方面因素，形成协同合作机制，提高系统对各类挑战的整体抵御力。增强城市供水系统的韧性既是对未来不确定性的一种主动应对，也是为了确保城市供水系统更可靠、安全、可持续地服务于广大市民。

城市供水系统的韧性建设是为了提高系统对各种冲击和变化的适应能力，确保供水服务的可持续性和弹性。随着城市化的推进和气候等因素的变化，城市供水系统韧性建设逐渐成为水资源管理的重要组成部分。然而，我国城市供水系统韧性建设在发展历程中仍然面临一些问题。

城市供水系统存在设施老化和脆弱性问题。一些城市的供水管网、水处理厂和配水设备已经运行多年，设备老化导致其在面对紧急情况时更容易发生故障。这对系统的韧性构成威胁，在紧急情况下，老化的设施可能难以及时修复，从而影响正常供水。

气候变化和极端天气事件对城市供水系统的韧性提出了新的挑战。气候变化引起的干旱、洪涝等极端天气事件可能导致水源减少或水质恶化，从而对供水系统的正常运行产生负面影响。城市供水系统需要更好地适应这些极端条件，提高对自然灾害的应对能力。

信息化水平不同导致城市供水系统的管理和响应速度存在差异。一些城市已经实现了智能化监测、预警和管理，但仍有一些地区的供水系统仍然依赖传统的手工操作和管理模式，导致在应对紧急事件时反应速度较慢，影响韧性的发挥。

供水系统的应急预案和紧急响应机制仍有待进一步完善。一些城市在面临突发事件时可能存在协调不足、信息传递不畅等问题，这影响了城市供水系统在紧急情况下的应对能力。建立更加健全的紧急响应机制，提高各部门之间的协同效应，是提升供水系统韧性的重要一环。

我国城市供水系统的韧性存在的以上问题，通过采取设备更新、提高气象事件应对能力、加强信息化建设和完善应急机制等措施，可以进一步提高城市供水系统的韧性，确保其在面对各种挑战时能够更加稳健地运行。

城市供水系统韧性研究一开始主要侧重于基础设施的建设和水质的监测，而韧性概念并未引起足够的重视。然而，近年来，随着城市化进程的加速和气候变化等不确定性因素的增加，城市供水系统的韧性研究逐渐引起了学术界和政府部门的关注。

韧性研究的初期主要集中在灾害响应和紧急情况处理方面。一些城市开始建立应急预案，以提高供水系统在自然灾害或突发事件中的抗压能力。例如，制定了供水设备的抗震设计标准，采用了智能监测技术，以更快速地感知并应对紧急情况。这一阶段的研究注重对单一灾害的响应，如地震、洪水等。后来人们逐渐认识到城市供水系统韧性是一个复杂的系统工程，需要考虑多种因素。因此，研究逐渐从单一灾害的响应扩展到综合考虑气候变化、人口增长、水资源管理等多方面的韧性。一些城市供水系统开始采用系统动力学模型，评估不同因素对系统韧性的影响，以制定更全面的应对策略。然而，城市供水系统韧性研究仍面临一些问题。缺乏一套全面的韧性评估体系，不同研究采用的评估指标和方法差异较大。现有研究大多集中在少数几个大城市，中小城市的供水系统韧性状况研究相对薄弱。此外，韧性研究的实际应用仍相对不足，一些成果尚未得到广泛地推广和应用。

未来的研究可以致力于建立更为完善的城市供水系统韧性评估指标体系，促进研究方法的标准化。同时，需要将研究范围扩大到中小城市，深入研究它们面临的韧性挑战和解决方案。进一步推动风险评估、灾害情景构建与供水系统规划建设、应急预案编制相结合，加强风险预测与应急准备。韧性研究的成果需要更好地与政府决策和城市规划相结合，以推动研究成果的转化和应用。通过不断深化研究、加强合作，我国城市供水系统的韧性将更好地适应未来的城市挑战。

1.4.1　规划建设的安全韧性

城市供水系统具有鲁棒性、可恢复性、自适应性、冗余性、多样性、学习能力等特征。

鲁棒性，又称稳健性，是指系统抵抗和应对外部冲击的能力。

可恢复性，是指系统根据环境的变化调节自身的形态、结构或功能，以便与环境相适应。

自适应性是指系统迅速恢复到正常或可接受的状态。

冗余性是指具有相同功能的可替换子系统，通过互相替换来增加系统的可靠性。

多样性是指系统由许多功能不同的子系统组成，在遭遇危险时具有更多解决问题的方案，提高系统抵御多种威胁的能力。

学习能力是指系统从经历中吸取教训、经验并提高自身能力和水平。

近年来城市供水系统安全韧性建设已成为研究热点，研究成果主要侧重多方面的指标和评价体系。例如，王俊佳等人以水源、供水厂、供水管网、工艺等多项指标构建了城市供水系统韧性评价体系，建立了模糊综合评价模型。杨芳等人以三亚市为例，分析了旅游城市的时空供水特征，根据人口流动导致的需水量变化提出了相应的供水策略。刘金宁构建了城市供水系统韧性评估指标体系，并构建了一种能够评估不确定情景下滨海城市供水系统韧性动态框架。刘慧洁基于能量和拓扑的角度，构建一种将城市供水管网韧性性能与拓扑属性相关联的框架，探究评估指标。甄纪亮等人基于分类分级视角，构建了一个地震条件下供水管网韧性评估模型，对管道安全韧性进行分级量化评定。李岩峰等人构建了地震条件下供水管网安全韧性的评估指标体系，再根据投影寻踪方法，建立供水管网地震韧性评估模型，对管网安全韧性进行分级。前人对于城市供水系统或组成部分的韧性研究，为城市安全建设提供了有效的技术支撑。

1. 水源建设

虽然近年来关于城市供水系统安全韧性建设的研究大多是遴选指标、构建韧性评估体系，研究角度稍显单一，但指标是反映总体特征的参数，遴选指标的过程也是遴选建设的关注点的过程，对于供水系统韧性的内部和外部影响、相关社会因素对供水系统的影响、供水系统应对韧性风险、管理方式等方面，都起到重要的参考作用，这一过程本质上也是在建设城市供水系统的安全韧性。

在评估城市供水系统安全韧性时，水源常作为不可或缺的指标之一。由此可见，水源建设的安全韧性是确保城市供水系统韧性的重要保障。

多个研究通过分析影响城市供水系统韧性建设的因素，指出水源方面需要注意的指标有：水源结构、水源保证率、备用水源、水源保护、水源水质、基础设施（取水设备、泵站、输水管道）。也有研究认为城市管理系统与城市供水系统密切相关，因此在选取指标构建评估体系时，考虑了包括组织、经济、自然环境等要素，选取了年末水库蓄水量、年末常住人口、城市化率、人均水资源量、万元工业增加值用水量、万元国内生产总值（GDP）用水量作为水源这一子系统的指标。

虽然结合城市管理系统的指标体系构建理论基础和原则不同，导致选取的指标有些许差别，但总体而言，水源结构、水源保证率、备用水源、水源保护、水源水质、基础设施（取水设备、泵站、输水管道）是否损坏，在城市供水系统韧性建设中都是重要的考虑因素。

水源结构反映了城市水源的构成，如地表水、地下水、再生水等，如果水源结构不够多元化，一旦水源出现污染等突发事故，无法及时调配其他水源，城市用水将受到重大影响。

水源保证率是在不同情况下的可供水量，如果水源保证率低，那么在偶然的用水量激增情况下或者极端天气条件下，可能无法满足城市用水需求，从而影响城市的正常运行。

备用水源对水源结构单一的城市尤为重要。根据《中华人民共和国水污染防治法》和《城市给水工程规划规范》GB 50282—2016，单一水源供水城市的人民政府应当建设应急水源或者备用水源，有条件的地区可以开展区域联网供水，并按可能发生应急供水时间的影响范围、影响程度等因素进行综合分析，确定应急水源和备用水源规模。根据《城市供水应急备用水源工程技术规范》（征求意见稿），备用水源水量应根据风险持续时间确定。

水源保护是保证水源质量和数量的重要手段。如果水源受到污染或过度开采，那么城市供水系统的安全韧性将会受到严重影响。

根据《城镇供水厂运行、维护及安全技术规程》CJJ 58—2009，原水水质是评估城市供水系统安全韧性的必要指标之一。

取水设备、泵站、输水管道的完整性对供水系统的韧性较为重要。这些设施会因水质变化、使用时间过长等导致老化腐蚀，也可能因受外界人为因素干扰而被破坏，从而导致原水供应的停止，影响供水稳定性。

对于水源的韧性提升措施，基本可以概括为：加强水质监测，构建多水源供水系统，水源间加强联通，开辟外部水源通道，“开发”再生水、雨水等利用，工业区、生活区分质供水，面对突发情况调用应急库容和保护水源安全空间。

2. 供水厂建设

多个研究通过分析影响城市供水系统韧性建设的因素，指出供水厂及设施设备运维方面需要注意的指标有：供水厂位置、数量、连通程度、供水厂工艺、出厂水水质、供水厂设施设备、供水的调度能力。

供水厂的位置要考虑多方面因素：应建设在工程地质条件相对良好、不受洪水等灾害威胁的位置；具备相对良好的环境卫生和安全条件；靠近电源；交通相对便利；同时考虑短期和长期需要，为今后有可能新增水处理工艺的设施设备、规模扩建留出余地。总体而言，供水厂的位置分布应根据水源、供水系统布局、城市区域面积的有限性、环境保护等要素因地制宜，采用分散与集中相结合的方式，合理布置供水厂。

供水厂是供水系统的重要节点，供水厂连通性对于供水系统韧性尤为重要。对于两个或两个以上的供水厂应设置供水厂之间的联络管，供水干管呈环状布置，提高供水系统的可靠性。如果供水厂之间各自独立，没有互联互通，当遇到紧急情况，如某一供水厂突发事故时，将难以满足该供水厂所支撑区域的生产生活供水需求，影响生产生活运转，且短时间内无法对该区域进行供水调配支援。

供水厂工艺主要反映供水厂净化所采用的技术方法，优质的供水厂工艺可以满足用户的用水需求，保障用户用水安全可靠。目前，供水厂工艺主要包括预处理、常规处理和深度处理。水处理工艺差将无法适应原水水质的变化，出厂水水质直接影响到供水质量，供水质量不稳定将会影响生产生活用水。

供水厂的各种设备，包括制水、监测、控制设备出现故障，都可能导致供水水质、水量、水压的不稳定，因此对供水厂设施设备管理的日常巡检维护是保障供水韧性的重要一环。

供水的调度能力在遇到供水厂事故时起到较为关键的作用。供水厂事故时的应急供水需要利用供水干管联网调度。一旦发生工程事故，供水厂供水系统将受到影响，在紧急情况下供水厂仍需供水，这时需要依靠各路连通的原水管调用其他应急库容，以满足应急供水需求。

根据《城镇供水厂运行、维护及安全技术规程》CJJ 58—2009，城市供水系统供水厂方面需要关注的有：

供水厂水质是否符合规程要求。

制水生产工艺是否遵循规程、水压保证、工序参数控制在保证正常运行的范围、各工序质量控制符合规程要求。

供水设施运行方面，取水口、原水输水管线、预处理、加药和消毒、混合、絮凝、沉淀、澄清池、普通滤池、臭氧接触池、活性炭吸附池、臭氧系统、臭氧发生器气源系统、清水池、污泥处理系统、地下水处理系统、厂级调度是否符合规程的安全规定。

供水设备运行方面，水泵、电动机、变压器、配电装置、低压配电装置、防雷保护装置、电力电缆、10kV 及以下架空电力线路、室内配电线路、电气及照明设备、配电线路的异常运行与事故处理，直流电源、变频器、继电综合保护装置是否符合规程的安全规定。

供水设施维护方面，取水口设施、原水输水管线、预处理设施、投药设施、混合絮凝设施、沉淀池、澄清设施、普通滤池、臭氧接触池、活性炭吸附池、臭氧发生器、臭氧发生器气源系统、清水池、消毒设施、污泥处理系统、地下水处理设施、排水设施是否符合规程的安全规定。

供水设备维护方面要注意，水质在线监测设备是否定期校准与维护；输配水设备、防护材料、水处理材料、水处理药剂是否符合现行规定；实验室及其计量分析仪器是否及时进行质量控制；水泵、电动机、变压器、高压配电装置、高压断路器、高压隔离开关、负荷开关、高压熔断器、高压电流、电压互感器、电力电容器、低压配电装置、二次回路系统、防雷与过电压保护装置、接地装置、10kV 及以下架空线路、10kV 及以下电力电缆线路、变频器是否符合规程的安全规定。

自动化系统的运行与维护方面，控制室、现场监控站、不间断电源及蓄电池、在线仪器仪表、执行器和驱动器、防雷与防电磁涌流、视频系统是否符合规程的安全规定。

安全方面，水质安全保障，制水生产工艺安全，氯气、氨气、氧气及臭氧使用安全，二氧化氯及次氯酸钠使用安全，电气安全是否符合规程的安全规定。

对于供水厂及设施设备运维方面的韧性提升措施：水处理工艺优化、智能监测水质水量、多供水厂互联互通增强多水源调配、供水厂源头调蓄提高给水冗余度、分区分质供水、优化供水厂布局，逐步淘汰小型供水厂。

3. 管网建设

在地震条件下管网的安全韧性建设应关注的指标包括管道物理属性（包括管径、管材、接口形式、管龄等）、管外环境条件（包括覆土厚度、地面荷载等）、管内水力因素（包括节点水压比等）。在不确定条件下，管网的安全韧性建设应关注的指标有：管网老化缺陷程度、管网漏损程度、管网覆盖率、管网供水水压、管线设施安全、泵站布置是否合理、水质是否有所保障、维护维修是否到位。根据《城镇供水厂运行、维护及安全技术规程》CJJ 58—2009，原水输水管线的运行和维护是否符合该规程要求。

从稳健性和动态性的角度出发，供水管网的韧性需要考虑管外、管道、管内多个因素。

供水管网的周边环境包含覆土深度和地面荷载。将道路类型根据道路条件和通行需求分为四类：绿化带、人行道、非机动车道和机动车道。如果道路类型是确定的，那么覆土深度对管线结构的受力状态影响较小。管道的埋深越小，供水管道越容易受到地面交通荷载或外界施工等作用，越容易发生断裂、爆管等事故。不同道路类型的地面荷载作用大小和方式不同，机动车道下的供水管道受到交通荷载的冲击影响最大，绿化带下的管道受到冲击作用最小。

供水管网的物理属性包含管材、管径、接口形式和管龄等。《室外给水设计标准》GB 50013—2018 提出，输水管道管材一般采用预应力钢筒混凝土管、钢管、球墨铸铁管、预应力混凝土管等。不同材质的管道承压能力、耐久性、耐腐蚀性不同，管道发生管网事故的概率也不同。有研究表明，灰口铸铁管道发生事故的概率最高，球墨铸铁管道发生事故的概率相对较低。供水管网系统由不同口径管道组成，一般情况下，大口径管道设计在输配管网的上游，小口径管道设计在相对下游的位置，管径越大其结构越脆弱，安全韧性越易受到影响，发生事故相对概率更高。有研究结合历史事故调查，发现管龄在 10～30 年，以及 50～70 年的供水管道，其发生事故的概率较大，整体规律符合典型设备故障曲线即"浴盆曲线"。

管网的老化腐蚀会导致流经管网的水受到污染，管网爆管、漏损问题严重影响供水的质量和效率。泵站布置得不合理，尤其是管网覆盖面不足、地势较高区域的泵站设置不合理，会使得管网压力出现问题，供水将出现低压区、死水区，导致管网水质污染、末端水质不达标以及供给量不满足需求等问题。一般管网建设年代较早，建设水平有限，周边逐渐增加开发建设，会导致管道老化和管外环境变化，维护维修不到位也会使得运行安全不稳定。

对于管网方面的韧性提升措施：管道及时更换；管网压力控制；管网中途补氯；独立计量分区（DMA）；构建管网水力模型与水质模型，建立应急预案；构建互联互通管网；城市供水主干管网形成环状，确保城市用水；处于供水管网远端的地区，采用集中二次加压供水；规划时划定重大市政管线廊道空间，严格管控保障设施安全。

4. 加压调蓄设施

居民住宅加压调蓄设施是与居民饮用水距离最近的系统，其安全韧性建设直接关系到居民饮用水安全。有研究结论表示，居民住宅加压调蓄设施的安全韧性建设需要关注的指标有：供水水质合格率，居民住宅加压调蓄设施密闭程度，水箱清洗消毒情况，在线监测及视频安防系统安装等。

居民住宅加压调蓄设施供水水质综合合格率用来描述到达用户家中的水质是否满足《生活饮用水卫生标准》GB 5749—2022 的要求。

居民住宅加压调蓄设施的建设不标准会导致水质污染、水压不稳，管理维护不到位会导致运行不安全、水质不达标，水箱的布置直接影响供水水质、水量、水压稳定性。

有学者调研了某区的居民住宅加压调蓄设施，发现这些设施普遍存在水箱未上锁、通气孔未设置防蚊装置等密闭性问题，设备和管材老化、未按规范要求进行水箱清洗以及未安装在线监测及视频安防系统等现象。此外还发现，该区到达居民住宅这一步的水质中多项指标存在超标风险。统计分析显示，居民住宅加压调蓄设施建成时间越长，水质越差，并呈现阶段性差异特征。从水质稳定度上看，水泥材质水箱水质最差，PE 内衬不锈钢、不锈钢及瓷砖材质的水箱水质较好且差异不大，不锈钢水箱水质更为稳定。从管理和维护角度看，供水企业管理的居民住宅加压调蓄设施相较小区物业管理的形式优势显著。

居民住宅加压调蓄设施的韧性提升措施包括：居民住宅加压调蓄设施及时清洗消毒；注重系统监测和安全保障；及时为水箱上锁、防虫等；改造居民住宅加压调蓄设施，比如更换老化的设备，将水泥材质的水箱换为 304 不锈钢，或防腐级别更高的 316 不锈钢。

1.4.2 应急处置的安全韧性

应急处置在城市供水系统的安全韧性建设中起着至关重要的作用。城市供水系统是城市基础设施的重要组成部分，关系到城市的正常运行和居民的生活需求。然而，由于自然灾害、设备故障、人为破坏等多种因素，城市供水系统可能会出现各种问题，如供水中断、水质下降等。这时，有效的应急处置能力就显得尤为重要。

在面临突发事件时，强大的应急处置能力可以迅速恢复供水系统的正常运行，减少供水中断的时间，保障居民的生活需求。同时，应急处置能力也能防止供水系统进一步恶化，例如，在水源污染事件中，及时的应急处置可以防止污染物进一步扩散，保护水源的安全。通过建立完善的应急处置机制，可以提高城市供水系统对各种风险的预警和应对能力，降低风险事件的发生概率和影响程度。

多个研究通过分析影响城市供水系统韧性建设的因素，指出应急处置方面需要注意的指标有：应急预案、管理办法及机制、应急队伍建设、教育宣传、智慧建设。

为保障城市供水安全，应对城市供水突发事件，根据《中华人民共和国水污染防治法》，市、县级人民政府应当组织编制饮用水安全突发事件应急预案，并定期进行演练，确保在紧急事件发生时，能够高效应对。在面临突发事故时，按事故发生地，可以分为：水源事故、供水厂事故、供水管网事故、居民住宅加压调蓄设施事故等。在应急预案中，应确保具有应对这些事故的措施，比如：为应对水源事故，应关注应急或备用供水系统建设；为应对供水厂事故，应注意供水干管联网调度、厂区自备应急净水设施或清水调蓄设施；为应对供水管网事故，要重点关注环状管网的其他路径实现应急供水。

管理办法及机制是保障供水系统安全运行及应对突发事件的依据。如果在评估体系中选取此项指标，应采用定性描述。应对用户开展关于供水科普、节约用水等主题教育，提高公众参与度，使居民了解科学的水知识，并充分发挥监督作用，消除潜在风险。如果在评估体系中选取此项指标，应采用定性描述。智慧水务建设在为供水系统提供保障方面也起到不可或缺的作用。将智慧水务平台与物联网技术、大数据、GIS、计算机技术、一体式传感器、水力模型等进行结合，可以快速地查找事故源头，及时采用联合调配等方式应对突发事件。

加强城市供水系统应急处置的安全韧性，可从以下几个方面着手：

1. 建立健全应急处置机制。这包括制定统一的应急处置预案，明确应急处置的职责和流程，建立应急处置的协调和指挥机制。例如，北京市应急管理局定期发布关于突发事件的总体应急预案，北京市各区也有饮用水水源保护区突发环境事件应急预案。

2. 加大应急处置资源的投入。这包括购置应急处置设备，培养应急处置人员，筹集应急处置资金。

3. 做好应急清水储备。这包括清水池、高位水池等供水设施储备的清水，仓储及零售设施储备的饮用水，居民家庭储备的清水等。

4. 提高应急处置能力。这包括根据应急预案开展应急处置培训和演练，提高应急处置人员的专业技能和应对能力。

5. 发展应急处置的技术支撑。这包括学习引进和研发应急处置技术，提高应急处置的技术水平。

有研究显示，全球“100韧性城市”（100 resilient city）项目和美国国家环境保护局（EPA）推荐的韧性实施方案，这两种方案均提到供水系统在应急处置方面的安全韧性对策。也有研究总结了面对突发灾害和紧急事件时，可采取的应急处理技术。自然灾害方面，地震情况下可采取供水管网地震韧性评估；干旱情况下可采取节水、废水回用；还可以辅以智能系统进行干旱风险识别、辅助多水源调水决策；再联合政府、企业、社会组织进行应急供水。事故灾害方面，突发环境污染事故情况下，可采取环境污染应急净水技术；供水厂事故时的应急供水主要利用供水干管联网调度、厂区自备的应急净水设施或清水调蓄设施；供水管网事故时通过环状管网的其他路径实现应急供水。水源事故时，依靠各路连通的原水管调用水库应急库容。面对供水管网破坏事故，可采取爆管监测；还可以构建供水管网韧性工具库，模拟事故发生情况，辅助建立高效管道修复方案。公共卫生事件方面，在重大传染病传播情况下，可采用公共卫生智慧应急体系。

综上，城市供水系统作为城市基础设施生命线的重要组成部分，其安全工程的重要性和必要性不言而喻。城市供水系统直接关系到居民的生活、工业生产、医疗卫生等方方面面，其安全工程是保障居民饮水安全的重要保障，也是保障城市经济发展的重要支撑，安全可靠的供水系统可以保障城市各个行业的正常运转，促进城市经济的持续发展。城市供水系统的安全工程也是城市应急管理的重要组成部分。在自然灾害、恐怖袭击、公共卫生事件等突发情况下，供水系统的安全工程可以有效应对各种风险和挑战，保障城市的社会稳定和安全。加强城市供水系统的安全工程建设，构建强韧性的城市供水系统，对城市的可持续发展具有重要意义。

第 2 章

安全生产风险评估与管控

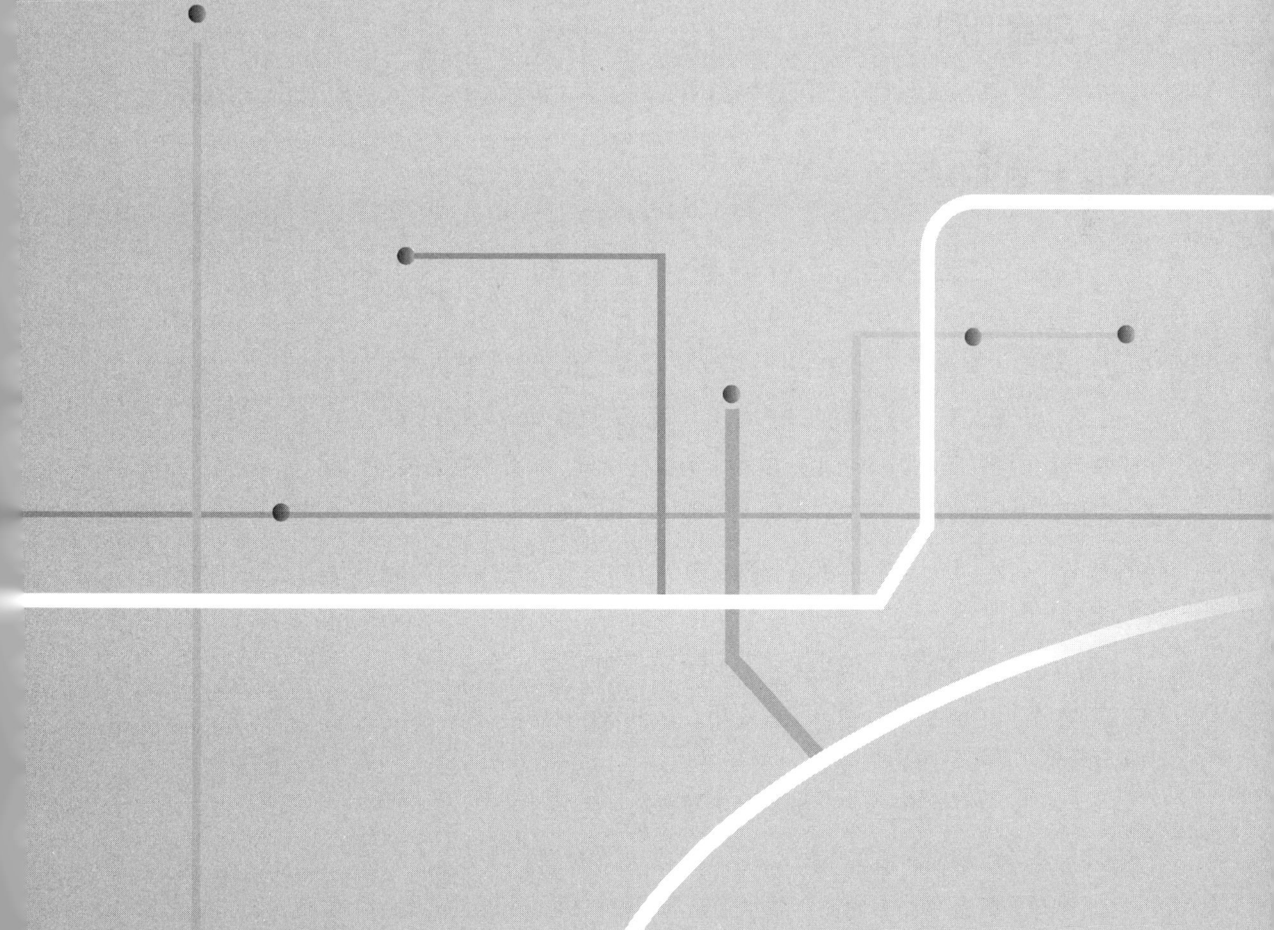

《中华人民共和国安全生产法》第四条明确指出：生产经营单位要构建安全风险分级管控和隐患排查治理双重预防机制，健全风险防范化解机制。安全生产风险特指供水厂、施工等单位在生产经营活动中存在的风险，是指物体撞击、车辆伤害、机械伤害等特定危害事件发生的可能性，及其引发的人员伤亡、财产损失等后果严重性的组合。城市供水系统中的供水厂等生产经营单位是以人为活动主体的，安全生产风险可能导致人员受到伤害，引发生产安全事故，影响供水厂等单位正常的生产秩序，造成不良的社会影响。因此，要高度重视安全生产风险评估与管控工作。

2.1 风险识别

2.1.1 计划和准备

（1）各单位应建立健全安全生产风险分级管控办法，明确风险识别职责、对象与范围、程序、方法等。

（2）根据安全生产风险识别的任务需要，成立以单位主要负责人为组长，单位熟悉水质、工艺、设备、安全等方面的技术骨干、专业人员参加的风险识别工作小组，必要时可邀请相关专家或委托第三方安全生产技术服务机构参与，并提供技术支撑。同时，根据工作需要，可按评估对象划分，下设各单元（专业）工作小组，总体识别组组长对整个识别工作和结果总负责，各工作小组组长对本单元（专业）的工作和结果负责，其他工作人员对各自工作和结果负责。

（3）各单位安全生产风险识别范围应按照“横向到边、纵向到底”的原则，覆盖所有区域、设施、场所和工作面，覆盖所有人员，摸清底数，做到系统、全面、无遗漏，并综合考虑实际管理水平与环境影响等。

（4）收集、整理安全生产风险评估所需资料，主要内容包括：

1）与本单位风险评估工作相关的法律、法规、标准和规范。

2）本单位厂区平面布置图、制水工艺流程图、污泥处理工艺图、工程施工图、重点大修计划等相关资料。

3）主要设备设施型号、数量、场所位置。

4）涉及危险化学品等危险物质种类、储存量。

5）操作规程、安全管理制度。

6）应急救援预案。

7）应急队伍、专家、装备、物资等应急资源。

8）周边环境、周边敏感目标等。

9）国内外同行业企业事故资料。

10）与风险评估工作相关的其他技术资料。

2.1.2　风险查找

实施风险识别

（1）风险识别前，应根据区域、设施、场所等划分识别对象，将涉及本单位所有的设备设施、作业活动等作为基本的识别单元，并综合考虑单位的管理水平与环境影响等，从不同层面、不同角度分析供水厂、工程施工、供水营销等生产经营活动中可能发生的各种不利情况，明确可能导致不利情况发生的原因、致灾因子、薄弱环节等，以确保识别覆盖本单位及相关方作业的场所位置、设备设施和作业活动，包括常规的和非常规的作业活动。

（2）一般可按以下方法划分风险识别单元：按生产工艺流程的阶段划分，如生产过程反应、沉淀、过滤、消毒等；按地理区域、工程部位划分，如变电站、加药间、调节池等；按固定设备设施、装置划分，如水泵、配电柜、加药设备、机械设备、起重设备等；按作业任务划分，如水质取样、巡视巡查等；或上述几种分类方法的结合。

各单位应依据本单位生产经营实际，建立健全各类安全生产风险的具体风险源、风险点、薄弱环节等。当本单位存在符合《危险化学品重大危险源识别》等重大危险源清单中任何一项的，可直接判定为重大危险源。

2.1.3　定期识别风险源并动态更新

1. 定期识别

各单位应结合本单位实际确定安全风险识别周期，原则上每季度应至少组织开展一次全面或专项风险识别工作，完善相应的管控措施清单。

2. 动态更新

当相关法律法规、技术标准发布（修订）后，或施工条件、构（建）筑物、机械设备、金属结构、设施场所、作业活动、作业环境、生产工艺、管理体系等相关要素发生较大变化后，或发生生产安全事故后，以及对首次采用尚无相关技术标准的新技术、新材料、新设备、新工艺的部位或单项工程，各单位应及时组织重新识别。

2.2 风险研判

2.2.1 风险描述

根据《企业职工伤亡事故分类》GB 6441—1986，确定风险源对应的风险源类型。分析风险事件的可能性，包括可能导致风险事件发生的人、物、环境、管理等因素，对安全生产风险源进行描述。

1. 风险源描述

风险源描述应描述每一危险源所有风险的详细信息，应考虑以下内容：

（1）风险源类型。

（2）可能发生的事故类型。

（3）事故发生的区域、地点或装置的名称。

（4）事故发生的可能时间段或概率。

（5）事故的危害严重程度及其影响范围。

（6）事故前可能出现的征兆。

（7）事故可能引发的次生事故、衍生事故等。

2. 建立三大领域、七大目标类型的风险源建议清单

（1）采用风险优先性评价分析法确定目标风险源类型

分析国内外同类型企业及生产经营单位内部近 10 年来的事故案例等相关材料，整理本单位 2017～2020 年安全风险评估工作的成果资料，梳理同行业同类型企业以及生产经营单位内部生产、施工、营销过程中可能面临的风险。

对比国内外先进经验，立足供水实际，设计从风险的相关性、明确性、具体性、可衡量性、实效性五个方面综合考虑风险与供水实际的匹配度，筛选出供水生产设备、化学品、用电设备、特种设备、工程施工、危险作业、公用辅助用房七大类目标风险源类型。

（2）编制风险源清单

结合生产运行实际，构建以自来水生产、施工、营销三大领域为基础，以低、一般、较大、重大为基本风险等级的风险识别体系，从事故“4M”要素人、机、环境、管理四个方面分析目标风险源类型，编制生产、施工、营销三大领域的风险源识别建议清单，有效提高风险源识别的系统性，使风险源与事故链有机结合（见附表 1 ~ 附表 3）。

2.2.2 风险评价

在充分识别安全生产风险源的基础上，通过技术分析、实地查勘、集体会商等方式，对工作实际中所涉及的每一种安全生产风险引发事故或突发事件的可能性和后果严重性参数进行量化分析，采用风险矩阵法（LS 法）判定安全风险等级。

1. 可能性分析

风险发生可能性通常取决于危险源的固有属性和生产经营单位对危险源的管控能力。风险发生的可能性水平按照从高到低通常分为 5、4、3、2、1 共五级，分别对应很可能、较可能、可能、较不可能、基本不可能。

可能性分析包括分析可能性等级和确定发生可能性两部分。分析可能性等级是对照发生可能性分析表所列出的指标，通过本市此类风险发生事故的频率（L_1，表 2–1）、生产经营单位管理水平（安全生产标准化评审或年度自评分值 L_2，表 2–2）以及现场管理水平（L_3，表 2–3）综合分析，得出每个指标对应的等级值。确定发生可能性（L）是根据每个参数可能性等级值，按照计算公式得出最终可能性等级值。

（1）本市历史发生概率（L_1），如表 2–1 所示。

本市历史发生概率 表 2–1

指标	释义	分级（L）	可能性	等级
本市历史发生概率	根据本市过去 N 年此类风险发生事故的次数（频率）进行统计，选取最高等级值	过去 2 年发生 1 次以上	很可能	5
		过去 5 年发生 1 次	较可能	4
		过去 10 年发生 1 次	可能	3
		过去 10 年以上发生 1 次	较不可能	2
		过去从未发生	基本不可能	1

（2）生产经营单位管理水平（L_2），如表 2–2 所示。

生产经营单位管理水平 表 2–2

指标	释义	分级（L）	可能性	等级
生产经营单位管理水平	从本单位当年安全生产标准化评审或年度自评分值得出等级值	未取得安全生产标准化评定等级或评定不在有效期限内	很可能	5

续表

指标	释义	分级（L）	可能性	等级
生产经营单位管理水平	从本单位当年安全生产标准化评审或年度自评分值得出等级值	700 ~ 799 分	较可能	4
		800 ~ 849 分	可能	3
		850 ~ 899 分	较不可能	2
		900 分以上	基本不可能	1

（3）现场管理水平（L_3），如表 2–3 所示。

现场管理水平　表 2–3

指标	释义	分级（L）	可能性	等级
现场管理水平	现场管理类安全风险事故隐患排查治理情况	危险源存在重大生产安全隐患未消除	很可能	5
		危险源存在一般生产安全事故隐患未消除，且未采取有效的管控措施	较可能	4
		危险源存在一般生产安全事故隐患未消除，但已制定并实施有效的管控措施	可能	3
		危险源存在一般生产安全事故隐患未消除，但能现场立即完成隐患整改	较不可能	2
		危险源不存在生产安全事故隐患	基本不可能	1

（4）最终的发生可能性等级值

$$L=(L_1+L_2+L_3)/3 \tag{2-1}$$

式中　L —— 发生可能性等级值。

（5）发生可能性直接判定情形

当出现下列情形之一的，城镇公共供水运行危险源的风险发生可能性等级直接判定为 5 级：

供水企业（本单位）半年内发生过 1 起一般及以上生产安全事故的。

供水企业（本单位）一年内发生过 2 起一般生产安全事故，或者 1 起重大及以上生产安全事故的。

作业者进入有限空间前的评估检测结果为 2 级作业环境的有限空间作业。

2. 后果严重性分析

风险的后果严重性分析要充分考虑事件发生，可能造成的人员伤亡（S_1）、经济损失和社会影响。风险后果的严重性水平按照从高到低通常分为 5、4、3、2、1 共五级，分别对应很大、大、一般、小、很小。

后果严重性分析包括分析后果严重性等级和确定后果严重性两部分。分析后果严重性等级是按照后果严重性中涉及的人员伤亡严重性等级（S_1）、经济损失严重性等级（S_2）、周边敏感目标影响严重性等级（S_3）、社会关注度等级（S_4）、基础设施影响度等级（S_5）等各项指标计算说明，计算每项指标的后果严重性值（即等效折算死亡人数）。确定后果严重性是根据每项指标的后果严重性值（S），给每项指标赋予合理的权重（N_x），按照计算公式结合实际，得出最终后果严重性值。

（1）人员伤亡严重性等级（S_1），如表 2–4 所示。

人员伤亡严重性等级分类及描述　表 2–4

等级	描述	危险源所在场所、位置的从业人员数量来衡量
5	很大	10 人以上
4	大	6 人以上 10 人及以下
3	一般	4 人以上 6 人及以下
2	小	2 人以上 4 人及以下
1	很小	2 人及以下

注：表中“从业人员数量”是指供水企业（单位）危险源所在场所、位置运行过程中的从业人员可能遭受安全生产事故而受重伤的人数。

（2）经济损失严重性等级（S_2），如表 2–5 所示。

经济损失严重性等级分类及描述　表 2–5

等级	描述	直接经济损失
5	很大	1000 万元及以上
4	大	500 万元及以上 1000 万元以下
3	一般	200 万元及以上 500 万元以下
2	小	50 万元及以上 200 万元以下
1	很小	50 万元以下

注：直接经济损失是指在供水企业（单位）运行过程中因安全风险控制措施失效引发的事故造成的人身伤亡赔偿治疗费用及工程实体损失费用。

（3）周边敏感目标影响严重性等级（S_3），如表 2–6 所示。

周边敏感目标影响严重性等级分类及描述 表 2–6

等级	描述	周边敏感目标
5	很大	供水单位运行区域： 1. 安全距离内有建（构）筑物、地下管线（给水排水、电力、燃气、热力等）、重要公共设施设备； 2. 周边 200m 范围内有党政机关、军事管理区、文物保护单位、学校、医院、人员密集场所、居民居住区、大型公交枢纽、化工厂等； 3. 运行区域内或相近区域存在居民及在运行公共区域； 4. 处于本地区承担重大活动保障任务范围内
4	大	周边 200 ~ 500m 范围内有党政机关、军事管理区、文物保护单位、学校、医院、人员密集场所、居民居住区、大型公交枢纽、化工厂等
3	一般	周边 500 ~ 2000m 范围内有党政机关、军事管理区、文物保护单位、学校、医院、人员密集场所、居民居住区、大型公交枢纽、化工厂等
2	小	周边 2000m 以外有党政机关、军事管理区、文物保护单位、学校、医院、人员密集场所、居民居住区、大型公交枢纽、化工厂等
1	很小	周边无建筑物、居住区、公共场所等

注：①对周边影响是指供水企业（单位）运行区域可能会对周边造成相关的安全隐患（如火灾影响等）。
②人员密集场所是指：营业厅、观众厅，礼堂、电影院、剧院和体育场馆的观众厅，公共娱乐场所中的出入大厅、舞厅，候机（车、船）厅及医院的门诊大厅等面积较大、同一时间聚集人数较多的场所。

（4）社会关注度等级（S_4），如表 2–7 所示。

社会关注度等级分类及描述 表 2–7

等级	描述	社会关注度
5	很大	造成极其恶劣的社会舆论和影响
4	大	造成恶劣的社会舆论，产生较大的影响
3	一般	在一定范围内造成不良的舆论影响，产生一定的影响
2	小	有较小的社会舆论，未产生影响
1	很小	未造成不良的社会舆论和影响

（5）基础设施影响度等级（S_5），如表 2-8 所示。

基础设施影响度等级分类及描述　表 2-8

等级	描述	基础设施影响度
5	很大	造成重大和特别重大级别的供水、电力、道路交通等基础设施中断或损坏的突发事件
4	大	造成较大的供水、电力、道路交通等基础设施中断或损坏的突发事件
3	一般	造成一般级别的供水、电力、道路交通等基础设施中断或损坏的突发事件
2	小	—
1	很小	

注：基础设施影响度是指在供水企业（单位）运行中因风险管控措施失效对周边居民区及公共区域（场所）的供水、电力、道路交通等基础设施造成的中断或损坏。

（6）后果严重性等级 S 计算：

$$S= N_1\times S_1+N_2\times S_2+N_3\times S_3+N_4\times S_4+N_5\times S_5 \quad (2-2)$$

式中　S——后果严重性等级；

N——权重系数，$N_1+N_2+N_3+N_4+N_5=1$；

S_1——人员伤亡严重性等级，建议权重系数 N_1 取值 0.5；

S_2——经济损失严重性等级，建议权重系数 N_2 取值 0.1；

S_3——周边敏感目标影响严重性等级，建议权重系数 N_3 取值 0.1；

S_4——社会关注度等级，建议权重系数 N_4 取值 0.1；

S_5——基础设施影响度等级，建议权重系数 N_5 取值 0.2。

3. 判定风险等级

根据风险源风险分析结果，即风险发生的可能性和后果严重性所处的水平，对照风险矩阵图判定危险源的风险等级。危险源的风险等级由高到低依次分为重大风险、较大风险、一般风险和低风险四个等级，分别采用红、橙、黄、蓝四种颜色表示。

生产经营单位要强化安全生产风险分析研判工作，编写安全生产风险形势分析研判情况报告，总结本季度安全生产风险评估工作情况，分析研判下一季度安全生产风险形势。

2.3 风险预警

生产经营单位根据实际情况的变化和风险管控成效、存在问题，密切监测相关风险的持续动态变化，实现风险人工、自动监测“双保险”，做到早预警、早处置。

2.3.1 自动监测

生产经营单位应积极采用自动监测手段，加强对重大危险源和风险等级为重大的一般危险源的监测监控，提高风险预警水平。

2.3.2 人工监测

生产经营单位应建立健全值班值守和巡查检查制度，明确有关工作职责和工作要求，做好监测设备设施的运行维护、检测校验和日常检查等工作，加强重点区域、重点部位、重点时段的巡查值守，如实记录和保存监测监控、值班值守、巡查检查及设备设施维护保养等信息。

2.3.3 单位预警

生产经营单位应根据本单位监测监控情况，确定触发预警的具体条件。预警发布条件一般分为两类：一是本单位重大危险源数量及危害性已超出现有最大管控能力，如短时间内得不到有效管控将引发生产安全事故险情；二是本单位危险源特别是重大危险源某项监测监控指标已超过警戒值且难以有效管控降低风险，如短时间内得不到有效管控将引发生产安全事故险情。

预警条件触发后，生产经营单位应第一时间向主管部门报告，立即做好相应应急准备工作，迅速采取应急处置措施消除或控制风险。此外，生产经营单位应及时接收、处理有关地区和部门发布的预警信息。

生产经营单位应完善预报、预警、预演、预案功能，充分运用信息化、自动化、智能化技术，推进重点区域、重要部位和关键环节的监测监控、自动化控制、自动预警、紧急避险、自救互救等设施设备的配备应用，不断提高风险监测预警的智能化水平。

2.4 风险防范

2.4.1 风险管控职责

生产经营单位应对不同等级的安全风险实施分级管控，并充分考虑所需的管控资源、能力和措施。各厂（公司）、分厂（分所、车间、站、施工项目部）、班组（施工现场）和岗位（各工序施工作业面）应承担相应的管控责任。如果对应的管控层级缺失或不在管控职能范围内，各单位应明确对应层级的管控责任主体，或由上一级具有管控职能的层级进行提级管控。上一级负责管控的风险，下一级必须同时负责管控，并逐级落实具体措施。

重大安全风险被视为不可容许风险。由生产经营单位的上级单位负责牵头研究制定相应的风险管控策略和保障措施，生产经营单位负责具体落实。生产经营单位需要对采取措施后的安全风险进行再评估，直至风险降低至可接受程度。重大安全生产风险所在的地点应被列为本单位隐患排查的重点区域，进行重点排查。

较大安全生产风险被视为需要特别管控的风险，由生产经营单位负责研究制定相应的风险管控策略和保障措施并予以落实。根据风险的变化，不断改进风险控制措施，直至风险降低至可接受程度。生产经营单位应定期进行安全生产监督检查，专注于较大安全生产风险。

一般风险被视为可容许风险，由风险源所属部门负责牵头制定并实施风险控制措施。风险源所在部门应明确责任人，并对现场风险控制措施的执行情况进行日常检查；安全管理部门和其他相关职能部门应对风险管控情况进行监督检查。

低风险被视为可忽略的风险，保持现有控制措施。所属部门负责对低风险进行经常性的跟踪监控。

2.4.2　风险分级管控

生产经营单位管控责任主体应针对危险源的风险特点，明确每一处危险源的管控措施。通过隔离危险源、采取技术手段、实施个体防护、设置监控设施和安全警示标志等措施，达到监测、规避、降低和控制风险的目的。风险管控措施应经过评审或论证，确认其有效性、充分性。

1. 风险告知

设置风险公告栏。对各类风险特别是高等级风险（重大风险、较大风险），应在本单位的醒目位置、重点区域设置风险公告栏，标明本单位主要危险源及位置、类别、级别、风险等级、事故诱因、可能导致的后果以及风险管控、应急处置措施、管控责任人、报告电话等内容。

制作岗位安全风险告知卡。各单位应针对本岗位所涉及的各类风险，制作岗位安全风险告知卡，并设置于进入作业区域前的醒目位置，确保进入工作区域的所有人都能掌握安全风险的基本情况及防范、应急措施。

设置警示标志。对存在一般级别以上的各类风险的工作场所和岗位要设置明显警示标志。警示标志的设置应符合《安全标志及使用导则》要求。

进行风险告知。对本单位职工和进入风险工作区域的外来人员，应及时告知风险基本情况及防范、应急措施，并将有关信息提前告知可能受直接影响范围内的相关单位和人员。

2. 安全技术措施

(1)消除或减弱。通过对装置、设备设施、工艺等的优化设计消除风险源。

(2)替代。用低危害物质替代或降低系统能量，如较低的动力、电流、电压、温度等。

(3)封闭。对产生或导致危害的设施或场所进行密闭。

(4)隔离。通过隔离带、栅栏、警戒绳等把人员与危险区域隔开，采用隔声罩以降低噪声等。

(5)移开或改变方向。如调整危险及有毒气体排放口。

3. 安全组织措施

(1)所有工程施工、设备检维修项目，要根据工程施工等级或者工作量大小配备必要的生产组织措施，明确现场负责人。

(2)制定实施作业程序、安全许可、安全操作规程等。按照生产设备的重要程度，对生产设备检修实行分级分类管理，并明确不同级别的设备检修工作单签发人。对于级别较高的、检修难度较高或对生产影响较大的设备，应制定具体检修方案和安全措施，必要时应按设备分级管理规定要求召开相应的方案讨论会。检修前，设备管理人员应组织检修人员与运行人员进行现场安全交底；检修时，检修人员和运行管理人员按检修方案及相关规定要求做好安全防护措施后方可检修；检修任务完成后，设备管理人员、检修人员与运行人员共同检查工作现场，设备管理人员在设备试运行后填写相关运行参数，全部指标满足要求后填写验收结论，各方签字确认。

(3)减少暴露时间，如异常温度或有害环境。

(4)监测监控，尤其是高毒物料的使用。

(5)警报和警示信号，提高作业人员注意力。

(6)安全互助体系，如对处在同一岗位、同一作业场所、同一工序内有相互影响的不同单位和作业人员，通过签订协议等形式明确各自的安全生产责任和义务。

(7)风险转移，如购买安全生产责任保险。

4. 教育培训

(1)提高从业人员风险意识和对风险管控工作的认识。

(2)提高从业人员的安全知识和安全技能水平。

(3)使从业人员掌握危险源识别、风险评价、风险防范及应急处置能力。

5. 个体防护措施

(1)当安全技术措施不能消除或减弱风险时，应采取个体防护措施。

(2)当处置异常或紧急情况时，应佩戴防护用品。个体防护用品包括防护服、耳塞、听力防护罩、防护眼镜、防护手套、绝缘鞋、呼吸器等。

（3）当危险源或其风险等级发生变化，但风险管控措施尚未及时调整到位时，应佩戴防护用品。

6. 应急准备

针对不可控风险（确实难以消除、难以控制或防不胜防的风险）而采取的特殊风险管控措施，包括组织机构、应急预案、培训、演练、队伍、物资、资金、技术等各个方面的准备工作。

7. 不断评估完善

（1）在安全生产风险管控措施实施前，生产经营单位应组织相关人员对安全生产风险管控措施的有效性、合理性、充分性和可操作性，以及是否会引发新的安全生产风险等进行论证，并根据论证结果进行完善。

（2）在下列情形发生时应及时更新：

1）有关法律、法规、标准、规范发生变化的。

2）工艺和技术发生变化的。

3）安全风险自身发生变更；周围环境发生变化，形成新的重大风险源的。

4）应急资源发生重大变化的。

5）同类型安全风险或者行业发生事故灾难的。

6）新增设备或者风险类型时。

7）其他实际情况。

（3）生产经营单位在风险管控措施实施过程中和实施后，检查其有效性。根据安全风险监测结果，当风险源或其风险等级发生变化时，要对防范措施重新检查评估，及时组织相关人员完善有关风险管控措施等。

（4）生产经营单位应每季度在相关安全生产风险评估信息系统进行更新确认。

8. 报告编制

生产经营单位应编制本单位年度安全生产风险评估报告，在每年的 10 月 15 日前经本单位安全生产风险评估工作领导小组组长审核签发。报告内容要层次清晰、重点突出，文字简洁、数据准确，附必要的图表或照片。

安全生产风险评估报告的内容应包括但不限于以下几个方面：

（1）评估的主要依据。

（2）安全生产风险源的基本情况。

（3）安全生产风险可能性及后果严重性分析（包括可能受事故影响的周边场所、人员情况）。

（4）安全生产风险等级分析。

（5）安全生产风险控制措施。

（6）应急资源不足 / 差距分析。

（7）评估结论。

2.4.3 安全生产标准化建设

1. 开展标准化创建

生产经营单位应按照《中华人民共和国安全生产法》《中华人民共和国消防法》和《建设工程安全生产管理条例》《安全生产事故隐患排查治理暂行规定》《生产经营单位安全培训规定》《构建水利安全生产风险管控“六项机制”工作指导手册（2023 年版）》《水利安全生产标准化通用规范》SL/T 789—2019 及安全生产强制性标准等法规和文件，从目标职责、制度化管理、教育培训、现场管理、安全风险管控及隐患排查治理、应急管理、事故管理、持续改进等方面开展本单位安全生产标准化建设，提升安全管理、操作行为、设施设备和作业环境的标准化水平。

2. 标准化创建程序

安全生产标准化创建应遵循必要的工作程序，通常包括：成立组织机构、制定实施方案、动员培训、初始状态评估、完善制度体系、运行与改进、单位自评。教育培训工作应贯穿创建程序各个环节始终。生产经营单位应按照标准化创建程序，及时开展自主评定，自愿提出评审申请，经相关评审机构审定后，完成达标创建。

3. 标准化达标动态管理

生产经营单位获得安全生产标准化等级证书后，即进入动态管理阶段，应持续改进工作，防范生产安全事故发生。

2.4.4 隐患排查治理

1. 建立健全排查治理制度

生产经营单位应依法建立健全事故隐患排查治理制度，明确各级负责人、各部门、各岗位排查治理责任和工作要求，明确排查治理内容、程序、周期和整改要求，明确信息通报、报送和台账管理等相关要求。

2. 全面排查隐患

（1）排查内容

生产经营单位应根据国家法律法规、相关行业规范，参照《北京市水务行业城镇供水厂生产安全事故隐患目录》等，从物的不安全状态、人的不安全行为和管理上的缺陷等方面，明确隐患排查事项和具体内容，编制符合本单位实际的隐患排查事项清单，制定并运用统一的检查表单和隐患排查台账。核实风险清单中每一处风险源的管控措施是否落实，排查由于风险管控措施失效或者未落实到位而导致的事故隐患。

（2）排查人员

生产经营单位应组织单位主要负责人、相关负责人、安全生产管理人员、工程技术人员、一线从业人员和其他相关人员共同排查隐患。必要时可邀请专家参与隐患排查，或委托第三方专业机构开展隐患排查。

（3）排查形式

生产经营单位应根据事故隐患排查制度开展事故隐患排查，排查前应明确排查的范围和方法，采用日常检查、综合检查、专项检查、季节性检查、重点时段及节假日前检查、事故类比检查和外聘专家检查。

（4）排查频次

生产经营单位应结合实际合理确定排查周期，开展常态化排查，对重点部位、关键环节进行重点排查，全面彻底排查隐患，不留死角和盲区。装置直接管理人员（工艺、设备技术人员）、电气和仪表人员每天至少两次对装置现场进行相关专业检查；班组应结合班组安全活动，至少每周组织一次隐患检查；基层所、站应结合岗位责任制检查，至少每月组织一次安全风险隐患排查；生产经营单位应根据季节性特征及本单位的生产实际，每季度开展一次有针对性的季节性安全风险隐患排查；重大活动、重点时段及节假日前必须进行安全风险隐患检查；生产经营单位至少每半年组织一次，基层所、站至少每季度组织一次综合检查和专项检查，两者可结合进行；当同行业领域发生安全事故时，应举一反三，及时进行事故类比安全风险隐患专项检查。

3. 建立隐患台账

对于排查发现的隐患要如实记录形成台账，包括隐患名称、位置、隐患等级是否属于重大、整改责任部门和责任人、整改措施、整改时限、整改期间防范管控措施等内容，并通过职工大会或者职工代表大会、信息公示栏等方式向从业人员通报。重大事故隐患应经本单位主要负责人同意后，向负有直接监管责任的行政主管部门及其他相关部门报告。

4. 下达整改通知

对于排查发现的事故隐患，生产经营单位应及时向有关责任单位、部门下发整改通知，提出整改要求等。

5. 及时治理隐患

对于一般事故隐患，危害性和整改难度较小，发现后应立行立改，及时消除风险。对于重大事故隐患，由生产经营单位主要负责人组织制定治理方案，包括治理目标、采取的方法和措施、经费和物资的落实、负责治理的机构和人员、治理的时限和要求、治理过程中的安全防范措施以及应急预案等，做到责任、措施、资金、时限和预案“五落实”，并及时将治理进展情况向负有直接监管责任的行政主管部门及其他相关部门报告。

治理工作结束后，生产经营单位应组织对隐患治理情况进行评估，及时验收销号，实行闭环管理。

6. 落实排查治理责任

生产经营单位是隐患排查治理的责任主体，应建立并实行从主要负责人到一线员工的全员责任制。生产经营单位应当加强对隐患排查治理情况的监督考核，保证全员责任制的全面落实。

生产经营单位对承包单位、承租单位的安全生产工作应统一协调、管理，定期进行安全检查，发现安全问题的，应当及时督促整改。

2.5 风险处置

2.5.1 应急预案

生产经营单位应按照《生产安全事故应急预案管理办法》《生产经营单位生产安全事故应急预案编制导则》GB/T 29639—2020 以及行业主管部门应急预案等，结合单位组织管理体系、生产规模和可能发生的事故特点，确立单位的应急预案体系，编制相应的综合应急预案、专项应急预案或现场处置方案，并与相关人民政府及其部门、应急救援队伍和涉及的其他单位的应急预案以及生产经营单位编制的各类应急预案保持衔接。

生产经营单位对风险等级为重大的危险源，应制定相应的专项应急预案或现场处置方案，形成“一源一案”。

应急预案编制完成后，生产经营单位应根据法律、法规、规章规定和上级行政主管部门的要求完成预案的评审、公布、备案、定期评估与修订等工作。

2.5.2 应急处置

生产经营单位发生生产安全事故后，要立即启动相应的生产安全事故应急预案，按照行业主管部门应急预案规定的报告程序和时限，采用快报和书面报告的形式上报事故信息，符合信息报送规范。

事故发生单位对事故基本情况、事故信息接收处理与传递报送情况、应急处置组织与领导情况、应急预案执行情况、应急响应措施及实施情况进行梳理分析，总结经验教训，提出相关建议并形成总结报告。

2.5.3 应急能力建设

生产经营单位可以根据实际情况和自身需要，建立专、兼职的应急救援队伍，开展培训和训练，或与邻近的应急救援队伍签订应急救援协议。

生产经营单位应当根据实际情况、法规要求，储备应急救援装备和物资。

生产经营单位要落实值班值守制度，及时发现、报告和处置事故险情。

生产经营单位应按照《生产安全事故应急演练基本规范》AQ/T 9007—2019、《生产安全事故应急演练评估规范》开展应急演练及评估。生产经营单位应当对从业人员进行应急教育和培训，保证从业人员具备必要的应急知识，掌握风险防范技能和事故应急措施。

第3章

水源安全风险识别与防范

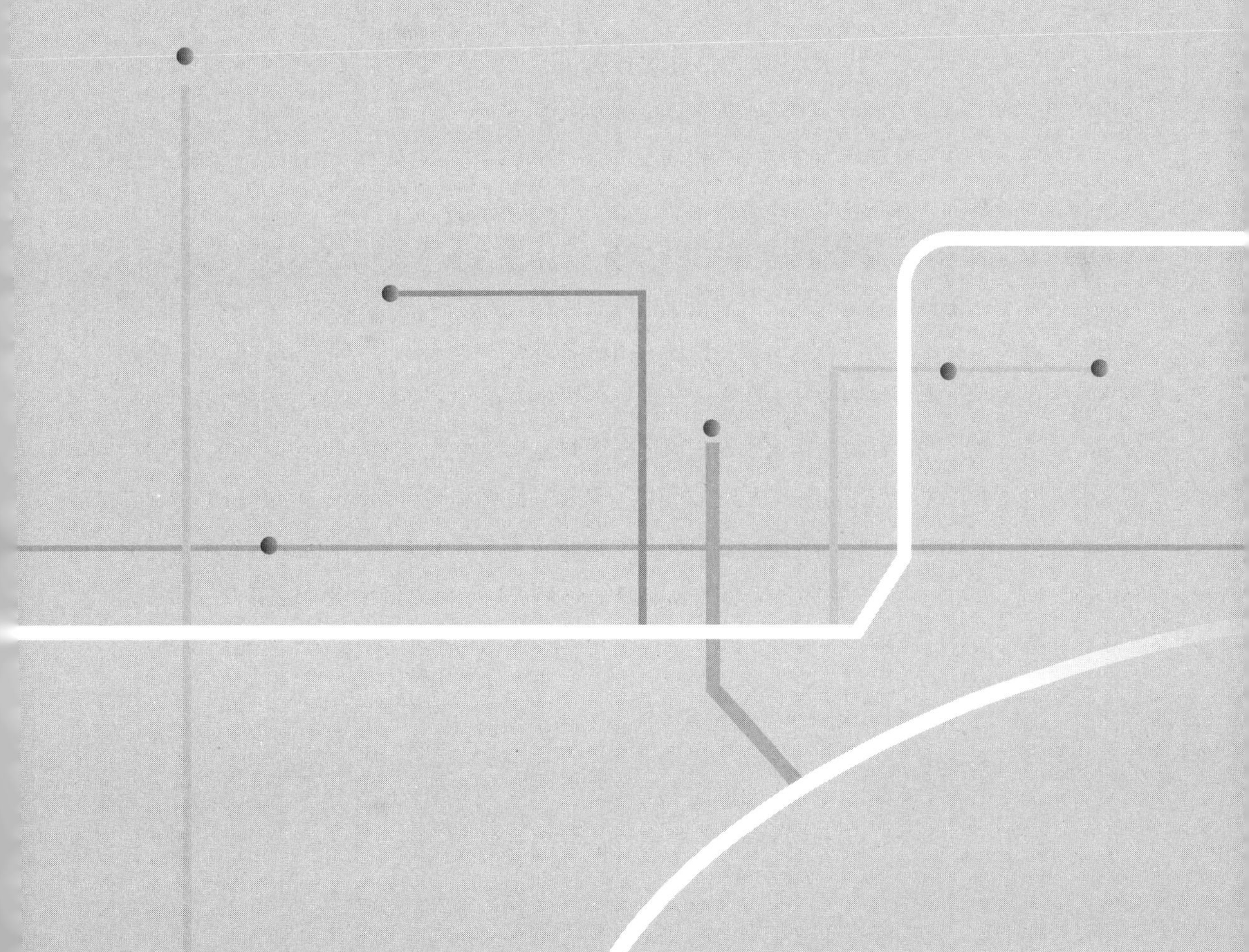

城市供水水源是提供城镇居民生活及公共服务用水（如政府机关、企事业单位、医院、学校、餐饮业、旅游业等用水）取水工程的水源地域，包括地表水（河水、江水、湖水、水渠水、水库水等）和地下水（井水和深层水层水等）。水源是居民正常生活的基石，城市经济和社会发展的基础，对城市的重要性不可忽视。人类生活离不开清洁、安全的饮用水，而城市供水水源是确保居民获得高质量饮水的关键。城市的经济繁荣和社会活动的正常运转都需要可靠、稳定的供水水源，水源的可靠性直接关系到城市的生产、就业和社会稳定。北京形成的是本地地表水、本地地下水、南水北调等多水源的供水格局。上海主要以长江水、黄浦江水为主要地表水水源，形成“两江并举、集中取水、水库供水、一网调度”的水源地战略格局。广州主要以珠江水为主要地表水水源。深圳主要以东江水、西江水为主要地表水水源，还有一些地下水和水库水水源。重庆主要以长江水和嘉陵江水为主要地表水水源。成都主要以岷江水、嘉陵江水和大渡河水为主要地表水水源。

水源可能存在一系列的安全风险，包括水污染、过度开采、气候变化和自然灾害等。水源水污染可能导致供水系统中出现有害物质，危及居民的健康。工业排放、农业化肥和城市污水都可能污染水源，使得供水质量下降。另外，过度开采地下水可能导致地下水水位下降，引发地下水资源枯竭的问题。气候变化也可能导致水源的不稳定，增加了洪涝和干旱等极端天气事件的发生频率。自然灾害如地震、山体滑坡等可能对水源产生直接威胁。城市供水水源风险的识别和防范不仅关系到居民的日常生活和健康，还涉及生态环境和城市可持续发展的方方面面。我国对城市供水水源出台了一系列法律和规范，包括《中华人民共和国水污染防治法》《中华人民共和国水法》《饮用水水源保护区污染防治管理规定》《地表水环境质量标准》GB 3838、《地下水质量标准》GB/T 14848、《饮用水水源保护区划分技术规范》HJ 338、《饮用水水源保护区标志技术要求》HJ/T 433 和《集中式饮用水水源编码规范》HJ 747 等。通过科学的风险识别和有效的水源管理，可以最大限度地减缓潜在的问题，确保城市供水水源的可靠性、可持续性和安全性。

3.1　水源风险识别

3.1.1　地表水水源风险

城市供水的地表水水源可能面临多方面的安全风险，这些风险涉及水质、水量、气候变化、人类活动等多个方面，对城市的供水系统和居民的生活构成潜在风险。

1. 水质污染

水质污染是城市供水地表水水源面临的首要安全风险之一。随着工业化和城市化的不断推进，大量工业废水、生活污水和农业排放物质被排放到江、河、湖泊和水库中，导致水体中出现各类污染物。这些污染物包括重金属、化学物质、有机污染物等，对水质构成严重安全风险。例如，工业废水中的重金属可能在水体中积聚，对水生态系统和人体健康产生潜在危害。因此，城市供水系统需要采取一系列的措施，如建立严格的排污标准、加强水质监测和实施水质治理，以确保地表水水源的水质安全。

2. 不可持续利用

过度开发和不可持续利用也是城市供水地表水水源面临的安全风险之一。随着城市人口的增加和经济的发展，对地表水资源的需求不断增加，导致一些地区的水资源过度开采。过度开采可能导致水位下降、水体干枯以及水源可持续性的减弱。一些地区在枯水期可能面临供水困难，甚至出现水源枯竭的情况。在饮用水优先保障方面缺乏工程保证、制度保证和应急调控措施，抵御风险能力弱、战略储备、应急水源不足。为了防范这一安全风险，城市管理者需要制定科学的水资源管理政策，推动可持续水资源利用，包括加强水资源保护、实施水资源定额管理和推动水资源的循环利用等。

3. 人类活动

人类活动对地表水水源的直接影响是一个潜在的安全风险。不合理的土地利用、河道疏浚、乱倾倒垃圾等行为可能直接导致水源区域的生态系统破坏，从而影响水质和水量。城市周边的工业和农业活动也可能通过废水排放、农药使用等方式对水源产生负面影响。因此，加强对水源区域的生态环境保护，推动可持续的土地利用规划，是减缓人类活动对地表水水源的安全风险的有效途径。

4. 气候变化

气候变化对城市供水地表水水源的影响也逐渐显现出来。气候变化导致降雨模式和水文循环发生变化，影响了江、河、湖泊的水位和水流。一些地区可能面临更加频繁和严重的洪涝和干旱事件，这对城市供水系统构成了挑战。洪涝可能导致水源区域水质受到污染，干旱则可能导致水源供应不足。为了应对气候变化的安全风险，城市供水系统需要加强水源区域的生态修复，提高水库调蓄能力，建立灵活的水源管理机制，通过建设更加强大的供水系统、引水工程等手段，以适应不断变化的气候条件。

5. 自然灾害

自然灾害也是城市供水地表水水源的安全风险之一。地震、山体滑坡、泥石流等突发事件也对地表水水源提出了多重安全挑战，主要包括水质受到污染的风险、水体流动特性引起的迅速变化，以及水资源管理和供水系统的应急压力。在突发事件中，地表水水源可能因极端降雨、洪水、火灾等而受到直接冲击。突发事件可能导致地表水水源的水质受到污染。例如，在洪水期间，大量降雨可能冲刷河岸、河床，将悬浮物、泥沙、有机物等带入水体，导致水质急剧变差。例如我国的长江流域，在洪水季节，长江水域的悬浮物质和污染物浓度明显上升，这对水质产生了严重影响。地表水水源的流动特性可能引起水质迅速变化。在洪水等突发事件中，水体流速加快，容易携带和传播污染物质。这使得水源周边的农业、工业排放、城市污水等污染源的影响更为显著。例如，我国的一些城市在极端降雨引发的洪水中，城市排水系统的不畅可能导致污水直接排入水体，加剧了地表水的污染问题。水资源管理和供水系统面临更大的应急压力。突发事件可能导致供水设施损坏，水源被污染，进而影响城市的供水系统。在我国，一些城市在面临严重洪涝或地质灾害时，供水系统可能受到重大破坏，需采取紧急应对措施，如调动紧急储备水源、修复供水管道，以确保城市居民的正常用水。有效的水源应急管理、紧急预案和灾后恢复措施对于应对这些挑战至关重要，以确保地表水水源在突发事件中能够得到及时而有效的保护和治理。

6. 突发公共卫生事件

突发公共卫生事件可能为地表水水源带来多方面的风险。首先，这类事件可能导致生活污水和医疗废物的直接排放进入水体，增加水质污染的风险。在公共卫生事件发生期间，医院、隔离区等地可能产生大量的医疗废物和感染性污水，如果这些废物未经妥善处理，就有可能通过排放进入地表水，引发水质污染。其次，突发公共卫生事件可能加大水源周边环境的压力。临时医疗设施的建设、人员调动等可能导致土地利用的变化，进而影响水源周边的生态环境。例如，一些突发事件可能导致野生动物的迁徙，增加水源周边的生态系统不稳定性，进而影响水质和水体生态健康。再次，突发公共卫生事件可能加大水体的供水需求。在公共卫生事件发生期间，频繁的洗手、清洁等防护措施可能导致人们对地表水的额外需求增加。如果供水系统无法迅速调整以满足这一激增的需求，就可能导致水源的供水不足，影响居民的正常用水。最后，公共卫生事件可能引发社会恐慌，导致人们对水质的过度担忧。尽管科学证据表明，正规的水处理工艺通常能够有效去除病原体，但社会的恐慌情绪可能导致人们采取不理性的行为，例如大量囤积瓶装水，从而在一定程度上影响了水源的正常供需平衡。因此，针对突发公共卫生事件对地表水水源的风险，需要加强水质监测、提高水源管理的紧急响应能力，确保水源在公共卫生事件中得到有效的保护和治理。

综合而言，城市供水地表水水源面临的安全风险多种多样，涉及水质、水量、可持续性、气候变化和自然灾害等多个方面。为了保障城市供水的稳定和安全，城市管理者需要采取一系列的综合措施，包括水质监测治理、可持续水资源管理、气候变化适应和自然灾害风险管理等，以确保城市供水系统的可持续发展和居民的健康安全。

3.1.2　地下水水源风险

我国城市地下水水源面临着多方面的风险，这些风险涉及水质、水位、过度开采等多个方面。地下水水源与地表水水源在面临的风险方面存在一些不同之处。首先，它们的污染途径有所不同。由于地下水受到土壤层的保护，其水质相对较为稳定。地下水面临的主要威胁是受到地表活动渗漏的影响，地质层中的污染物渗入，例如化学物质、重金属等，通常较难被自然分解或清除。水质变化速度与地表水存在差异，由于地下水流动缓慢，其水质变化较为缓慢，一旦受到污染，恢复过程可能需要较长时间。地下水相对较为稳定，不容易受到自然灾害的直接冲击，也不容易受到气候变化和短期降雨影响。然而，气温升高可能导致降水模式的改变，进而影响地下水的补给。更频繁的极端天气事件，如干旱和暴雨，也可能加剧地下水资源的不稳定性，对城市地下水供应产生负面影响。

地下水主要面临过度开采的风险，当开采速度大于地下水的自然补给速度时，地下水位可能下降，形成地下水过度开采的地下漏斗。地下水与地表水相互关联，而城市化和土地利用变化可能加剧这种关联性带来的风险。例如，城市中的建筑和道路的大量铺设会影响地表水的渗漏和入渗，导致地下水位的变化。这种关联性增加了城市地下水受到地表活动影响的可能性，尤其是在不合理的土地利用和城市规划下。地下水源保护通常需要规划合理的抽水井位、设定抽水许可制度，以防止过度开采。治理方面需要采用修复污染源、加强地下水保护区建设等手段。

自然灾害可能引起地下水水质的变化。例如，洪水和极端降雨可能导致地表水中的污染物通过渗漏进入地下水，使地下水受到污染。2013 年，四川雅安地震后，地下水水质受到破裂岩石和土壤的影响，发生了一些地下水污染事件，对当地水质构成了一定威胁。此外，地下水水位可能在突发事件中发生显著的变化。例如，极端的干旱条件可能导致地下水水位下降，增加了地下水过度开采的风险。我国北方平原地区就面临着由于长期的地下水过度开采导致地下水水位下降的问题，这在一定程度上与气候变化和人类活动有关。地下水与地表水之间的相互作用可能受到影响。洪水和地质灾害可能改变地下水流动路径，导致地下水与表层水体的交互增加，从而影响地下水水质。例如，我国的一些山区在发生大规模山体滑坡或泥石流时，可能对地下水产生显著的影响，使水质变得不稳定。

公众的健康和安全意识也是一个重要的因素。在紧急情况下，人们可能因为担心水质问题而采取不安全的饮水行为，例如寻找未经处理的水源，这可能加剧公共卫生风险。因此，及时、透明的开展风险沟通和教育对于引导公众正确应对水源变化至关重要。

明确城市饮用水水源存在的风险，通常需要采用综合的方法。水质监测和分析是基础，定期检测水中的化学物质、微生物和重金属等，以确保水质符合饮用水标准。另外，水量监测是关键，包括对水位、流量和补给能力等指标的测量，以评估水源的可持续性和供水能力。同时，对水源周边环境的调查也是必要的，考虑土地利用、工业排放、农业活动等对水源的潜在影响。气候变化对水源的影响需要进行关注，预测降水模式的变化和气温升高等因素对供水能力的潜在威胁。地质勘探则有助于了解地下水水位、水质的变化趋势。评估人为活动的影响，包括城市化、工业排放和农业化肥使用等，有助于更全面地进行水源的风险防范。这些方法的综合运用可以为决策者提供全面的信息，帮助他们更好地了解城市饮用水水源的风险，并采取相应的管理和保护措施。在实践中，政府、水务部门、科研机构等需要共同合作，进行水源风险防范，以确保城市饮用水源的安全和可持续供应。

3.2　水源风险防范

为了应对城市供水水源安全风险，城市供水系统需要建立健全的监测和预警体系。通过实时监测水质、水位、降雨等关键指标，城市可以及时发现潜在的风险，并采取相应的应对措施。同时，加强科学研究，深入了解地表水水源的动态变化和受威胁的因素，为制定有效的管理策略提供科学依据。

在管理和治理方面，建立健全的水源保护制度至关重要。这包括设立水源保护区，限制一些敏感区域内的人类活动，减少污染源。同时，加大对污染源的治理力度，推动企业和农户采取环保技术，减少排放。在城市规划中，需要合理划定水源保护区域，确保城市的发展不对水源造成不可逆的破坏。

另外，水资源的可持续利用也是解决过度开采问题的关键。城市需要采用科学的水资源规划，制定合理的用水定额，推动水资源的循环利用。发展水资源的替代技术，如海水淡化技术、雨水收集利用等，可以有效缓解对地表水水资源的过度依赖。

面对气候变化，城市需要进行全面的气候适应规划。这包括加强对极端天气事件的预警和应急响应能力，提高供水系统的抗灾能力。引入气象数据和气象模型，预测未来气候变化对水源的影响，有针对性地制定适应性措施。

为了应对地下水水源风险，需要采取一系列的防范措施。首先，强化地下水水质监测和管理，建立完善的地下水监测网络，及时发现和应对水质问题。其次，实施地下水资源管理制度，确保合理开发和利用地下水，防止过度开采。在城市规划和土地利用方面，加强对地下水的保护，避免不合理的土地利用对地下水的影响。另外，推动科技创新，开发新的水源和水资源利用技术，减轻对地下水的过度依赖。

以北京为例，北京一直面临着地下水过度开采和水质污染的问题。过度开采导致地下水水位下降，且部分地区出现地下水严重污染。为了解决这一问题，北京实施了一系列措施，包括南水北调工程，引入外部水源，减轻对地下水的依赖。此外，北京还加强了对工业和农业排放的监管，推动城市绿化和雨水收集利用，以改善地下水质量和减缓过度开采的趋势。

在应对突发公共卫生事件时，水源的保护和管理重要性更加凸显。通过建立应急响应机制、完善水质监测体系、强化水源的防护区域等措施，可以最大限度地减缓公共卫生事件对饮用水水源的不利影响，保障公众的健康和生活安全。

保障城市供水水源安全需要政府、企业和居民共同努力，综合运用法律、技术和管理手段，不断完善水资源管理体系，以确保城市供水系统的可持续发展和居民的生活质量。以下分别从水源水量、水源水质、水源保护区建设、水源保护区整治、监控能力建设和水源管理措施六个方面，进行城市供水水源地安全风险防范，从而有效保护水源地。

3.2.1　水源水量

集中式饮用水水源地，地表水饮用水水源取水量不造成生态环境破坏，地下水饮用水水源年实际取水量不大于年设计取水量。构建多源互补的供水。优化水资源配置，保障水量安全。应急水源为应对突发环境事故而临时启用的水源，与供水厂管网联通，水量应满足不低于在用水源的 7d 供水量要求。备用水源一般是指为应对因干旱时水量不足或者个别在用水源因故无法供水而临时启用的水源，与供水厂管网联通，依据《室外给水设计标准》GB 50013—2018，备用水源一般应满足在用水源 10%~20% 的供水量。

3.2.2　水源水质

地表水饮用水水源一级保护区的水质基本项目限值不得超过《地表水环境质量标准》GB 3838—2002 的相关要求。地表水饮用水水源二级保护区的水质基本项目限值不得超过《地表水环境质量标准》GB 3838—2002 的相关要求，并保证流入一级保护区的水质满足一级保护区水质标准的要求（不超过《地表水环境质量标准》GB 3838—2002 的相关要求）。

地表水饮用水水源准保护区，应保证流入二级保护区的水质满足二级保护区水质的要求。湖泊、水库型水源综合营养状态指数（*TLI*）不大于 60。

地下水饮用水水源水质满足《地下水质量标准》GB/T 14848—2017 要求。《生活饮用水水源水质标准》CJ/T 3020—1993 一级和二级标准的限值见表 3-1。

生活饮用水水源水质一级和二级标准的限值表 **表 3-1**

项目	标准限值	
	一级	二级
色度（度）	色度不超过 15 度，并不得呈现其他异色	不应有明显的其他异色
浑浊度（度）	≤ 3	—
嗅和味	不得有异臭、异味	不应有明显的异臭、异味
pH	6.5 ~ 8.5	6.5 ~ 8.5
总硬度（以碳酸钙计）(mg/L)	≤ 350	≤ 450
溶解铁（mg/L）	≤ 0.3	≤ 0.5
锰（mg/L）	≤ 0.1	≤ 0.1
铜（mg/L）	≤ 1.0	≤ 1.0
锌（mg/L）	≤ 1.0	≤ 1.0
挥发酚（以苯酚计）(mg/L)	≤ 0.002	≤ 0.004
阴离子合成洗涤剂（mg/L）	≤ 0.3	≤ 0.3
硫酸盐（mg/L）	< 250	< 250
氯化物（mg/L）	< 250	< 250
溶解性总固体（mg/L）	< 1000	< 1000
氟化物（mg/L）	≤ 1.0	≤ 1.0
氰化物（mg/L）	≤ 0.05	≤ 0.05
砷（mg/L）	≤ 0.05	≤ 0.05
硒（mg/L）	≤ 0.01	≤ 0.01
汞（mg/L）	≤ 0.001	≤ 0.001
镉（mg/L）	≤ 0.01	≤ 0.01
铬（六价）(mg/L)	≤ 0.05	≤ 0.05
铅（mg/L）	≤ 0.05	≤ 0.07
银（mg/L）	≤ 0.05	≤ 0.05
铍（mg/L）	≤ 0.0002	≤ 0.0002
氨氮（以氮计）(mg/L)	≤ 0.5	≤ 1.0
硝酸盐（以氮计）(mg/L)	≤ 10	≤ 20
耗氧量（$KMnO_4$ 法）(mg/L)	≤ 3	≤ 6

续表

项目	标准限值	
	一级	二级
苯并（α）芘（μg/L）	≤ 0.01	≤ 0.01
滴滴涕（μg/L）	≤ 1	≤ 1
六六六（μg/L）	≤ 5	≤ 5
百菌清（mg/L）	≤ 0.01	≤ 0.01
总大肠菌群（个 /L）	≤ 1000	≤ 10000
总 α 放射性（bq/L）	≤ 0.1	≤ 0.1
总 ß 放射性（bq/L）	≤ 1	≤ 1

3.2.3　水源保护区建设

1. 保护区划分

依据《饮用水水源保护区划分技术规范》HJ 338—2018，结合饮用水水源地实际情况划定饮用水水源保护区。饮用水水源保护区划分方案依法审批并颁布实施。

饮用水水源保护区分为地表水饮用水水源保护区和地下水饮用水水源保护区，地表水饮用水水源保护区包括一定范围的水域和陆域，地下水饮用水水源保护区指影响地下水饮用水水源地水质的开采井周边及相邻的地表区域。

饮用水水源地（包括备用的和规划的）都应设置饮用水水源保护区。饮用水水源存在以下情况之一的，应增设准保护区：

（1）因一、二级保护区外的区域点源、面源污染影响导致现状水质超标的，或水质虽未超标，但主要污染物浓度呈上升趋势的水源。

（2）湖库型水源。

（3）流域上游风险源密集，密度大于 0.5 个 /km^2 的水源。

（4）流域上游社会经济发展速度较快、存在潜在风险的水源。此外，地下水型饮用水水源补给区也应划为准保护区。

饮用水水源保护区的设置应纳入当地社会经济发展规划、城乡规划、水污染防治规划、水资源保护规划和供水规划；跨县级及以上行政区的饮用水水源保护区的设置应纳入有关流域、区域、城市社会经济发展规划和水污染防治规划。在水环境功能区和水功能区划分中，应优先考虑饮用水水源保护区的设置和划分，并与水环境功能区和水功能区相衔接；跨县级及以上行政区的河流、湖泊、水库、输水渠道，应协调两地的水环境功能区划和水功能区划，其上游地区不得影响下游（或相邻）地区饮用水水源保护区对水质的要求，并应保证下游有合理水资源量。

饮用水水源保护区的水环境监测与污染源监督应作为监督管理工作重点，纳入地方环境管理体系中，若不能满足保护区规定的水质要求时，应及时扩大保护区范围，加强污染治理。

应对现有饮用水水源地进行评价和筛选；对于因污染已达不到饮用水水源水质要求且经技术、经济论证证明饮用水功能难以恢复的水源地，应有计划地选址建设新水源地。

2. 保护区标志设置

依据《饮用水水源保护区标志技术要求》HJ/T 433—2008，设置界碑、交通警示牌和宣传牌等标识，且状态完好。保护区内道路、航道警示标志的设置，符合《道路交通标志和标线 第2部分：道路交通标志》GB 5768.2—2022和《内河助航标志》GB 5863—2022要求。

界标正面的上方为饮用水水源保护区图形标，如图3–1所示。中下方书写饮用水水源保护区名称，如饮用水水源一级保护区、饮用水水源二级保护区等。下方为“监督管理电话：×××××××”等监督管理方面的信息，监督管理电话一般为当地环境保护行政主管部门联系电话。界标背面的上方用清晰、易懂的图形或文字说明根据《饮用水水源保护区划分技术规范》HJ 338—2018划定的饮用水水源保护区范围，以标明保护区准确地理坐标和范围参数等。中下方书写饮用水水源保护区具体的管理要求，可引用《中华人民共和国水污染防治法》以及其他有关法律法规中关于饮用水水源保护区的条款和内容。最下方靠右处书写“××政府××××年设立”字样。

图3–1 饮用水水源保护区图形标

3. 保护区隔离防护

在一级保护区周边人类活动频繁的区域设置隔离防护设施。保护区内有道路交通穿越的地表水饮用水水源地和潜水型地下水饮用水水源地，建设防撞护栏、事故导流槽和应急池等设施。穿越保护区的输油、输气管道采取防泄漏措施，必要时设置事故导流槽。

3.2.4 水源保护区整治

1. 一级保护区

（1）保护区内不存在与供水设施和保护水源无关的建设项目，保护区划定前已有的建设项目拆除或关闭，并视情况进行生态修复。

（2）无工业、生活排污口，保护区划定前已有的工业排污口拆除或关闭，生活排污口关闭或迁出。

（3）无畜禽养殖、网箱养殖、旅游、游泳、垂钓或者其他可能污染水源的活动，保护区划定前已有的畜禽养殖、网箱养殖和旅游设施拆除或关闭。

（4）保护区内无新增农业种植和经济林。保护区划定前已有的农业种植和经济林，严格控制化肥、农药等非点源污染，并逐步退出。

2. 二级保护区

点源整治：

（1）保护区内无新建、改建、扩建排放污染物的建设项目。保护区划定前已建成排放污染物的建设项目拆除或关闭，并视情况进行生态修复。

（2）无工业和生活排污口。保护区内城镇生活污水经收集后引到保护区外处理排放，或全部收集到污水处理厂（设施），处理后引到保护区下游排放。

（3）保护区内城镇生活垃圾全部集中收集并在保护区外进行无害化处置。

（4）保护区内无易溶性、有毒有害废弃物暂存或转运站；无化工原料、危险化学品、矿物油类及有毒有害矿产品的堆放场所；生活垃圾转运站采取防渗漏措施。

（5）保护区内无规模化畜禽养殖场（小区），保护区划定前已有的规模化畜禽养殖场（小区）全部关闭。

非点源控制：

（1）保护区内实行科学种植和非点源污染防治。

（2）保护区内分散式畜禽养殖废物全部资源化利用。

（3）保护区水域实施生态养殖，逐步减少网箱养殖总量。

（4）农村生活垃圾全部集中收集并进行无害化处置。

（5）居住人口大于或等于 1000 人的区域，农村生活污水实行管网统一收集、集中处理；不足 1000 人的，采用因地制宜的技术和工艺处理处置。

流动源管理：

（1）保护区内无从事危险化学品或煤炭、矿砂、水泥等装卸作业的货运码头。无水上加油站。

（2）保护区内危险化学品运输管理制度健全。

（3）保护区内有道路、桥梁穿越的，危险化学品运输采取限制运载重量和物资种类、限定行驶线路等管理措施，并完善应急处置设施。

（4）保护区内运输危险化学品车辆及其他穿越保护区的流动源，利用全球定位系统等设备实时监控。

3. 准保护区整治

（1）准保护区内无新建、扩建制药、化工、造纸、制革、印染、染料、炼焦、炼硫、炼砷、炼油、电镀、农药等对水体污染严重的建设项目；保护区划定前已有的上述建设项目不得增加排污量并逐步搬出。

（2）准保护区内无易溶性、有毒有害废弃物暂存和转运站，并严格控制采矿、采砂等活动。

（3）准保护区内工业园区企业的第一类水污染物达到车间排放要求、常规污染物达到间接排放标准后，进入园区污水处理厂集中处理。

（4）不能满足水质要求的地表水饮用水水源，准保护区或汇水区域采取水污染物容量总量控制措施，限期达标。

（5）准保护区无毁林开荒行为，水源涵养林建设满足《水源涵养林建设规范》GB/T 26903—2011 要求。

3.2.5 监控能力建设

1. 常规监测

水质监测断面参考《地表水环境质量监测技术规范》HJ 91—2022 设置并满足以下要求：

（1）河流型饮用水水源：在取水口上游一级保护区、二级保护区水域边界至少各设置 1 个监测断面。

（2）湖泊、水库型饮用水水源：在取水口周边一级保护区、二级保护区水域边界至少各设置 1 个监测点位。

（3）地下水型饮用水水源：可在抽水井设置监测点；不具备条件的，可在供水厂汇水池（加氯前）设置监测点。

（4）监测指标及频次：按照各级环境保护主管部门每年下达的监测计划实施。

2. 预警监控

日供水规模超过 10 万 m^3（含）的河流型水源地，预警监控断面设置在取水口上游位置：2h 及以上流程水域；2h 流程水域内的风险源汇入口；跨省级及地市级行政区边界，并依据上游风险源的排放特征，优化监控指标和频次。潮汐河流，可依据取水口下游污染源分布及潮汐特征在取水口下游增设预警监控断面。

日供水规模超过 20 万 m^3（含）的湖泊、水库型水源地，预警监控断面设置在主要支流入湖泊、水库口的上游，设置要求同日供水规模超过 10 万 m^3（含）的河流型水源地，并依据上游风险源的排放特征，优化监控指标和频次。综合营养状态指数 *TLI* 大于 60 的湖泊、水库型水源开展“水华”预警监控。

3. 视频监控

（1）日供水规模超过 10 万 m^3（含）的地表水饮用水水源地，在取水口、一级保护区及交通穿越的区域安装视频监控；日供水规模超过 5 万 m^3（含）的地下水饮用水水源地，在取水口和一级保护区安装视频监控。

（2）饮用水水源地视频监控系统与供水厂和生态环境部门的监控系统平台实现数据共享。

3.2.6　水源管理措施

（1）饮用水水源地名称要规范，依据《集中式饮用水水源编码规范》HJ 747—2015 进行编制，档案完整，做到“一源一档”。

（2）按照环境监察要求定期巡查。

（3）定期开展饮用水水源地环境状况评估。

（4）饮用水水源地信息化管理平台完善。

（5）定期公开饮用水水源地相关信息。

（6）饮用水水源地应有专项应急预案，做到“一源一案”，按照环境保护主管部门要求备案并定期演练和修订预案。

（7）饮用水水源地周边高风险区域设有应急物资（装备）储备库及事故应急池等应急防护工程，上游连接水体设有节制闸、拦污坝、导流渠、调水沟渠等防护工程设施。

（8）具备饮用水水源地突发环境事件应急处置技术方案及应急专家库，建设应急和备用水源、做好备用水源供给保障、实现应急水源快速安全启动。

（9）具备应急监测能力。

第 4 章 供水厂运行安全风险识别与防范

供水厂作为水源的处理和分配中心，其安全性对整个供水系统的可靠运行至关重要。它不仅直接影响到供水系统的稳定运行，也关系到广大市民的用水安全。对供水厂进行全方位的安全防护，包括识别供水厂工艺运行、水质安全、供水设施及设备的安全风险，并对可能存在的安全风险进行防范，是确保城市供水系统安全可靠运行的关键。

4.1 供水厂运行安全风险识别

对供水厂进行安全风险识别是确保供水系统安全、公众健康和环境保护的基础，也是维护供水厂经济效益和社会声誉的必要手段。通过全面、系统地识别安全风险，可以有针对性地采取措施，降低事故概率，确保供水厂的可持续发展。供水厂生产的饮用水直接关系到公众的健康。通过对安全风险的识别，可以及早发现可能影响水质的潜在问题，确保供水系统的稳定和水质的安全，从而保障公众的健康。设备和工艺涉及复杂的系统，存在各种可能导致事故和灾害的风险。通过安全风险识别可以预防设备故障、人为错误、自然灾害等可能引发的事故，确保供水厂的安全运行。供水厂的运行可能对周围环境产生影响，包括废水排放、污泥处理等，安全风险识别可以制定环保措施，减少对环境的负面影响，确保供水厂在环境方面的合规性；有助于及早发现设备的潜在问题，为设备维护和管理提供依据。通过对可能出现故障的设备和系统进行定期检查和维护，可以减少设备损坏的概率，提高设备的寿命和效能；有助于避免事故和灾害带来的经济损失。防范性的安全管理可以减少维修和恢复成本，提高供水厂的整体经济效益；有助于建立紧急应对计划，提高供水厂在面对突发事件时的应变能力。及时有效地应对可能发生的安全问题，减轻事故带来的影响。

4.1.1 供水厂管理风险

我国一直强调环境保护和公共卫生，而自来水作为直接关系到人们健康的重要资源，开展安全管理就显得更为迫切。有效的供水厂安全管理可以防范各类水质安全风险，保障公众的身体健康，实现国家水资源的可持续利用。然而，供水厂在运营过程中仍然面临一系列潜在的安全管理风险。

供水厂的生产工艺是一个涉及多个步骤的复杂系统，其目标是净化水质，以生产出符合卫生标准的饮用水。供水厂给水处理方法和工艺流程，需要根据水源水质、供水厂生产能力和水质标准等因素，通过借鉴相似条件下的经验、必要的实验过程、处理构筑物的运行情况并考察技术经济性后进行确定。常规处理工艺流程包括原水混合、絮凝、沉淀或澄清、过滤及消毒，流程图如图 4–1 所示。通过合理选择生产工艺，供水厂能够高效、经济地提供卫生、安全、符合标准的饮用水，满足城市居民的日常生活需求。

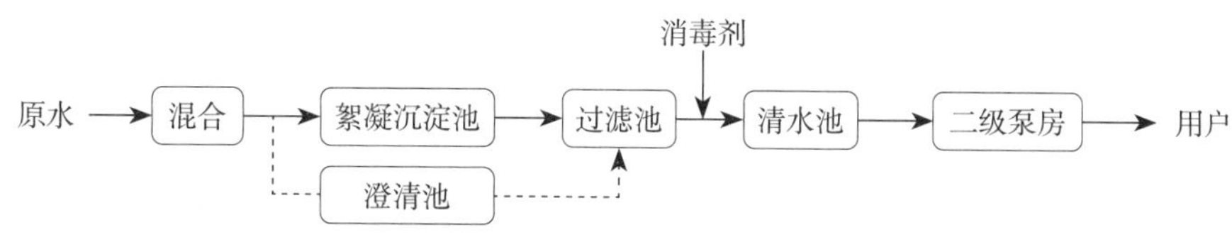

图 4–1　供水厂处理工艺流程

常规的水处理工艺中存在部分气味和味道去除不彻底的问题。例如，水中可能残留有机物质，如腐植酸、亚硝酸盐等，其在水中长距离输送的过程中可能与氯消毒副产物相互作用，产生致癌物质。因此，在选择工艺时，应当关注工艺对有机物的去除效果，以降低致癌物质的风险。氯消毒是自来水处理中普遍采用的手段，但氯与水中有机物反应会生成卤代物，如三卤甲烷，是一类潜在的致癌物。特别是当水中存在有机物，如农药残留、工业废水排放等使水中含有有机物，氯消毒就更容易产生这类危害物质。因此，选择适当的消毒方式和剂量，或者考虑替代消毒手段，是降低这一风险的重要策略。

一些新污染物，如药物残留、微塑料等，因传统水处理工艺难以有效去除，可能通过自来水进入饮用水系统，引发潜在的健康风险。在工艺选择上，需要引入先进的水处理技术，如高级氧化、活性炭吸附等，以提高对这些新污染物的去除效果。

供水厂工艺的选择应当综合考虑多个因素，以降低对水质安全的潜在风险。这需要科学合理的设计和运营管理，以确保自来水的安全、可靠供应。

供水厂原水可能受到自然或人为的污染，原水水质不符合卫生标准，增加后续水处理的难度。水处理过程中使用的化学药剂，如絮凝剂、消毒剂等，可能存在误用或过量使用的风险，从而导致水质处理不当，甚至引发水质安全问题，需要对供水厂各类化学品进行安全管理以及废弃物的管理。另外，供水厂设备的老化、故障或操作失误也可能引发安全隐患。例如，管道泄漏、设备损坏等问题可能导致供水系统中断，造成水质异常。因此，作业安全管理至关重要。此外，供水厂的网络系统和信息管理系统也存在被攻击风险，可能导致数据泄露、水质监测系统受到干扰，从而对水质安全造成潜在威胁。

为有效管理这些潜在风险，供水厂需要建立完善的安全管理体系，包括定期监测水源水质，加强对操作人员的培训，定期维护设备，采用先进的网络安全技术保障信息系统安全，实施科学合理的水处理工艺，以及建立紧急响应机制，及时处理可能发生的安全事故。通过这些安全管理措施，可以有效降低供水厂运营过程中的安全风险，确保城市居民用水的安全可靠。

4.1.2 供水厂水质安全风险

供水厂的水质安全风险可能存在于多个环节，包括：

1. 水源水质污染风险

供水厂选择水源时需进行全面考虑。可能受到农业、工业、生活排放污染的水源，结合供水厂处理技术慎重选择，水源水质也可能受到自然因素的影响，如降雨不均、气温变化等，会导致原水水质不稳定。可以通过定期监测水源质量，关注周边活动可能引起的潜在污染源，建立水源保护区等进行识别。

2. 水处理工艺对水质的风险

水处理工艺中的设备可能发生故障、磨损或异常操作。处理过程中的化学药剂使用可能存在误差，影响水质。通过对水处理工艺进行详细评估，了解每个处理步骤可能存在的风险，定期检查设备，进行安全识别。

3. 水质监测与数据管理风险

水质监测设备可能存在故障或维护不及时，影响对水质的监测。监测设备和检测水平滞后也可能导致水质监测不准确，需对水质监测设备进行更新和及时维护。水质监测数据的记录和管理不当可能导致信息不准确。

4. 新污染物等有害物质

供水厂新污染物主要来源于工业和社会活动中有毒有害化学物质的生产和使用。新污染物的阐释和监测面临挑战，因为相关信息可能缺乏或尚未被充分研究。这使得供水厂在面临新污染物时难以迅速做出应对。另外，一些新污染物可能具有更强的生物毒性，且目前的水处理工艺可能无法完全去除其对人体健康的潜在影响。供水厂需要不断更新监测手段和水处理技术，以适应新兴污染物的变化。此外，建立全面的新污染物监测网络，并与研究机构、生态环境部门和工业方进行密切合作，有助于及早发现和了解新污染物的性质、来源和危害程度。

5. 操作与管理风险

操作人员操作不当可能导致水质问题。缺乏有效的管理措施和培训，可能引发水质问题。需培训工作人员，确保其了解正确的操作程序。建立清晰的操作手册，实施定期的模拟演练。

6. 法规遵从风险

法规和标准的制定旨在确保饮用水的安全性，包括水中各种污染物的浓度限值和质量要求。如果供水厂未能遵守这些规定，可能导致饮用水中污染物浓度超标，危及居民的健康。一些污染物，如重金属、有机物等，可能对人体产生慢性毒性，长期饮用可能引发健康问题。未达到法规标准可能引发公共卫生事件。由于供水厂未能按照法规要求进行水质处理和监测，可能导致水中病原微生物、细菌和病毒等微生物污染，造成水源性疾病的暴发。法规和标准的制定是为了保障水资源的可持续利用和水环境的持续改善。如果供水厂未能履行法定责任，可能导致水质恶化、水源减少、水污染问题加剧，最终影响城市的水资源安全和可持续发展。建立健全的法规体系、加强监管和提升供水厂的管理水平是确保城市水质安全和公共卫生的重要措施。

7. 自然灾害

洪涝、地震等自然灾害可能对供水设施和水源水质造成影响。洪水可能导致水源水质恶化，洪水中携带的泥沙和污染物可能进入水源，造成供水水质下降。洪涝、地震等还有可能破坏供水设施，影响水泵和管道的正常运行，造成供水中断。在一些地区，干旱也是一个潜在的自然灾害。长期的干旱可能导致水源枯竭，供水设施无法获取足够的水源，从而影响城市的供水服务。通过考虑供水厂所在地区的自然灾害风险，建立相应的防护和紧急应对计划。

8. 人为破坏和恐怖袭击

人为破坏包括故意破坏供水设施、投放有害物质或进行其他破坏性行为，导致设备损坏、管道破裂或水源被污染，供水系统中断，影响城市居民的正常生活。有意破坏可能导致水质下降，增加水质安全风险。恐怖袭击可能采用更为极端和破坏性的手段。使用爆炸物、化学武器或生物武器，可能导致供水设施的大规模损坏和水质污染。这种情况下，不仅会造成供水系统的中断，还可能对城市的公共安全和居民的生命安全构成直接威胁。为了应对这种风险，供水厂需要加强设施的安保措施、实时监控和报警系统，并与安全机构保持密切合作，共同制定紧急响应计划和恢复措施。

9. 应急管理不足

缺乏有效的应急管理体系可能使供水厂在面临突发事件时无法迅速、有序地做出响应，包括自然灾害、人为事故或供水系统故障等各种紧急情况。应急资源和设备的不足可能阻碍应对紧急情况的能力。缺乏足够的备用设备、应急物资和人员培训时间，可能使得供水厂在危急时刻无法有效地维持供水系统的运行。这可能导致长时间的停水，对城市居民的正常生活和工业生产造成严重影响。应急响应计划的不完善也是一个潜在问题。如果供水厂没有建立健全的应急响应计划，包括灾害预警、人员疏散、供水设施维护等方面的具体步骤，那么在紧急情况下的决策可能会受到干扰，导致不当的行动或反应。应急管理不足可能导致城市供水水质不达标，甚至供水中断。

10. 社会因素和公众关系风险

运营和水质状况的透明度不高，可能导致公众对供水厂不信任，建立有效的社会沟通渠道，解释水质状况和供水厂运行情况。及时回应公众关切，降低社会风险。

供水厂需要在以上环节中建立有效的监测体系、应急预案和管理机制，以确保供水水质的安全。

4.1.3 供水设施运行安全风险

1. 取水口

城市供水设施的取水口可能面临多种安全风险，这些风险可能影响供水水质和供水系统的正常运行。以下是一些可能存在的安全风险：

（1）水源受污染：取水口附近的水源可能受到农业、工业、城市排水等多种污染源的影响，导致水质受到污染。农药、化肥、工业废水等可能进入取水口，影响供水水质。

（2）非法排放：有些企业或个人可能非法排放有害物质到水体中，这可能直接威胁取水口的水质。非法排放物质可能包括化学物质、废弃物和污水。

（3）生态破坏：取水口周围的生态系统受到破坏，例如湿地的填充、植被的清理等，可能影响水质和水生生物的生存，进而影响供水水质。

（4）流域管理不善：不良的流域管理可能导致水体的泥沙淤积、植被丧失等问题，影响水质。过度的土壤侵蚀、乱伐和土地利用变化都可能对水质产生负面影响。

（5）水源区活动污染：在水源区进行的不当活动，如工业排放、养殖业废水排放、垃圾处理等，都可能对取水口的水质带来威胁。

（6）自然灾害：水源地可能受到自然灾害的影响，如洪水、地震等，这可能导致取水口的水质暂时性或长期性的变化。

（7）恶劣气象条件：气象条件的变化，如极端气温、降雨过多等，也可能影响取水口的水质和供水设施的正常运行。

为了减轻这些安全风险，城镇供水系统需要实施科学的水源保护措施、建立健全的水质监测体系、推动流域管理和水生态恢复，并在可能的情况下采用先进的水处理技术。此外，与相关部门和社区建立密切合作也是防控取水口安全风险的关键。

2. 输水管线

（1）腐蚀风险：管线材料可能受到腐蚀的影响，尤其是金属管线在酸性或碱性环境中容易受损，影响管线的稳定性和耐久性。

（2）结构问题：管线结构可能存在裂缝、破损等问题，这可能导致泄漏和管道破裂，影响供水系统的正常运行。

（3）机械风险：外力撞击、地质活动、施工错误等可能导致管线的机械性损害，进而引发泄漏和事故。

（4）操作失误：操作人员对输水管线的不当操作，以及输水管线的管理不善可能导致事故发生，例如未经授权的施工、错误的操作流程等。

（5）环境和自然灾害：极端天气、地震、洪水等自然灾害可能对输水管线产生严重影响，导致破裂、移位等问题。

（6）监测和维护不足：缺乏及时监测和维护可能导致问题无法及时发现和处理，增加了管线事故的风险。

（7）管道老化：长时间使用和缺乏有效的管线更新计划可能导致管道老化，增加了泄漏和破裂的可能性。

（8）地下工程影响：邻近地下工程施工可能对管线造成影响，例如振动、压力等可能损害管线。

（9）材料选择问题：不同材料的管线对不同环境和介质的适应性不同，材料选择不当可能导致安全问题。

（10）供水厂附近活动影响：供水厂周边的活动，如建筑工地、工业活动等，可能对输水管线产生负面影响。

以上因素可能单独或相互作用，共同影响城镇供水厂输水管线的安全性。因此，对这些潜在风险进行全面的评估和有效的管理至关重要。

3. 预处理工艺

（1）水源质量风险：若水源受到污染，供水厂预处理阶段可能无法有效去除有害物质，导致供水水质下降。常见的水源污染包括工业废水、农业排放、城市污水等。

（2）预处理设备故障：预处理设备，如过滤器、沉淀池等，存在机械设备故障的风险。设备故障可能导致水质处理效果下降，甚至停工，影响供水正常运行。

（3）预处理剂投加不当：预处理中通常需要添加化学药剂，如絮凝剂、消毒剂等，若剂量控制不准确或者预处理剂质量不合格，可能导致水质处理不彻底，或者产生不良的副反应。

（4）水质突变：水源水质可能发生快速变化，如降雨引起的径流水量增加，可能携带更多的颗粒物和有机物质，导致预处理设备超负荷运行。

（5）管道污染风险：在预处理过程中，管道的腐蚀、结垢等问题可能引入外源性污染物，增加水源受到污染的可能性。

（6）温度变化：季节性温度变化可能影响水源水温，进而影响絮凝和沉淀等物理化学处理的效果，需要适应不同水温下的预处理工艺。

（7）人为因素：操作人员的不当操作、管理失误、设备维护不到位等人为因素可能导致预处理工艺失效，增加水质处理的不确定性。

（8）新污染物：由于社会、工业的发展，新污染物的出现可能使得传统的预处理工艺面临挑战，需要不断更新技术手段。

供水厂在预处理环节需要建立完善的监测体系，定期检查设备运行状况，采用先进技术手段应对新的水质问题，确保水质稳定、符合卫生标准。

4. 加药和消毒

（1）化学药剂选择风险：选择不当的化学药剂可能导致水质处理效果下降，或者产生不良的副反应。药剂的选择应基于水质特点、水源水质、工艺要求等因素。

（2）剂量控制风险：剂量的过量或不足都可能影响消毒效果。过量使用可能导致药剂残留问题，不足则无法达到杀菌消毒的效果。因此，对药剂的投加量要进行精确控制。

（3）药剂质量风险：药剂的质量直接影响其在水中的稳定性和活性。使用劣质药剂可能导致效果不佳，且可能产生有害物质。

（4）管道腐蚀风险：部分药剂可能对管道材料有腐蚀作用，导致管道老化、破损，甚至引入外部污染物。

（5）药剂存储和搬运风险：药剂存储不当或搬运过程中的操作不当可能导致药剂泄漏、挥发，对操作人员和环境造成危害。

（6）新污染物：由于社会、工业的发展，新污染物的出现可能与传统药剂发生不良反应，需要对新污染物的处理进行评估。

（7）人为操作风险：操作人员的不当操作、管理不完善、设备维护不到位等人为因素可能导致药剂投加不均匀、过量、不足等问题。

5. 混合池、絮凝池

（1）药剂选择和投加不当：选择不当的絮凝剂和混合剂，或者投加量超过规定范围，可能导致水质恶化或药剂残留超标。

（2）絮凝设备故障可能导致絮凝效果不佳，影响后续的水处理工艺。

（3）混合设备故障可能导致混合不均匀，影响絮凝效果和后续处理步骤。

（4）药剂过量投加：絮凝剂和混合剂过量投加可能导致药剂残留超标，对水质和环境造成负面影响。

（5）操作人员人为错误：操作人员由于疏忽、培训不足或错误操作，可能导致絮凝和混合过程中的问题。

（6）新污染物引入：水源中新污染物的引入可能对絮凝和混合效果产生未知的影响。

（7）气体排放：混合过程中可能产生有害气体，对操作人员和环境构成威胁。

（8）絮凝和混合剂的储存和处理：絮凝和混合剂的不当储存和处理可能引发安全隐患，

如泄漏或化学品反应。

通过认真评估和有效管理这些安全风险，供水厂可以确保絮凝和混合环节的正常运行，最大限度地降低潜在的安全风险。

6. 沉淀池

供水厂沉淀池是水处理过程中的关键单元，其主要作用是通过沉淀作用去除水中的悬浮物、泥沙、颗粒污染物和一部分有机物质，其工作原理包括一系列的物理和化学过程，如图 4–2 所示。

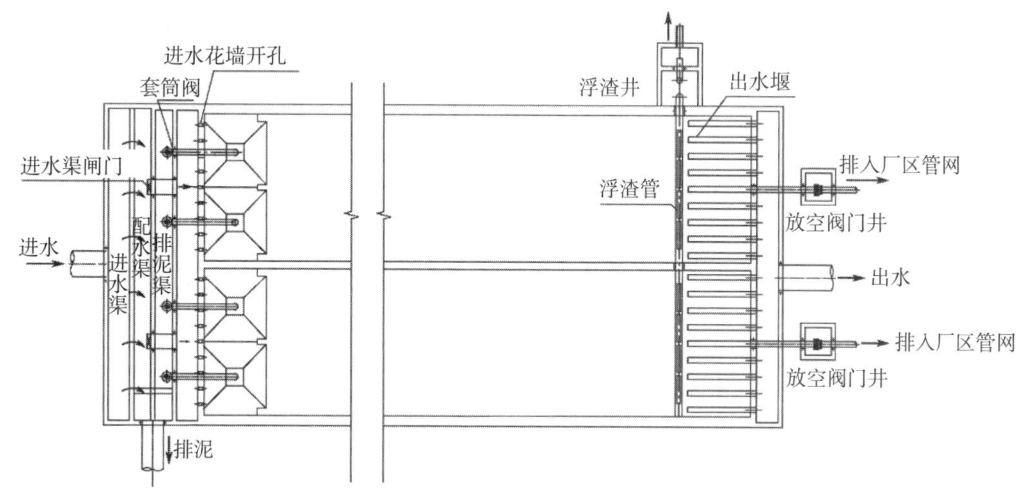

图 4–2　平流沉淀池平面图

首先，水从进水口进入沉淀池，经过缓慢的水流设计，使水在池内停留一段时间，形成静态沉淀环境。在这个过程中，由于水流的减缓，重力的作用使得悬浮在水中的颗粒物逐渐下沉。大颗粒物沉降速度更快，因此首先沉淀到底部，形成淤泥。通过合理的池体设计，沉淀池内的水流动较为缓慢，有机物和微小颗粒物则在这个过程中与沉淀后的淤泥发生絮凝作用。絮凝后的颗粒物增大，更容易沉降，从而进一步净化水质。在沉淀池的运行中，还常加入絮凝剂，通常是铁盐或铝盐。这些絮凝剂在水中形成氢氧化物胶体，通过吸附、凝聚作用，促使微小颗粒物和有机物质迅速凝结成较大的絮凝体。这样，絮凝后的物质更容易沉淀，提高沉淀效果。沉淀池的下部设有排泥口，用于定期清除底部的淤泥。清除淤泥有助于维持沉淀效果，防止淤泥积累过多影响沉淀性能。沉淀池能够有效去除水中的悬浮物和有机物，为后续水处理工艺提供良好的前处理条件。

城镇供水厂中的沉淀环节存在以下潜在的安全风险：

（1）沉淀池混凝效果差：沉淀池中的混凝效果差可能导致沉淀不完全，影响后续的过滤和水质处理。

（2）过滤设备故障：可能导致水质无法达到标准，影响后续水处理步骤。

（3）操作人员人为错误：操作人员由于疏忽、培训不足或错误操作，可能导致沉淀过程出现问题。

（4）新污染物引入：水源中新污染物的引入可能对沉淀效果产生未知的影响。需定期监测水质变化，及时调整沉淀剂的选择，采用先进的水质监测技术。

（5）化学品储存和处理：化学品的不当储存和处理，可能引发安全隐患。

（6）废水处理问题：沉淀池产生的废水可能含有高浓度的悬浮物和沉淀剂，处理不当可能导致环境问题。

7. 澄清池

供水厂的澄清池是水处理过程中的关键组成部分，负责进一步去除水中的悬浮颗粒、浊度和微生物等杂质，提高水的澄清度，其工作原理涉及物理、化学和生物等多方面的处理过程。澄清池中通常注入混凝剂，如氯化铁或聚合氯化铝等，以促使微小颗粒快速聚结形成较大的絮凝体。这些絮凝体更容易沉降。絮凝体的形成是通过化学絮凝过程实现的，这有助于提高水的澄清度。在澄清池中还可能采用生物滤池或植物处理等方式，通过微生物的作用，进一步分解水中的有机物质，提高水的透明度。这一生物处理过程有助于改善水质，尤其是对有机物的去除效果更显著。经过澄清池处理后的水进入过滤装置，通过不同孔径的过滤层进一步去除残余的微小颗粒和微生物，确保出厂水质的卫生标准。

澄清池运行过程中存在以下安全风险：

（1）水质波动：水源水质波动可能导致澄清效果下降，影响水质处理。需定期监测水质，尤其是水源水质，及时调整澄清剂投加量和操作参数。

（2）搅拌设备故障：澄清池中的搅拌设备故障可能导致水体混凝不均匀，影响澄清效果。需定期检查和维护搅拌设备，建立故障报警系统。

（3）异物进入：异物（如树叶、垃圾等）进入澄清池可能影响搅拌效果，甚至损坏设备。需定期清理澄清池周围区域，设置过滤装置，确保搅拌设备正常运行。

（4）过程泄漏：化学物质可能发生泄漏，对环境和操作人员造成威胁。需建立泄漏检测系统，进行定期检查，提供适当的应急响应培训。

（5）安全警示系统故障可能导致无法及时发现澄清池中的异常情况。需定期检查安全警示系统，确保其正常运行，并进行定期演练。

（6）操作人员错误：澄清池操作人员的疏忽或错误操作可能导致澄清效果下降。供水厂需提供充分的培训，建立标准操作程序，并进行定期检查以确保操作人员的合格性。

（7）废水处理问题：澄清池产生的废水可能含有较多的悬浮物和絮凝剂等，处理不当可能导致环境问题。需建立合适的废水处理系统，确保符合相关环保法规和标准。

通过采取有效的预防和监测措施，可以最大程度地降低这些潜在的安全风险，确保澄清池的正常运行。

8. 普通过滤池

（1）滤料失效：过滤池中的滤料可能由于使用时间过长导致滤料磨损严重，从而影响了滤料的级配等，滤料也可能受到污染而失去过滤效果。需定期对滤料进行检查和分析，确保其过滤性能，根据需要进行更替。

（2）堵塞和积垢：滤料表面可能因为水中悬浮物的积聚而产生堵塞，影响水的正常过滤。需定期检查滤料表面，使用巡视系统或监测装置实时监测滤池的运行状态。

（3）过滤池操作异常：过滤池操作参数（如过滤速度、反洗频率等）设置不当可能导致过滤池效果下降。需建立滤池运行监测系统，定期检查操作参数，并培训操作人员合理设置参数。

（4）反洗系统故障：过滤池反洗系统的故障可能导致无法有效清除堵塞的滤料。需定期检查反洗系统的设备，建立故障报警系统，确保反洗操作正常。

（5）水力冲击：过滤池进水或反洗操作引起的水力冲击可能损坏滤池结构或滤料。需在设计中采取缓冲措施，通过监测系统实时监测水力参数，避免冲击。

（6）水质异常：水中异常的污染物可能导致滤池效果下降或滤水质量不达标。需建立水质监测系统，定期检测进水和出水水质，及时发现水质异常并采取措施。

（7）人为破坏：滤池可能受到人为破坏，如投放大颗粒杂物等。需加强安全防护，监控滤池周围区域，防止未经授权的人员接触滤池。

（8）电气故障：滤池相关设备的电气故障可能导致设备停止运行，影响供水。需定期检查电气设备，建立电气系统监测系统，确保设备的正常运行。

通过对这些潜在风险的认知和定期的监测维护，可以有效降低滤池运行中的安全风险，保障城镇供水的正常运行。

9. 臭氧接触池

臭氧接触池是供水厂中常见的水处理设备，用于向水中注入臭氧，与水充分接触，使水中的有机物、微生物和其他污染物得到氧化分解，以提高水质。臭氧对有机物的氧化作用比氯更强，而且臭氧在反应后不留下残留物，不会产生二次污染。典型的臭氧接触池由进水管、臭氧发生器、接触池本体、出水管等组成。进水管将原水引入接触池，臭氧发生器产生臭氧气体，通过管道引入接触池。在接触池内，臭氧气体与水进行充分接触，完成氧化反应。出水管将经过臭氧处理后的水送出。臭氧可以通过电解法、紫外线辐射法、冷等离子体法等多种方法产生。臭氧发生器负责产生臭氧，确保臭氧的稳定供应。臭氧接触池的操作参数包括臭氧气体浓度、水流速、接触时间等。这些参数的合理控制有助于提高臭氧的利用率和水的净化效果。臭氧接触池在运行时存在以下安全风险：

（1）毒性和腐蚀性：臭氧气体具有一定的毒性和腐蚀性，长时间接触可能对人员造成危害。此外，臭氧的腐蚀性也可能对设备和结构材料造成损害。

（2）气体泄漏：由于臭氧是一种具有强烈气味的气体，如果发生泄漏，可能对周围环境和工作人员造成影响。臭氧泄漏还可能引发火灾或爆炸。

（3）设备故障：臭氧接触池中使用的设备，如臭氧发生器、传送管道等，可能发生故障，导致臭氧浓度异常或无法正常工作。

（4）高温和高压：臭氧接触池通常需要在一定的高温和高压条件下操作，这可能导致设备的热胀冷缩，增加设备的运行风险。

（5）自燃和爆炸：高浓度的臭氧与易燃物质相结合，有可能引发自燃或爆炸，尤其是在存在可燃气体的情况下。

（6）操作失误：由于臭氧处理是一个复杂的工艺，操作人员的错误可能导致设备的不正常运行，从而增加安全风险。

（7）材料兼容性：臭氧对某些材料具有强烈的氧化作用，因此设备和管道的材料选择需要考虑臭氧的兼容性，否则可能导致材料损坏。

（8）维护和保养：臭氧接触池的定期维护和保养是确保设备正常运行的关键。如果维护不到位，设备老化可能导致故障。

10. 活性炭吸附池

活性炭吸附池是供水厂中常用的水处理设备之一，主要用于去除水中的有机物、氯胺等难以去除的杂质，提高水质。活性炭吸附池通常由池体、进水管道、排水管道、反洗系统、活性炭层等组成。池体多采用钢筋混凝土结构或玻璃钢结构，具有一定的强度和耐腐蚀性。活性炭层是活性炭吸附池的核心，通过活性炭对水中有机物的吸附作用来净化水质。活性炭颗粒通常选择颗粒度均匀、表面积大的优质活性炭，以提高吸附效果。滤料支撑层通常设置在活性炭层下方，以防止活性炭颗粒掉落，并提高水的均匀分布。进水系统通过管道将原水引入滤池，确保水流均匀分布在活性炭层上。排水系统用于排放滤池中吸附的污染物和废水，确保活性炭层的正常工作。反洗系统用于定期对活性炭层进行反洗操作，清除吸附的杂质，恢复活性炭的吸附性能。活性炭吸附池通常配备有监测和控制系统，用于监测滤池的运行状态、水质情况，并自动控制反洗等操作。活性炭吸附池作为一种重要的水处理设备，通过其良好的吸附性能和再生能力，有效提高了自来水的水质，但活性炭吸附池运行的各个环节中可能存在以下安全风险：

（1）活性炭粉尘：在装填活性炭吸附池时，可能产生活性炭粉尘，对操作人员的呼吸系统造成影响，并可能形成可燃性粉尘。操作人员吸入粉尘可能导致呼吸系统疾病，粉尘在空气中积聚可能引发火灾。

（2）活性炭堵塞：活性炭吸附池可能因为水中杂质导致滤料堵塞，影响正常的水处理效果，吸附池堵塞可能导致水处理效果下降，增加后续处理设备的负担，影响供水质量。

（3）反洗系统故障：可能导致无法有效清理滤料，使得滤池无法正常运行，影响供水的连续性和稳定性。

（4）活性炭质量问题：活性炭的质量可能受到原材料和制造工艺的影响，存在变质或含有有害物质的可能性。使用低质量或受污染的活性炭可能导致水中有害物质的增加，影响供水水质。

（5）活性炭更换周期不当：未按规定周期更换活性炭可能导致活性炭吸附饱和，降低活性炭吸附池的处理效果，从而导致后续水处理设备的超负荷运行，影响水处理系统的正常运行。

（6）电气安全问题：活性炭吸附池相关设备的电气元件可能存在老化或故障，增加电气安全风险。电气故障可能导致设备停止运行，甚至引发火灾等严重事故。

（7）人为误操作：未经过专业培训的操作人员可能因误操作导致设备损坏或运行异常。误操作可能对设备和水处理过程造成损害，影响水质。

通过定期检查和维护，加强对操作人员的培训，规范操作流程，可以有效降低这些潜在的安全隐患，确保活性炭吸附池的安全运行。

11. 超滤膜处理系统

超滤膜处理系统主要通过超滤膜的微孔来实现对水中杂质、微生物和颗粒物的有效过滤和截留，通常包括预处理单元、超滤单元和控制单元。预处理单元负责去除水中的大颗粒物、沉淀物和悬浮物等杂质。这有助于减轻超滤膜的负担，延长其使用寿命，提高整体的过滤效率。超滤单元是超滤膜处理系统的核心部分。超滤膜是一种微孔直径在 0.01～0.1μm 的半透膜，能够截留水中的微粒、胶体、细菌、大分子有机物和部分病毒，而水分子和无机离子则可以通过膜孔，实现对水的高效净化。超滤单元通常包括多个超滤膜组成的滤池，通过负压或正压力使水通过膜孔进行过滤，达到去除杂质的目的。控制单元对整个供水厂超滤膜处理系统进行监测和调控。这包括监测水质、膜池压力、通量等参数，通过自动控制系统实现对膜池的清洗、反冲洗和维护，确保系统的稳定运行和高效工作。然而，超滤膜处理系统在运行过程中可能面临一些潜在的风险，主要包括以下几个方面：

（1）超滤膜的污染和破损可能导致系统效率下降。水中的微生物、有机物和胶体颗粒等污染物在系统长时间运行后可能在超滤膜表面积聚，形成污泥或胶层，降低膜通量，增加系统的操作阻力。膜的破损也会导致水中的杂质通过膜孔，减弱过滤效果。因此，定期的清洗和检修是防范这一风险的重要手段。

（2）化学药剂的使用可能带来环境和健康风险。在超滤膜处理系统中，通常需要使用化学药剂进行预处理、清洗和维护。不当使用或处理废弃药剂时可能会对周围环境造成污染，且一些药剂可能会对人体健康产生潜在威胁。因此，合理使用、妥善处理药剂及定期监测水质，是降低这方面风险的措施。

（3）超滤膜系统运行可能发生设备故障、电源和自动控制错误等问题影响净水流程。为降低这方面风险，应建立健全的设备监控系统，进行定期检修和维护，以确保系统的可靠性和持续运行。

供水厂超滤膜处理系统在提高水质的同时，需要有效管理和应对一系列潜在的风险，以确保系统的安全、高效运行。

12. 臭氧发生系统

供水厂的臭氧发生系统主要是用于水的氧化处理，以去除水中的有机物和微生物。臭氧通常是通过电解法或紫外线辐射法等方式生成，臭氧与水在接触池中进行反应，将水中的有机物、微生物氧化分解。臭氧系统通常配备监测装置，用于实时监测臭氧浓度，以确保系统的正常运行。系统可能还包括自动控制装置，用于调节臭氧的产生和释放。臭氧发生器的气源系统主要包括气体供应、气体输送、调节与控制等组成部分。臭氧发生系统可能存在以下安全风险：

（1）气体泄漏：臭氧是一种有毒气体，高浓度的臭氧对人体呼吸道有刺激作用。在臭氧系统的操作和维护过程中，工作人员需要采取必要的防护措施，如佩戴防毒面具和防护服。泄漏可能引发火灾或爆炸。定期检查和维护设备、使用高质量的密封材料是关键。因此，需要采取防护措施，建立泄漏报警系统、定期检查管道和阀门的密封性等。

（2）爆炸风险：臭氧是一种强氧化剂，与易燃物质相结合可能导致火灾或爆炸。因此，在系统设计和操作中采取防爆措施、确保系统密封性，以及防止气体混合等都是防范爆炸风险的关键。

（3）紫外线辐射风险：在紫外线辐射法生成臭氧的过程中，紫外线可能对人眼和皮肤造成伤害。操作人员需要注意避免直接暴露在紫外线辐射下，并采取防护措施，如佩戴护目镜和防护服。

（4）设备故障风险：臭氧系统中的设备可能存在故障，如电解池泄漏、紫外线灯管损坏等。气源系统中的设备，如压缩机、氧气传感器等，可能发生故障。故障可能导致系统停机、臭氧生成中断或异常。气体系统中的高压可能导致设备损坏或意外释放气体。定期开展设备检查、维护和备用设备的准备是预防设备故障的有效措施。

（5）臭氧浓度控制风险：过高或过低的臭氧浓度都可能影响系统的处理效果。监测和调控系统需要定期校准和维护，以确保臭氧浓度在安全范围内。

（6）火灾风险：由于臭氧是强氧化剂，与易燃物质接触可能引发火灾。系统设计和操作中需考虑防火措施，如隔离易燃物质和采用防爆设备。

在设计、操作和维护臭氧系统时，安全应始终放在首要位置。培训操作人员，配备适当的防护设备，以及定期进行设备检查和维护，都是确保臭氧系统安全运行的重要步骤。在气源系统的设计、安装和运行过程中，必须严格按照相关的安全标准和规程进行操作。对设备进行定期检查、保养，建立完善的报警系统，培训和教育操作人员，以及采取适当的防护措施，都是确保臭氧发生器气源系统安全运行的关键。

13. 清水池

清水池是供水厂中的一种储水设备，用于存放经过处理的清水。它是供水厂的一个重要环节，通过清水池，可以调节自来水的供水压力、平稳供水，并起到储存和调度的作用。清水池的组成包括水槽、进水口、出水口和水位计。水槽通常由混凝土或其他耐腐蚀材料构建，确保储存水质的卫生安全。进水口从供水厂处理系统中引入经过净化的清水。通过出水口向城市供水系统输送清水。水位计用于监测和维持清水池中水位，保证水压的稳定。清水池可能存在以下安全风险：

（1）水质安全：清水池作为存储和输送清水的关键环节，需要确保储存水的水质符合卫生标准。水质不合格可能引发供水安全问题。

（2）水池漏水：水池的渗漏可能导致水受到污染，也可能影响水位的维持。定期检查和修复漏水点是关键。

（3）水池结构安全：清水池的结构安全是保障运行的前提。对池体出现的裂缝、损伤或腐蚀，需要及时修复，防止事故发生。

（4）水位控制故障：水位控制系统故障可能导致水位异常升降，影响城市供水系统的稳定调度。对水位控制设备进行定期检查和维护是关键。

（5）进水口受污染：进水口受到污染，可能导致水受到污染，影响清水质量。保持进水口的清洁，并进行水质监测是关键。

（6）设备运行异常：清水池中的设备如泵站、水位计等运行异常可能影响供水系统的正常运行。定期检查和维护设备是预防事故的重要措施。

确保清水池的安全运行需要进行定期的巡检、维护和水质监测，以及及时处理可能存在的问题。在设计和使用中，采取科学有效的安全措施，以确保清水池的正常、安全运行。

14. 污泥处理系统

供水厂的污泥处理系统用于处理供水过程中产生的污泥，确保生产过程环保和资源有效利用。污泥主要来源于供水厂的沉淀池、过滤池、絮凝池、澄清池等处理单元，这些单元中的悬浮物、絮凝物等在处理过程中被去除形成污泥。污泥处理系统通常包括固液分离、浓缩、脱水、干化等阶段。常见的处理工艺包括机械浓缩、离心脱水、压滤、干化等步骤。污泥首先经过固液分离，将水分从污泥中分离出来。这可以通过沉淀、絮凝等方式实现。分离后的固体污泥进行浓缩，以减少污泥体积，降低后续处理的成本。污泥在水处理过程中产生，经过管道输送至浓缩池，通过静置或搅拌，污泥中的水分逐渐被分离，形成浓缩污泥。浓缩池可能存在以下安全风险：

（1）气味扩散：污泥可能存在恶臭气味，需采取适当措施防止气味扩散。

（2）底泥口堵塞：可能导致浓缩效果降低，需要定期检查和清理。

浓缩后的污泥通常需要进一步脱水，以减少水分含量。污泥通过脱水设备，其中的水分被机械力或离心力排出形成脱水液，脱水后的污泥为固体污泥。脱水设备运行可能存在以下安全风险：

（1）设备运行异常：需要定期检修和维护。

（2）机械伤害：操作人员在维护和清理设备时可能存在机械伤害的风险，需要采取安全措施。

（3）脱水液处理：脱水液中可能含有污染物，需要合规处理，以免对环境造成影响。

在设计、操作和维护过程中，采取科学的管理和安全措施，可以有效降低浓缩池和污泥脱水设备在运行过程中的安全风险。污泥处理必须符合相关环保法规，确保处理过程不会对环境造成污染，同时最大限度地实现资源的回收和利用。一些先进的供水厂采用自动化控制系统，实现对污泥处理过程的实时监测和控制，提高处理效率和减少运营成本。

15. 地下水处理系统

地下水处理系统是供水厂中的一个关键组成部分，用于从地下水源中提取水，并经过一系列处理步骤以确保水质符合饮用水标准。水的提取是通过抽水井或其他提取设备将地下水提升至地表。预处理包括除砂、除铁、除锰等步骤，旨在去除水中的悬浮物和杂质。消毒过程是使用消毒剂（如氯、臭氧等）对水进行消毒，以杀灭或去除细菌、病毒和其他微生物。软化是可选步骤，用于去除水中的硬度物质，如钙和镁。过滤过程使用过滤介质（如砂、活性炭）进一步去除水中的悬浮物和有机物。可再次添加消毒剂以保持输水过程中的水质。地下水处理系统可能存在以下安全风险：

（1）水源污染：地下水受到地质、人类活动等多方面影响，可能造成水源污染。

（2）消毒剂残留：过量使用消毒剂可能导致残留物超标，对水质安全产生负面影响。

（3）管道漏损：地下管道存在老化和腐蚀风险，可能导致水质受到影响。

（4）软化剂处理问题：若软化剂处理不当，可能引入额外的化学物质，对水质造成负面影响。

（5）过滤介质污染：过滤介质长时间使用可能导致污染，需要定期更换。

（6）消毒剂与有机物反应：消毒剂与水中有机物反应可能产生致癌物质，需谨慎处理。

（7）设备故障：处理设备的故障可能导致水质无法达到标准。

（8）操作失误：操作员错误操作或管理不善可能引发安全问题。

供水厂需要通过科学管理和定期监测，及时处理潜在的安全风险，确保供水安全可靠。

16. 厂级调度

城市供水厂厂级调度是一个涉及设备运行、水质监测、供水计划和应急处理等方面的综合管理过程。厂级调度的主要目标是保障供水系统的正常运行，提供高质量的饮用水，并在面临突发事件时能够迅速做出应对。厂级调度的主要职责和活动包括：

（1）水源协调：多供水厂联合调度需要考虑不同供水厂的水源情况，包括水质、水量和水源的可持续性。通过协调不同供水厂的水源利用，可以实现在不同水源条件下的供水平衡，减小对单一水源的依赖程度，提高供水系统的安全性和稳定性。应在满足用户对水质、水量、水压的要求下，进行用水量预测、供水厂进水量能力分析、水源水量分配和取水泵组最优化调度，尽可能地降低原水调度成本。

（2）运行调度：针对多个供水厂的运行状态，需要进行协调和调度，以确保整个供水系统的平稳运行。这包括对供水厂的进水、处理过程、出水进行协调和调整。

（3）应急响应：在供水系统遇到突发事件或紧急情况时，多供水厂联合调度需要协调不同供水厂的应急响应，包括对供水系统的调整、备用水源的启用、供水管网的调节等，以确保供水系统的稳定和安全。

（4）数据共享与协作：多供水厂联合调度需要建立健全的数据共享和协作机制，包括实时监测数据、水质分析、供水计划等信息的共享，以便供水厂之间能够根据全局情况进行联合调度和管理。通过多供水厂联合调度，可以更好地协调不同供水厂之间的运行，最大程度地优化供水系统的运行效率和水资源的利用程度，从而实现对供水系统的全面管理和优化。

厂级调度可能存在以下安全风险：

（1）设备故障：设备老化、故障或操作失误可能导致供水系统中断，影响居民用水。

（2）水质问题：未及时发现并处理水源污染、工艺问题等，可能导致水质问题。

（3）供水计划失误：供水计划的不合理安排可能导致水源紧张或浪费，影响供水可靠性。

（4）应急响应不当：应急响应不及时或不合理可能加剧紧急情况，增加应对难度。

（5）数据分析错误：对运行数据分析不准确可能导致优化决策的失误。

（6）协调沟通问题：与相关部门沟通不畅、协调不力可能影响紧急情况的处理。

（7）信息系统安全风险：供水厂信息系统的漏洞可能导致信息泄露或供水系统被攻击。

为降低这些安全风险，供水厂需要建立健全的设备监控系统、水质监测体系，加强应急预案制定和培训，同时注重信息系统的安全性。

4.1.4　供水设备运行安全风险

1. 水泵

水泵是供水厂供水系统中的关键设备之一，主要用于提升水的压力，确保水能够顺利流向供水网络。水泵通常设置在自来水处理系统的关键位置，如取水口、水处理单元和向管网供水的节点。供水厂使用多种类型的水泵，包括离心泵、柱塞泵、螺杆泵等，根据不同的工况和需求选用不同类型的水泵。水泵设备通常配备自动控制系统，能够根据实际用水需求自动启停，提高运行效率。水泵的运行可能存在以下安全风险：

（1）设备老化与故障：水泵设备长时间运行后可能出现老化和故障，例如轴承损坏、密封泄漏等，影响正常运行。

（2）操作失误：操作人员在水泵的启停和调整过程中，如果出现操作失误，可能导致设备过载、损坏或运行不稳定。

（3）电气故障：电动水泵存在电气元件，如电机、开关等，电气故障可能引发火灾或设备损坏。

（4）水质问题：如果水源或水处理过程中的杂质进入水泵，可能导致泵体堵塞、叶轮受损等问题。

（5）运行状态监测不足：缺乏对水泵运行状态的实时监测，难以及时发现异常，增加故障风险。

（6）维护保养不到位：定期的维护保养对水泵的寿命和性能至关重要，如果维护保养不到位，设备可能失效。

（7）应急响应不足：在突发情况下，如自然灾害或供水系统故障，水泵的应急响应不足可能导致供水中断。

水泵不同的运行阶段也可能存在一些安全风险：

（1）运行前安全风险：

设备检查不充分：如果在启动水泵前未进行充分的设备检查，可能存在设备漏水或其他问题，导致水泵在运行过程中发生故障。

未知的设备状态：水泵长时间停用时，可能存在设备腐蚀、零件老化等问题，如果未在启动前了解设备状态，可能引发运行时的不稳定性。

（2）运行中安全风险：

压力异常：水泵在运行中，如果压力过高或过低，可能导致设备超负荷运行、损坏或水质受到影响。

液态运行：如果水泵长时间在未加水情况下运行，可能导致设备过热、损坏，同时也可能引起管路内的空气积聚，影响供水质量。

振动过大：水泵运行中若出现异常振动，可能导致轴承故障、机械部件磨损，甚至使设备失效。

（3）运行后安全风险：

冷却不足：水泵在运行后，如果冷却不及时或不充分，可能导致设备过热，损害轴承、密封等关键部件。

未及时检修：运行后若未进行定期检修和维护，忽略设备的潜在问题，导致设备的长期损耗。

零件老化：长时间的运行使水泵零部件老化，如果未及时更换，可能导致设备失效。

为减轻这些安全风险，供水厂需要定期进行设备检查与维护，建立完善的操作规程与培训计划，同时配备水泵设备的监测与控制系统，以提高设备运行的安全性和可靠性。

2. 电动机

电动机是供水厂供水系统中的核心设备之一，主要用于驱动水泵、风机、压缩机等机械设备，确保供水系统的正常运行。供水厂使用的电动机主要包括交流电动机和直流电动机。电动机的功率范围很广，从小功率的几千瓦到大功率的几兆瓦不等，根据具体的需求和应用场景选用不同类型的电动机。电动机通常配备运行控制系统，可以通过启停、调速等方式实现对设备的精确控制。定期的维护保养是确保电动机长期稳定运行的重要措施，包括润滑、轴承更换、绝缘检查等。供水厂使用电动机可能存在以下安全风险：

（1）电气风险：电动机与电源相连，存在触电风险。电气线路的老化、绝缘损坏或不良的电气连接都可能导致触电事故。

（2）机械风险：电动机与机械设备耦合，如果机械设备存在转子不平衡或轴承损坏等故障，可能引发机械事故。

（3）过载和过热：长时间运行或负载过大，电动机可能过载或过热，导致设备性能下降，甚至引发火灾。

（4）操作不当：操作人员在电动机的启停、调速等操作中，如果不按规程操作，可能导致设备损坏或人身安全事故。

（5）维护保养不到位：缺乏定期的维护保养可能导致电动机零部件老化、润滑不足，增加故障风险。

（6）应急响应不足：在突发情况下，电动机的应急响应不足可能导致无法及时切断电源，增加安全风险。

（7）外部环境因素：供水厂环境可能受潮、有腐蚀性气体，这些外部环境因素可能对电动机产生不利影响。

为降低这些安全风险，供水厂应建立健全的电动机安全管理制度，包括定期巡检、保养计划、操作规程的培训等，确保电动机的可靠性和安全性。

3. 变压器

变压器是供水厂供水系统中的重要设备之一，用于改变电压水平，以满足不同设备的电能需求，确保供水系统的正常运行。供水厂主要使用油浸式变压器，这种类型的变压器在绝缘和散热方面表现较好。通常采用自然冷却或强迫风冷等方式，以确保设备在运行中不过热。定期的维护保养是确保变压器长期稳定运行的重要措施，包括油浸式变压器的绝缘油检测、冷却系统检查等。供水厂变压器可能存在以下安全风险：

（1）油污染和漏油：油浸式变压器中的绝缘油可能受到污染或漏油，导致绝缘性能下降，甚至引发火灾。

（2）过载和过热：长时间过载或过热可能导致变压器损坏，增加设备维修和更换的成本。

（3）电气故障：变压器可能因电气故障导致电流不稳定，引发系统的电气问题，如过电压或欠电压。

（4）维护保养不到位：缺乏定期的维护保养可能导致变压器零部件老化、油质变差，增加故障风险。

（5）温度控制不当：变压器冷却系统控制不当可能导致设备过热，影响运行稳定性。

（6）防雷和防潮不足：变压器需要具备较好的防雷和防潮性能，以减少雷击和潮湿环境对设备的影响。

（7）绝缘材料老化：绝缘材料老化可能降低绝缘性能，增加电气事故的概率。

为降低这些安全风险，供水厂应建立健全的变压器安全管理制度，包括定期的巡检、油质检测、温度监测等，确保变压器的安全运行。

4. 配电装置

配电装置是供水厂供水系统中负责将电能从电源引入到各个设备和设施的关键组件，负责对电能进行变压、分段分配、短路保护等，确保供水厂各个设备得到稳定、安全的电源供应。配电装置主要包括高压开关设备、变压器、低压开关柜、配电盘等组件，用于电源的变换、分配和控制。通常分为不同电压等级的设备，以适应不同设备和系统的电能需求，包括高压、中压和低压。目前配电装置通常配备自动化控制系统和监测系统，实现对电能的智能监控和远程控制，提高系统的稳定性和可靠性。低压配电装置是供水厂供水系统中的一部分，负责将电能从高压或中压转变为各个设备和系统所需的低压电能，通常包括低压开关柜、断路器、电流互感器、电能表等设备，用于对电能进行分段、分配和监测，确保电能稳定可靠地供应给供水厂的各个设备。低压配电装置的电压等级通常为400V，适用于供水厂内部各个设备和系统的电能供应。供水厂配电装置可能存在以下安全风险：

（1）电气故障：配电装置可能由于电气故障导致设备短路、过载等问题，增加火灾和人身伤害的风险。

（2）绝缘问题：绝缘老化或损坏可能导致电气设备之间发生短路，进而引发火灾或设备损坏。

（3）过载和欠载：长时间的过载或欠载可能导致配电设备损坏，增加系统维护和修复的成本。

（4）操作失误可能引发电气事故。

（5）设备老化：配电装置的关键部件随着时间的推移可能出现老化，影响其正常运行，需要及时更换或维修。

（6）防护装置失效：防护装置的失效可能导致电能无法得到及时切断，增加火灾的风险。

（7）短路电流冲击：短路电流的突然增加可能导致设备受到冲击，影响设备的寿命和稳定性。

（8）外部环境因素：如天气、潮湿等外部环境因素可能对配电装置造成影响，增加设备故障的概率。

为了降低这些安全风险，供水厂应实施严格的设备维护和巡检制度，配备专业人员进行操作和维护，确保配电系统的安全运行。

5. 防雷保护装置

防雷保护装置是供水厂供水系统中的重要组成部分，采用合理的导电路径，将雷电的能量引导至地下，防止雷电直接击中设备，减小雷电对设备的损害，确保供水系统的安全稳定运行，通常包括避雷针、避雷带、雷电感应器、避雷接地等设备。避雷范围通常涵盖供水厂内部关键设备、建筑物以及附近的水源和管网，确保整个系统受到全面的防护。目前防雷保护装置通常配备自动检测系统，实时监测大气电场、雷电活动，确保在雷电来临之前就采取相应的防护措施。防雷保护装置的可靠性对于供水厂供水系统的稳定运行至关重要，因此通常采用多层次的防雷设计，提高设备的抗雷电能力。防雷保护装置可能存在以下安全风险：

（1）设备老化：防雷设备在自然环境中长期使用可能会出现老化，影响其导电性能，降低防护效果。

（2）操作失误：人为操作失误可能导致防雷装置的失效，例如未及时更换老化的避雷针等。

（3）雷电冲击：强烈的雷电可能超过防雷装置的承受范围，造成雷电直接击中设备，引发火灾或设备损坏。

（4）检测系统故障：防雷保护装置的自动检测系统如果出现故障，可能导致未能及时察觉雷电的来临，影响及时采取防护措施。

（5）维护不及时：防雷保护装置长期未经过维护可能导致设备故障，降低防护效果。

为降低这些安全风险，供水厂应制定完善的防雷保护装置维护计划，定期检测和更换老化的设备，确保防雷系统的可靠性和稳定性。

6. 电力电缆

电力电缆是供水厂供水设备中的重要组成部分，用于传输电能，连接电源与设备，确保整个供水系统的正常运行。电力电缆的类型和规格会根据具体的供水设备和系统要求而有所不同，可分为低压电缆、中压电缆和高压电缆。一般由导体、绝缘层、金属屏蔽层（如果需要）和护套组成。导体通常是铜或铝，绝缘层用于阻隔电流，金属屏蔽层用于屏蔽外部电磁干扰，护套则保护整个电缆。电力电缆的安装环境涵盖供水厂内外的不同区域，需要根据具体情况选择适应的电缆类型，以确保在不同条件下稳定运行。电力电缆可能存在以下安全风险：

（1）绝缘老化：长时间的使用和环境因素可能导致电缆绝缘老化，增加漏电和短路的风险。

（2）电缆损坏：由于挖掘工程或设备维护等原因，电缆可能受到物理损坏，导致电流泄漏或电缆断裂。

（3）电缆过载：设备功率升级或电力负荷增加可能导致电缆过载，增加火灾和设备损坏的风险。

（4）电缆连接问题：可能导致电流不稳定，甚至引发火灾。

（5）外部干扰：外部电磁干扰、潮湿和化学物质的侵蚀可能损害电缆的绝缘层和金属屏蔽层，影响电缆的安全性。

（6）维护不及时：对电缆的定期检查和维护如果不及时进行，可能导致问题的累积和扩大。

为了降低这些安全风险，供水厂应该定期对电力电缆进行检测和维护，确保其在安全可靠的状态下运行。同时，采用符合标准的电力电缆，合理设计和安装，也能有效减少潜在的安全风险。

7. 架空线路

架空线路是供水厂供水系统中的电力输送通道，通常由电力杆、导线、绝缘子等组成。电力杆用于支撑架空线路，通常由混凝土或金属制成；导线用于传输电力，通常由铜或铝制成；绝缘子用于支持导线，阻断导线与杆之间的电气连接。这些线路用于将电力从电源输送到供水厂各个设备和区域，确保供水系统的正常运行。架空线路分布在供水厂的不同区域，包括设备区域、输水管道沿线等，需要根据具体情况合理布局。架空线路可能存在以下安全风险：

（1）导线断裂：架空线路的导线可能受到外部因素（例如风、雷击、物理损坏等）导致断裂，影响电力传输。

（2）杆塔倒塌：电力杆可能因为自然灾害、腐蚀或机械撞击等原因而倒塌，导致架空线路中断，甚至造成人员伤亡和设备损坏。

（3）绝缘子破损：可能导致导线与支持杆之间的电气连接，增加漏电和短路的风险。

（4）雷击风险：架空线路容易成为雷击的目标，可能引发火灾，对设备和人员安全构成威胁。

（5）线路间隙不足：架空线路在设备区域可能会出现间隙不足的情况，增加了线路之间的相互影响，可能引发故障。

（6）电缆吊挂问题：架空线路可能存在电缆吊挂问题，导致电缆受力不均，影响线路的稳定性。

（7）安全隐患未及时发现：由于架空线路分布广泛，有些隐患可能未及时发现和处理，增加了事故发生的风险。

8. 室内配电线路、电气及照明设备

供水厂室内配电线路是室内用于输送电力的电缆和导线系统，包括主配电室、分配箱、电缆线槽等设备。电气及照明设备是室内用于电力分配和控制的各种开关、断路器、接触器、变压器等电器元件，以及灯具、光源等设备。室内配电线路、电气及照明设备可能存在以下安全风险：

（1）电气触电风险：电缆或设备可能存在漏电、短路等问题，增加电气触电的风险，对工作人员安全构成威胁。

（2）火灾风险：配电线路和电气设备可能因为过载、短路等原因引发火灾，威胁人员和设备的安全。

（3）设备老化和故障：长期使用和不定期的检修可能导致电气设备老化和故障，增加了设备运行不稳定的风险。

（4）电缆线槽维护不善：电缆线槽中的电缆可能因为维护不善而受到物理损害，导致线路故障和安全事故。

（5）照明系统问题：照明设备可能存在灯泡老化、电路问题等，影响照明系统的正常运行，增加工作环境不安全的风险。

（6）未经授权的操作：未经授权的人员可能对配电线路和电气设备进行操作，增加了设备误操作和事故发生的概率。

（7）环境湿度和腐蚀：供水厂环境湿度较大，可能导致电气设备被腐蚀，影响设备的正常运行。

（8）不合理的电气布局：不合理的电气布局可能导致设备之间相互干扰，增加电气故障和安全事故的风险。

9. 直流电源

直流电源是供水厂供水设备中用于提供直流电力的设备。在供水厂中，直流电源通常用于一些特殊设备和控制系统，如电动阀门、仪表等，以确保系统的正常运行和控制。供水厂直流电源可能存在以下安全风险：

（1）电气触电风险：直流电源系统中，电缆、接线等元件可能存在漏电、短路等问题，增加了电气触电的风险。

（2）设备老化和故障：直流电源设备长时间运行后可能出现老化和故障，如电解电容老

化、电路板故障等，增加了系统的不稳定性。

（3）火灾风险：直流电源设备可能因为过载、短路等原因引发火灾，威胁人员和设备的安全。

（4）未经授权的操作：未经授权人员对直流电源系统进行操作，可能导致误操作和安全事故。

（5）环境湿度和腐蚀：供水厂环境湿度较大，可能导致直流电源设备被腐蚀，影响设备的正常运行。

（6）电源波动：直流电源系统中可能存在电源波动，影响与之连接的设备的正常运行。

（7）不合理的电气布局：不合理的电气布局可能导致设备之间相互干扰，增加电气故障和安全事故的风险。

10．变频器

变频器，也称为变频调速器，是供水厂供水设备中常用的电气设备之一。其主要功能是通过调整电机的转速，实现对水泵等设备的调速控制，以适应不同流量和压力要求。供水厂变频器可能存在以下安全风险：

（1）电气触电风险：变频器内部高电压电路存在电气触电的风险，尤其是在维护和检修时。

（2）设备故障引发火灾：变频器内部电子元件和电路可能存在故障，导致过热和火灾的风险。

（3）电磁辐射：变频器在工作时会产生电磁辐射，可能对周围的电子设备和人员产生影响。

（4）过电流和过载：变频器在运行时可能因为过电流、过载等原因产生异常，增加设备故障和安全事故的风险。

（5）不合理的电气布局：不合理的电气布局可能导致变频器与其他设备之间相互干扰，增加电气故障和安全事故的风险。

（6）维护和操作不当：操作和维护人员在未经培训的情况下，可能对变频器进行不当的操作，导致设备故障和安全事故。

（7）环境湿度和腐蚀：供水厂环境湿度较大，可能导致变频器设备被腐蚀，影响设备的正常运行。

（8）变频器自身设计缺陷：部分变频器可能存在设计缺陷，导致在特定条件下发生故障，影响设备的安全性。

11．继电综合保护装置

继电综合保护装置是用于对电力系统进行监测、控制和保护的设备。在供水厂中，这些装置通常用于水泵、电动机等设备的电气保护，以确保设备的安全运行和延长设备寿命。供水厂继电综合保护装置可能存在以下安全风险：

（1）电气触电风险：继电综合保护装置内部存在高电压电路，未经专业人员操作时存在电气触电风险。

（2）设备故障引发火灾：继电综合保护装置内部电子元件和电路可能存在故障，导致过热和火灾的风险。

（3）不合理的电气布局：电气布局不当可能导致继电综合保护装置与其他设备之间相互干扰，增加电气故障和安全事故的风险。

（4）误操作引发设备故障：操作人员在未经培训的情况下，可能对继电综合保护装置进行不当的操作，导致设备故障和安全事故。

（5）环境湿度和腐蚀：供水厂环境湿度较大，可能导致继电综合保护装置设备被腐蚀，影响设备的正常运行。

（6）继电综合保护装置自身设计缺陷：部分继电综合保护装置可能存在设计缺陷，导致在特定条件下发生故障，影响设备的安全性。

4.2 供水厂运行风险防范

供水厂运行存在的风险很多种，应从供水厂运行安全管理、水质安全、供水设施安全技术、供水设备安全技术这四个方面着手进行风险防范。

4.2.1 供水厂运行安全管理

供水厂应设立安全生产管理机构，配备专（兼）职安全生产管理人员，建立从管理层至一线人员的安全管理网络，明确各岗位安全职责。主要负责人、安全管理人员应取得安全培训证书。落实安全风险分级管控和安全隐患排查治理双重预防机制，建立安全生产规章制度、操作规程和员工岗位安全手册。至少每年组织一次全员安全生产教育和培训，至少每季度组织一次安全生产检查和事故隐患排查。有条件的供水厂应利用信息化手段开展安全生产管理工作，包括安全管理台账、风险隐患信息和整改流程等。供水厂应封闭管理，应制定严格的人员进出管理规定，外来人员及车辆应经过备案后，凭出入证进出。

1. 化学品管理

（1）供水厂内使用的各类化学品应有安全技术说明书，并在包装上设置明显的安全警示标志。

（2）供水厂应建立危险化学品清单，根据危险化学品种类和特性，设置相应的储存仓库，配备安全监测和防护设施、防护用品。

（3）从事危险化学品操作的人员应取得从业资格。

（4）危险化学品设备及输送管道应设置明显标志。

（5）属于重大危险源的，应将重大危险源信息及有关安全措施、应急措施报政府安全生产监督管理部门备案。

2. 废弃物管理

（1）应制定废弃物存放、处理制度。

（2）危险废弃物应使用独立空间进行储存，盛装容器应密封完整、正确标识，储存时间不宜超过一年。

（3）危险废弃物应委托具备资质的单位收集处理。

3. 作业安全管理

（1）供水厂应依据相关法规开展员工职业病防治工作。

（2）有限空间作业、动火作业、电气作业、高处作业等风险作业应制定专项许可审批程序，作业现场应有防护人员。

（3）有限空间作业应“先通风、再检测、后作业”。

（4）特种设备应委托有资质的单位定期检验及维护。

（5）构筑物栏杆高度和间距应符合安全要求。

（6）生产现场应配备相应的安全防护用品（具）及消防器材。

4. 病虫害控制管理

（1）供水厂应严格控制红线范围的虫害密度，预防与虫媒生物有关的传染病发生和流行。

（2）应制定厂区的虫害监测和控制制度，定期跟踪检查虫害控制效果。

（3）供水厂宜委托有资质的单位开展厂区消杀和虫害控制。

（4）采用物理、化学或生物制剂进行虫害控制时，应不影响水质安全。

5. 厂界管理

（1）供水厂应配备24h值守的安保人员，并配备必要的保卫防护工具。

（2）厂区大门应设置防冲撞护栏，厂区周界应建有视频监控、电子围栏和入侵报警装置。

（3）监控视频录像及报警信息存储时间应不少于半年。

6. 应急管理

（1）供水厂应编制包含水质突变、断电、设备故障、气象灾害、恐怖袭击、环境污染和公共卫生等各类突发事件应急预案，组建抢修队伍，并根据需要向政府有关部门备案。

（2）应急事件处置流程应“上墙”。

（3）出现人员伤亡、重大财产损失或供水安全事件时，应在 1h 内向主管部门报告。

（4）供水厂应至少每半年组织一次专项预案应急演练，每年组织一次应急救援演练，并对演练进行总结和评估。

（5）供水厂应配备必要的应急救援器材和应急物资。其中粉末活性炭和高锰酸钾等应急药剂储备量应不低于 3d 用量。

4.2.2 水质安全

供水厂应结合危害分析及关键控制点（HACCP）体系开展对原水、工艺过程、出厂水、关键控制点的水质监测，监测项目及频次应符合《城市供水水质标准》CJ/T 206—2005、《生活饮用水卫生标准》GB 5749—2022 的要求。原水水质季节性变化或气候敏感期，应增加风险指标的监测频次。水质检验方法应按现行国家标准《生活饮用水标准检验方法》GB/T 5750 执行。未列入检验方法标准的项目，可采用通过适用性检验的其他等效分析方法。供水厂应配备水质常规及急性毒性指标的快速检测设备。供水厂应建立水质在线监测系统，对生产和工艺主要控制参数进行实时监测、统计，设置报警限值。

过程检测对水质安全至关重要。主要水源地（含取水工程上游）宜建立水源水质预警站，监测项目应根据水质风险库设定，包括浊度、pH、水温、溶解氧、电导率、氨氮、高锰酸盐指数、生物毒性、叶绿素、锰等指标。供水厂生产工艺的主要运行参数应配备在线测定仪表，实时动态监测。供水厂进水口应配备流量计、浊度计、温度计、pH 计、水质预警设备；臭氧池应配备余臭氧仪；沉淀池前应配备 pH 计，沉淀池后应配备浊度计；砂滤池应配备水位计、压差计、反冲洗流量计，滤池后配备浊度计；活性炭吸附池应配备浊度计、pH 计、反冲洗流量计、颗粒计数仪；超滤膜车间应配备浊度计、颗粒计数仪；清水池应配备水位计、pH 计、余氯仪；送水泵房应配备流量计、电表、泵站压力表；出厂水应配备浊度计、pH 计、余氯仪。供水厂制水班组应每 2h 对原水、各工艺段的水质和生产情况进行巡检，发现异常时应及时处置并提高巡检频率。宜将原水、工艺过程水、出厂水引至具备 24h 监控的场所，实时监控水质色度、嗅味等指标。化验室应按《城市供水水质标准》CJ/T 206—2005 和《生活饮用水卫生标准》GB 5749—2022 的要求以及 HACCP 体系对关键控制点的监控要求开展水质监测。不具备检测能力的，可委托具有检验能力的机构进行检测。

净水药剂及原材料应选用具有生产许可和卫生许可的企业的合格产品，质量标准应根据《饮用水化学处理剂卫生安全性评价》GB/T 17218—1998、《生活饮用水输配水设备及防护材料的安全性评价标准》GB/T 17219—1998 等相关国家、行业标准的要求执行，应按质量标准进行检验合格后方可使用。对药剂及原材料需要进行抽检，至少每半年一次。

质量控制方面，供水厂应建立包括水质、净水药剂及材料、实验室质控在内的质量控制体系。对水质管理实行职能部门、供水厂两级管理，班组、水厂化验室和中心化验室三级检验。各级化验室应采取有效的质量控制方式进行内部质量控制与管理，并应贯穿于检验的全过程。中心化验室应进行计量资质认证，每年至少参加一次由国际、国内有关机构组织的实验室比对或能力验证活动。化验室所用的计量分析仪器必须定期进行计量检定，经检定合格方可使用，在日常使用过程中应定期进行校验和维护。水质检验及数据报送人员必须经专业培训，持证上岗。

供水厂须建立水质预警系统，制定水源和供水突发事件应急预案，完善应急净水技术与设施，并定期进行应急演练；当出现突发事件时，应按应急预案迅速采取有效的应对措施。当发生突发性水质污染事故，尤其是有毒有害化学品泄漏事故时，检验人员应携带必要的安全防护装备及检验仪器尽快赶赴现场，立即采用快速检验手段鉴定污染物的种类，给出定量或半定量的检验结果。现场无法鉴定或测定的项目应立即将样品送回实验室分析。应根据检验结果，确定污染程度和可能污染的范围，并及时上报水质检验情况。在水源水质突发事件应急处理期间，供水厂应根据实际情况调整水质检验项目，并增加检验频率。供水厂进行技术改造、设备更新或检修施工之前，应制定水质保障措施；净水系统投产前应严格清洗消毒，经水质检验合格后方可投入使用。

4.2.3 供水设施安全技术

1. 取水口

（1）在水源保护区或地表水取水口上游 1000m 至下游 100m 范围内（有潮汐的河道可适当扩大），需依据国家有关法规和标准的规定定期进行巡视。

（2）汛期应组织专业人员了解上游汛情，检查地表水取水口构筑物的情况，预防洪水危害和污染。冬季地表水取水口应有防结冰措施及解冻时防冰凌冲撞措施。

（3）在固定式取水口上游至下游适当地段应装设明显的标志牌。在有船只来往的河道，还应在取水口上装设信号灯。

（4）固定式取水口的运行：取水口应设有格栅，并应设专人专职定时检查；当有杂物时，应及时进行清除处理；当清除格栅污物时，应有充分的安全防护措施，操作人员不得少于 2 人；藻类、杂草较多的地区应保证格栅前后的水位差不超过 0.3m；取水口应每 2～4h 巡查一次，预沉池和水库应至少每 8h 巡查一次。

（5）移动式取水口的运行除了需符合上面第（2）条关于汛期和冬季的规定外，还需加设防护桩，并装设信号灯或其他形式的明显标志；在杂草旺盛季节，应设专人及时清理取水口。

（6）取水口设施应进行日常保养：格栅、格网、旋转滤网等，应由专人清除栅渣，保持场地清洁；应检查传动部件、阀门运行情况，按规定加注润滑油，调整阀门填料，并擦拭干净；检查液位仪或液位差仪是否正常。

（7）取水口设施应进行定期维护：对格栅、格网、旋转滤网、阀门及其附属设备，应每季度检查一次；长期开或长期关的阀门每季度应开关一次，并进行保养；对取水口的构件、格网、格栅、旋转滤网、莲蓬头、平台、护桩、钢筋混凝土构筑物等，应每年检修一次，清通垃圾，修补钢筋混凝土构筑物，对锈蚀铁件涂刷油漆；对取水口河床深度每年应至少锤测一次，作好记录，并根据锤测结果及时进行疏浚。

（8）取水口及其附属设备每三年大修一次，对设备进行全面检修及重要部件的修复或更换；土木建设和机械大修理工程的质量，符合国家有关标准的规定。

2. 输水管线

（1）承压输水管道每次通水时均应先检查所有排气阀，正常后方可投入运行。

（2）输水管线运行应符合：

1）严禁在管线上圈、压、埋、占；沿线不应有“跑、冒、外溢”现象。应设专人并佩戴标志定期进行全线巡检。发现危及城市输水管道的行为应及时制止并上报有关主管部门。

2）承压输水管线应在规定的压力范围内运行，沿途管线宜装设压力检测设施进行监测。

3）原水输送过程中不得受到环境水体污染，发现问题应及时查明原因并采取措施。

4）根据当地水源情况，可采取适当的措施防止水中生物生长。

（3）对低处装有排泥阀的管线应定期排放积泥。其排放频率应依据当地原水的含泥量而定，宜为每年 1～2 次。

（4）输水管线进行日常保养：进行沿线巡检，消除影响输水安全的因素；检查并处理管线各项附属设施存在的失灵、漏水，以及井盖损坏、丢失等问题。

（5）输水管线进行定期维护：每季度对管线附属设施巡视检修一次，使其保持完好；每年对管线钢制外露部分进行防腐处理；输水明渠应定期检查运行、水生物、积泥和污染情况，并采取相应预防措施。

（6）输水管线进行大修理：

1）当管道和管桥严重腐蚀、漏水时，必须更换新管，其更新管段的外防腐及内衬符合相关标准的规定，较长距离的更新管段按规定进行打压试验。

2）输水管渠大量漏水时必须排空检修，更换或检修内壁防护层、伸缩缝等。

3）有条件的城市，每隔 2～3 年做全线的停水检修，测定管内淤泥沉积情况、沉降缝（伸缩缝）变化情况、水生物（贝类）繁殖情况，并制定相应的处理方案。

4）钢管外防腐质量检测应符合：包布涂层不折皱、不空鼓、不漏包、表面平整、涂膜饱满；焊缝填、嵌结实平整；焊缝通过探伤抽检；厚度达到设计要求。

5）金属管水泥砂浆衬里质量检测应符合：管线大修后，管子的水泥砂浆内衬厚度及允许公差应符合国家现行相关标准和表 4-1 的规定；水泥（强度 32.5 级以上）与砂的重量比应为 1∶1～1∶2，坍落度应为 60～80mm；水泥砂浆内衬厚度及允许公差应符合国家现行相关标准的规定，但内衬缝大于 0.6mm 时应处理；表面平整度可用 300mm 直尺平行管线测定，内衬表面和直尺之间的间隙不应大于 1.6mm；表面粗糙度，应以达到手感光滑、无砂粒感为合格。

输水管水泥砂浆内衬厚度及允许公差（mm） 表 4-1

管径	内衬厚度		允许公差	
	机械喷涂	手工涂抹	机械喷涂	手工涂抹
*DN*500～*DN*700	8	—	±2	—
*DN*800～*DN*1000	10	—	±2	—
*DN*1100～*DN*1500	12	14	+3 或 -2	+3 或 -2
*DN*1600～*DN*1800	14	16	+3 或 -2	+3 或 -2
*DN*2000～*DN*2200	15	17	+4 或 -3	+4 或 -3
*DN*2400～*DN*2600	16	18	+4 或 -3	+4 或 -3
*DN*2600 以上	18	20	+4 或 -3	+4 或 -3

3. 预处理工艺

（1）供水厂应根据原水水质动态调整预处理措施，包括预氯化、高锰酸钾预氧化、预臭氧、粉末活性炭吸附、pH 调节等。

（2）原水有机物浓度、嗅阈值、2- 甲基异莰醇含量较高时，可采取预氧化或粉末活性炭吸附，以及二者联合使用的措施。

（3）原水存在农药、芳香族化合物以及某些人工合成有机物（邻苯二甲酸二丁酯、邻苯二甲酸二酯、阴离子合成洗涤剂、石油类等）时，可采取粉末活性炭吸附的措施。

（4）原水存在重金属污染物（镉、铅、镍、铜、铍等）时，可先调整 pH 至碱性，再投加适当混凝剂，在去除水中胶体、悬浮颗粒的同时，去除重金属污染物。

（5）原水藻细胞密度高于 10^7 个 /L 时，根据优势藻的种类可采用预氯化 / 高锰酸钾预氧化 / 预臭氧，以及与粉末活性炭吸附联用的措施。

（6）原水溶解性锰浓度高于 0.2mg/L 时，可采用二氧化氯或高锰酸钾预氧化等措施。

（7）原水 pH 异常升高或降低时，宜调节 pH 至絮凝反应适宜的范围。

（8）原水需要长距离管道输送的，宜采用取水口加氯控制原水管道中的贻贝类生物繁殖，投加浓度应根据水库水质及气候条件，并通过试验确定，一般为有效氯 0.2～0.4mg/L，有效二氧化氯 0.1～0.2mg/L，常年投加。

（9）投加高锰酸钾进行预处理时，高锰酸钾溶液质量浓度宜为 2%~4%，投加量宜为 0.2 ~ 1.0mg/L，投加时应关注水的色度变化。

（10）投加粉末活性炭时，粉末活性炭悬混液质量浓度宜为 5%~10%，投加量宜为 10 ~ 30mg/L，投加时应关注水的色度变化。

（11）采用臭氧预氧化时，出水余臭氧浓度不应高于 0.1mg/L。

（12）在原水桡足类微型动物密度超过 10 个 /L 且活体率达到 50% 以上时，预臭氧应与预氯化交替使用。

（13）供水厂应关注药剂投加时序及可能对水质带来的风险。

（14）高锰酸钾与粉末活性炭同时投加时，粉末活性炭投加点宜设在高锰酸钾投加点后。

4. 加药和消毒

（1）定期审查药剂的安全数据表，确保药剂的选择符合水质特征。监测投加设备的精准度。提供培训以确保操作人员了解正确的药剂选择和投加量。确保投加设备的准确性和可靠性。

（2）定期检查药剂储存条件，包括温度、湿度等，防止药剂老化或变质。制定药剂管理计划，确保储存环境符合要求，进行定期的库存检查和更新。

（3）监测水中的药剂残留和产物，以确保其在安全限度之内。使用药剂时遵循建议的投加量，定期监测水质，确保副产物不超出规定的安全标准。

（4）监测消毒副产物，如三卤甲烷和溴酸盐等，确保其浓度不超过规定的限值。使用低副产物生成的消毒方法，如选择更为环保的消毒剂，优化投加方式。

（5）定期检查加药和消毒设备的运行状况，确保其自动化控制系统正常工作。定期维护设备，进行系统检查和备份，确保在设备故障时有备用方案。

（6）提供培训以确保操作人员了解正确的加药和消毒程序。建立明确的操作规程，确保人员了解化学品的危险性，实施安全培训计划。

（7）关注水源水质的变化，特别是引入新污染物的可能性。不断调整药剂和消毒剂的选择，采用更先进的水质监测技术，及时应对新污染物。

通过全面的风险评估和有效的管理措施，供水厂可以最大程度地减小加药和消毒环节可能面临的安全风险。

5. 混合池、絮凝池

混合宜控制好 GT 值，当采用机械混合时，GT 值应在供水厂搅拌试验指导基础上确定。当采用高分子絮凝剂预处理高浑浊度水时，混合不宜过快。混合设施与后续处理构筑物的距离应靠近，并采用直接连接方式，混合后进入絮凝池，最长时间不宜超过 2min。

当初次运行隔板、折板絮凝池时，进水速度不宜过大。定时监测絮凝池出口絮凝效果，做到絮凝后水体中的颗粒与水分离度大、絮体大小均匀、絮体大而密实。絮凝池宜在 GT 值设计范围内运行。定期监测积泥情况，并避免絮粒在絮凝池中沉淀；当难以避免时，应采取相应排泥措施。

6. 沉淀池

平流式沉淀池必须严格控制运行水位，沉淀池出水不得淹没出水槽。必须做好平流式沉淀池的排泥工作。当采用排泥车排泥时，排泥周期应根据原水浑浊度和排泥水浑浊度确定；当采用其他形式排泥时，可依具体情况确定。沉淀池的出口应设质量控制点，出水浑浊度指标宜控制在 3NTU 以下。沉淀池的停止和启用操作应减小滤前水浑浊度的波动。藻类繁殖旺盛时期，应采取投氯或其他有效除藻措施。

斜管（板）沉淀池是在 Hazen 浅层沉淀理论基础上发展起来的。斜管（板）沉淀池出水浑浊度指标宜控制在 3NTU 以下。必须做好排泥工作，并应保持排泥阀的完好、灵活，排泥管道的畅通。排泥周期应根据原水浑浊度和排泥水浑浊度确定。启用斜管（板）时，初始的上升流速应缓慢。清洗时，应缓慢排水。斜管（板）表面及斜管管内沉积产生的絮体泥渣应定期进行清洗。沉淀池的出口应设质量控制点，出水浑浊度指标宜控制在 3NTU 以下。气浮池宜连续运行，采用刮渣机排渣。刮渣机的行车速度不宜大于 5m/min。底部应定期排泥。

7. 澄清池

澄清池包括机械搅拌澄清池、脉冲澄清池和水力循环澄清池，均宜连续运行，不宜超负荷运行，出口应设质量控制点，出水浑浊度指标宜控制在 3NTU 以下。

机械搅拌澄清池初始运行时运行水量应为正常水量的 50%~70%；投药量应为正常运行投药量的 1~2 倍；当原水浑浊度偏低时，在投药的同时可投加石灰或黏土，或在空池进水前通过排泥管把相邻运行澄清池内的泥浆压入空池内，然后再进原水；第二反应室沉降比达 10% 以上和澄清池出水基本达标后，方可减少加药量、增加水量；增加水量应间歇进行，间隔时间不应少于 30min，增加水量应为正常水量的 10%~15%，直至达到设计能力；搅拌强度和回流提升量应逐步增加到正常值。在正常运行期间每 2h 应检测第二反应室泥浆沉降比值。当第二反应室内泥浆沉降比达到或超过 20% 时，应及时排泥，沉降比值宜控制在 10%~15%。

机械搅拌澄清池短时间停运期间搅拌叶轮应继续低速运行；重新投运期间搅拌叶轮应继续低速运行；恢复运行量不应大于正常水量的 70%；恢复运行时宜用较大的搅拌速度以加大泥渣回流量，增加第二反应室的泥浆浓度；恢复运行时应适当增加加药量；当第二反应室内泥浆沉降比达到 10% 以上后，可调节水量至正常值，并减少加药量至正常值。

脉冲澄清池初始运行时水量宜为正常水量的 50% 左右，投药量应为正常投药量的 1~2 倍；当原水浑浊度偏低时，在投药的同时可投加石灰或黏土，或在空池进水前通过底阀把相邻运行澄清池的泥渣压入空池内，然后再进原水；应调节好冲放比，初运行时冲放比宜调节到 2：1；当悬浮层泥浆沉降比达到 10% 以上，出水浑浊度基本达标后，方可逐步增加水量，每次增水间隔不应少于 30min，且量不大于正常水量的 20%；当出水浑浊度基本达标后，方可逐步减少加药量，直到正常值，适当提高冲放比至正常值。在正常运行期间，脉冲澄清池应定时排泥或在浓缩室设泥位计，根据浓缩室泥位适时排泥。适时调节冲放比，冬季水温低时，宜用较小冲放比。

短时间停运后重新投运时应打开底阀，先排除少量底泥；恢复运行时水量不应大于正常水量的 70%；恢复运行时，冲放比宜调节到 2∶1；宜适当增加投药量，为正常投药量的 1.5 倍；当出水浑浊度达标后，应逐步增加水量至正常值，逐步减小投药量至正常值。

水力循环澄清池初始运行时水量宜为正常水量的 50%~70%；投药量应为正常投加量的 2~3 倍；原水浑浊度偏低时，可投加石灰或黏土，或者在空池进水前通过底阀把相邻运行的澄清池中的泥浆压入空池，然后再进水；初始运行前，应调节好喷嘴和喉管的距离；当澄清池开始出水后，应观察出水水质，当水质不好时，应排放掉，不让其进入滤池；当澄清池出水后应检测第二反应室泥水的沉降比，当沉降比达到 10% 以上时方可逐步减小投药量并逐渐增加进水量。正常运行时，水量应稳定在设计范围内，并应保持喉管下部喇叭口处的真空度，且保证适量污泥回流。每 2h 测定 1 次第一反应室出口处的沉降比，当第一反应室出口处沉降比达到 20% 以上时应及时排泥。

短时间停运后恢复投运时，应先开启底阀排出少量积泥，适当增加投药量，进水量控制在正常水量的 70%，待出水水质正常后，逐步增加到正常水量，同时减少投药量至正常投加量。恢复启用前，应打开底阀先排出少量泥渣，初始水量不应大于正常水量的 2/3。泥渣层恢复后方可调整水量至正常值。

8. 普通滤池

滤池包括普通快滤池和 V 型滤池（气水冲洗滤池）。滤池进水浑浊度宜控制在 3NTU 以下。滤池应在过滤后设置质量控制点，滤后水浑浊度应小于设定目标值。设有初滤水排放设施的滤池，在滤池冲洗结束重新进入过滤后，应先进行初滤水排放，待滤池初滤水浑浊度符合企业标准时，方可结束初滤水排放和开启清水阀。

普通快滤池在冲洗滤池前，水位降至距滤料层 200mm 左右时，应关闭出水阀，缓慢开启冲洗阀，待气泡全部释放完毕，方可将冲洗阀逐渐开至最大。砂滤池单水冲洗强度宜为 12~15L/（$s \cdot m^2$）。当采用双层滤料时，单水冲洗强度宜为 14~16L/（$s \cdot m^2$）。有表层冲洗的滤池表层冲洗和反冲洗间隔应一致。冲洗滤池时，排水槽、排水管道应畅通，不应有壅水现象；冲洗水阀门应逐渐开大，高位水箱不得放空；滤料膨胀率宜为 30%~40%；用泵直接冲洗滤池时，水泵填料不得漏气。冲洗结束时，排水的浑浊度不宜大于 10NTU。滤池运行中，滤床的淹没水深不得小于 1.5m。正常滤速宜控制在 9m/h 以下；当采用双层滤料时，正常滤速宜控制在 12m/h 以下。滤速应保持稳定，不宜产生较大波动。滤池反冲洗周期应根据水头损失、滤后水浑浊度、运行时间确定。滤池新装滤料后，应在含氯量 30mg/L 以上的水中浸泡 24h 消毒，并应经检验滤后水合格后，冲洗两次以上方能投入使用。滤池初次使用或冲洗后上水时，池中的水位不得低于排水槽，严禁暴露砂层。应每年对每格滤池做滤层抽样检查，含泥量不应大于 3%，并应记录归档。采用双层滤料时，砂层含泥量不应大于 1%，煤层含泥量不应大于 3%。应定期观察反冲洗时是否有气泡，全年滤料跑失率不应大于 10%。当滤池停用一周以上时，应将滤池放空；恢复时必须进行反冲洗后才能重新启用。

V 型滤池（气水冲洗滤池）滤速宜为 10m/h 以下。反冲洗周期应根据水头损失、滤后水浑浊度、运行时间确定。反冲洗时应将水位降到排水槽顶后进行。滤池应采用气－气－水－水冲洗方式进行反冲洗，同时用滤前水进行表面扫洗。气冲强度宜为 13～17L/（s·m^2），历时 2～4min；气水冲时，气冲强度宜为 13～17L/（s·m^2），水冲强度宜为 2～3L/（s·m^2），历时 3～4min；单独水冲时，冲洗强度宜为 4～6L/（s·m^2），历时 3～4min，表面扫洗强度宜为 2～3L/（s·m^2）。运行时滤层上水深应大于 1.2m。当滤池停用一周以上恢复时，必须进行有效的消毒、反冲洗后方可重新启用。滤池新装滤料后，应在含氯量 30mg/L 以上的溶液中浸泡 24h 消毒，并经检验滤后水合格后，冲洗两次以上方可投入使用。滤池初次使用或冲洗后上水时，严禁暴露砂层。每年对每格滤池做滤层抽样检查，含泥量不应大于 3%，并应记录归档。

9. 臭氧接触池

接触池应定期清洗，排空之前必须确保进气和尾气排放管路已切断。切断进气和尾气管路之前必须先用压缩空气将布气系统及池内剩余臭氧气体吹扫干净。接触池压力人孔盖开启后重新关闭时，应及时检查法兰密封圈是否破损或老化，当发现破损或老化时应及时更换。出水端应设置水中余臭氧监测仪，臭氧工艺应保持水中剩余臭氧浓度在 0.2mg/L。

臭氧尾气消除装置应齐全，处理气量应与臭氧发生装置的处理气量一致。抽气风机宜设有抽气量调节装置，并根据臭氧发生装置的实际供气量适时调节抽气量。定时观察臭氧浓度监测仪，尾气最终排放臭氧浓度不应高于 0.1mg/L。

10. 活性炭吸附池

冲洗活性炭吸附池前，在水位降至距滤料表层 200mm 时，应关闭出水阀。有气冲过程的活性炭吸附池还应确保冲洗总管（渠）上的放气阀处于关闭状态，先进行气冲洗，待气冲停止后方可进行水冲。气冲洗强度宜为 11～14L/（s·m^2）。没有气冲过程的活性炭吸附池水冲洗强度宜为 11～13L/（s·m^2），有气冲过程的活性炭吸附池水冲洗强度宜为 6～12L/（s·m^2）。冲洗时的滤料膨胀率应控制在设计确定的范围内。用泵直接冲洗活性炭吸附池时，水泵填料不得漏气。运行中滤床上部的淹没水深不得小于设计确定的设定值。空床停留时间宜控制在 10min 以上。活性炭吸附池滤后水浑浊度不得大于 1NTU，设有初滤水排放设施的滤池，在活性炭吸附池冲洗结束重新进入过滤后，清水阀不能先开启，应先进行初滤水排放，待活性炭吸附池初滤水浑浊度符合企业标准时，方可结束初滤水排放和开启清水阀。反冲洗周期应根据水头损失、滤后水浑浊度、运行时间确定。活性炭吸附池初次使用或冲洗后进水时，池中的水位不得低于排水槽，严禁滤料暴露在空气中，新装滤料宜选用净化水用煤质颗粒活性炭，应冲洗后方可投入运行。活性炭的技术性能应满足现行国家相关标准和设计规定的要求。每年对每格滤池做滤层抽样检查，加强活性炭吸附池生物相检测，并确保出水生物安全性。全年的滤料损失率不应大于 10%。

11. 超滤膜处理系统

定期清洗和维护超滤膜是关键步骤。由于水中存在的微生物、有机物和颗粒污染物，超滤膜表面可能会积聚污泥或胶层，影响膜的通量。因此，定期进行清洗和维护，采用适当的清洗剂，能够有效地降低膜的污染程度，保持系统高效运行。建立监测和自动控制系统。通过在系统中设置监测设备，实时监测膜通量、水质等关键指标，及时发现异常情况。配合自动控制系统，可对水质、膜通量等参数进行实时调节，确保系统在最佳工作状态。这有助于提前发现问题并采取相应措施，降低运行风险。合理使用和管理化学药剂。在超滤膜处理系统中，常需要使用预处理剂、清洗剂等药剂，为了降低环境和健康风险，应合理选择药剂种类、浓度和使用方法，确保其在规定范围内发挥作用。建立完善的事故应急预案和安全培训制度。供水厂应对可能出现的设备故障、停电等事故进行预案制定，明确应急处置流程，保障人员及设备的安全。定期进行员工安全培训，提高应对突发事件的能力。通过定期清洗维护、加强监测与自动控制、合理使用药剂以及建立完善的应急预案与培训制度等措施，可以有效降低供水厂超滤膜处理系统的运行风险，确保其安全高效运行。

12. 臭氧发生系统

臭氧发生系统的操作运行必须由经过严格专业培训的人员进行，严格按照设备供货商提供的操作手册中规定的步骤进行操作。臭氧发生器启动前必须保证与其配套的供气设备、冷却设备、尾气破坏装置、监控设备等状态完好和正常，保持臭氧气体输送管道及接触池内的布气系统畅通。操作人员应定期观察臭氧发生器运行过程中的电流、电压、功率和频率，臭氧供气压力、温度、浓度，冷却水压力、温度、流量，并作好记录，同时还应定期观察室内环境氧气和臭氧浓度值，以及尾气破坏装置运行是否正常。设备运行过程中，臭氧发生器间和尾气设备间内应保持一定数量的通风设备处于工作状态。当室内环境温度大于 40℃ 时，应通过加强通风措施或开启空调设备来降温。当设备发生重大安全故障时，应及时关闭整个设备系统。

空气气源系统的操作运行应按臭氧发生器操作手册所规定的程序进行。操作人员应定期观察供气的压力和露点是否正常，同时还应定期清洗过滤器、更换失效的干燥剂，以及检查冷凝干燥器是否正常工作。租赁的氧气气源系统的操作运行应由氧气供应商远程监控。供水厂生产人员不得擅自进入该设备区域进行操作。供水厂自行采购并管理运行的氧气气源系统，必须取得使用许可证，由经专门培训并取得上岗证书的生产人员负责操作。供水厂自行管理的液氧气源系统在运行过程中，生产人员应定期观察压力容器的工作压力、液位刻度、各阀门状态、压力容器，以及管道外观情况等，并做好运行记录；自行管理的现场制氧气源系统在运行过程中，生产人员应定期观察风机和泵组的进气压力和温度、出气压力和温度、油位、振动值、压力容器的工作压力、氧气的压力、流量、浓度、各阀门状态等，并做好运行记录。

13. 清水池

清水池必须安装液位仪，宜采用在线式液位仪连续监测，严禁超上限或下限水位运行。清水池的卫生防护需到位，检测孔、通气孔和人孔必须有防止水质污染的防护措施；清水池顶及周围不得堆放污染水质的物品和杂物；池顶种植植物时，严禁施放各种肥料；应定期排空清洗，清洗完毕经消毒合格后，方可蓄水，清洗人员必须持有健康证；定期检查清水池结构，确保清水池无渗漏。清水池的排空、溢流等管道严禁直接与下水道连通，汛期应保证清水池四周的排水畅通，防止污水倒流和渗漏。

14. 污泥处理系统

浓缩池的刮泥机和排泥泵或排泥阀必须保持完好状态，排泥管道应畅通。排泥频率或持续时间应按浓缩池排泥浓度来控制，并宜控制在 2%~ 10%。预浓缩池则应按 1% 左右浓度控制。设有斜管、斜板的浓缩池，初始进水速度或上升流速应缓慢。浓缩池正常停运重新启动前，应保证池底积泥浓度不超过 10%。设有斜管（板）的浓缩池应定期清洗斜管（板）表面及内部沉积产生的絮体泥渣。浓缩池上清液中的悬浮固体含量不应大于预定的目标值，当达不到预定目标值时，应适当增加投药量。浓缩池长期停用时，应将浓缩池放空。污泥脱水设备的基本运行程序应按设备制造商提供的操作手册执行，运行之前应确保设备本身及其上、下游设施和辅助设施处于正常状态。操作人员应定期观察脱水设备运行过程中进泥浓度、出泥干固率、加药量、加药浓度、分离水悬浮物的浓度，以及各种设备的状态是否正常，并作好记录。

15. 地下水处理系统

取水水源地应根据所在地区状况，确定卫生防护地带。取水设施应设置取样和观测点，对水源井必须每天进行巡视检查，检查项目应包括水质、电流、电压、声音、振动等。水源井应设置测量水位的装置，水位观测管宜加设防护装置。水源井的动、静水位测定每月宜进行两次。取水设施取水量不得超过允许开采量。

16. 厂级调度

制水系统水量应统一调度，并应保持水量平衡，各种阀门应统一调度，并应掌控运行状态。采集、分配、储存各工艺设施、供电设施的运行数据，应包括：水质、水量、水压、水位、电压、电流、电量等参数。对工艺设施进行检修时，应执行停水、生产运行调度方案。各种设备大修后投入生产时应进行验收。对制水系统中出现的重大设备、水质和运行事故应进行分析处理。供水厂运行必须执行企业中心调度室的指令。

17. 自动化系统运行安全技术

供水厂应制定自动化系统运行维护管理制度，保证运行维护工作的正常进行。运行维护和值班人员应严格执行相关的运行管理制度，保持自动化系统、设备完好与正常使用，保证机房和周围环境的整齐清洁；在处理自动化系统故障、进行重要测试或操作时，不得交接班。自动化系统的专责人员应定期对自动化系统和设备进行巡视、检查、测试和记录，定期核对自动化信息的准确性、完整性。每年应至少对自动化设备进行一次全面点检和清扫。对随机发现的异常情况应及时处理，做好记录并按有关要求进行汇报。

自动化系统工作站在进行相关工作时，如不能向相关运行部门传递自动化信息，应按规定提前通知受影响的相关部门，同时做好信息传递补救工作。设备运行维护部门应保证设备的正常运行及信息的完整性和正确性，发现故障或接到设备故障通知后，应立即进行处理，并及时上报有关部门。应详细记录故障现象、原因及处理过程，必要时应写出分析报告。对运行中的自动化系统进行重大修改时，均应提出书面改进方案，并经技术论证，由相关部门与主管领导批准方可实施。技术改进后的设备和软件应经过测试与试运行，验收合格后方可投入运行，同时应对相关技术人员进行培训。由于工艺调整、系统设备的变更，需修改相应的监控、操作画面、数据库和应用程序等内容时，应以经过批准的书面报告进行变更并做好备份。在线检测仪表出现故障时，未经工艺工程师确认，不得随意变动已布设的检测点。应根据生产工艺的要求及时对相关的运行参数的设定值进行调整。

4.2.4 供水设备安全技术

1. 水泵

水泵工况点长期在低效区工作时，应对水泵进行更新或改造，使泵工作在高效区范围内。水泵运行中，进水水位不应低于规定的最低水位。出水阀关闭的情况下，电机功率小于或等于 110kW 时，离心泵连续工作时间不应超过 3min；大于 110kW 时，不宜超过 5min。泵的振动不应超过现行国家标准《泵的振动测量与评价方法》GB/T 29531—2013 振动烈度 C 级的规定。轴承温升不应超过 35℃，滚动轴承内极限温度不得超过 75℃，滑动轴承瓦温度不得超过 70℃。机械密封及其他无泄漏密封外，填料室应有水滴出，宜为 30～60 滴 /min。水流通过轴承冷却箱的温升不应大于 10℃，进水水温不应超过 28℃。输送介质含有悬浮物质的泵的轴封水，应有单独的清水源，其压力应比泵的出口压力高 0.05MPa 以上。新装或大修后的水泵首次启动时，应对其配电设备、继电保护、线路及接地线、远程装置、操作装置、电气仪表等进行检查，对电动机的绝缘电阻进行测量，并检查电源三相电压是否在合格范围内。

离心泵启动前检查清水池或吸水井的水位是否适于开机；检查来水阀门是否开启，出水阀门是否关闭；检查轴承处油位，确保油量满足要求、油路畅通；设计采用非淹没式进水时应用真空泵引水或向泵内注满水形成真空后方可开启电机；当水泵运行平稳，压力表、电流表显示正常时，应缓慢开启出水阀。运转过程中必须观察仪表读数、轴承温度、填料室滴水和温升、泵的振动和声音等是否正常，发现异常情况应及时处理；巡查进水水位，当水位低于规定的最低水位时应立即查找原因并及时处理。停泵前应先关闭出水阀，环境温度低于0℃时应将泵内水排净以免冻裂。

立式混流泵启动前应盘车检查其转动是否灵活，宜开阀启动；检查轴承处油位，确保油量满足要求、油路畅通。向填料室上接管引注清洁压力水或向机械密封注入清洁压力水。运转过程中必须观察仪表读数、轴承温度、填料室滴水和温升、泵的振动和声音等是否正常，发现异常情况应及时处理；检查进水水位，当水位低于规定的最低水位时立即查找原因并及时处理。

轴流泵在启动前应盘车检查其转动是否灵活，打开出水阀，检查轴承处油位，并应确保油量满足要求、油路畅通，向填料室上的注水管引注清洁压力水。运转过程中必须观察仪表读数、轴承温度、填料室滴水和温升、泵的振动和声音等是否正常，发现异常情况应及时处理；检查进水水位，当水位低于规定的最低水位时，应立即查找原因并及时处理。

长轴深井泵启动前应检查电机润滑油油面高度，并盘车检查其转动是否灵活；用压力清水或用预润清水箱等容器向泵润滑水孔灌水，灌水超过 $0.1m^3$ 后方可启动电机。运转过程中必须观察各仪表读数、轴承温度、泵的振动和声音是否正常，发现异常情况应及时处理；定期测量深井的静、动水位；第一级叶轮必须浸入动水位以下 3～5m。停泵时，在电机停止后应检查润滑油面高度，油量不足时及时补充；检查出水管路止回阀是否严密，当有回水现象时应及时处理。

潜水电泵启动时观测电流声音、振动情况，开阀时应注意电流变化，并控制运行电流在电动机额定电流之内；新装或大修后第一次运行时，运行 4h 后应停机，并迅速测试热态绝缘电阻，当其值大于设备规定值时方可继续投入运行；潜水电泵停机后如需再启动，间隔应在 5min 以上。运行过程中必须观察仪表读数、振动、声音、出水量是否正常，发现异常情况应及时处理；定期测量动、静水位；潜水电泵应在动水位下运行。当出水管路无止回阀装置时，停泵前应先将出水阀门关闭再停机。

水泵运行中出现水泵不吸水，压力表无压力或压力过低；突然发生极强烈的振动和噪声；轴承温度过高或轴承烧毁；水泵发生断轴故障；冷却水进入轴承油箱；机房管线、阀门发生爆破，大量漏水；阀门阀板脱落；水锤造成机座移动；电气设备发生严重故障；井泵动水位过低，形成抽空现象或大量出沙；不可预见的自然灾害危及设备安全；影响设备安全运行的其他突发事故等异常情况时应立即停机，详细记录并及时上报。

停泵时，当采用虹吸式的出水管路，应同时开启真空破坏阀防止水倒流；在冰冻季节停泵后，叶轮不应浸入水中。

2. 电动机

电动机应在额定电压的 ±10% 范围内运行。电动机除启动过程外，运行电流不应超过额定值；在不同冷却温度下，电动机运行电流应符合表 4–2 的规定。在冷却空气最大计算温度为 40℃ 时，电动机各部允许运行温度和温升应符合表 4–3 的规定。电动机运行时轴承振动允许值，不应超过表 4–4 规定数值。

电动机运行电流　表 4–2

冷却空气（进风）温度（℃）	≤ 25	30	35	40	45	50
允许运行电流（A）相当额定电流 I_m 的倍数	1.080	1.050	1.000	0.950	0.900	0.850

电动机各部分允许运行温度和温升　表 4–3

名称		允许温度（℃）	允许温升（℃）	测定方式
定子绕组	A 级绝缘	100	60	电阻法
	E 级绝缘	110	70	
	B 级绝缘	120	80	
	F 级绝缘	140	100	
	H 级绝缘	165	125	
转子绕组	A 级绝缘	105	60	
	E 级绝缘	120	75	
	B 级绝缘	130	85	
	F 级绝缘	140	100	
	H 级绝缘	165	125	
滑环	—	150	70	温度计法
轴承	滚动	95	—	
	滑动	80	—	

电动机运行时轴承振动允许值　表 4–4

额定转速（r/min）	3000	1500	1000	750 及以下
振动允许双振幅（mm）	0.050	0.085	0.100	0.120

运行中的电动机当采用熔丝保护时，熔丝容量不应大于电动机额定电流的 1.5 ~ 2.5 倍。当采用热继电器保护时，热继电器容量不应大于电动机额定电流的 1.1 ~ 1.25 倍。当二次回

路系统采用继电保护装置时，其保护的整定值应按设计手册的计算要求确定。由室外供给冷却空气的电动机，在停机后应立即停止冷却空气的供给。水冷电动机，开机前应先开冷却水，停机时顺序相反；当环境温度低于0℃时，应放掉冷却水。防爆通风的电动机与通风系统应有连锁装置。运行时必须先开通风系统。当在预通风的时间内，通过的新鲜空气量不少于电动机及其通风系统容积的5倍时，方可接通电动机的主电源。同步电机或绕线式电机的电刷与滑环（或整流子）的接触面不应小于80%，滑环（或整流子）表面应无凹痕、清洁平滑；同步电动机的滑环极性应每年更换2～3次，同一极性不应使用不同品质的电刷。当采用无功率因数补偿装置时，同步电动机应通过励磁调节电流，在超前的功率因数下运行（即过励方式），励磁电流不应超过转子绕组的额定电流。水冷却的轴承，其水流通过轴承冷却箱的温升不应大于10℃，进水水温不应超过28℃。在线备用电动机应按其所处环境不同制定合理的防潮日期，并按期防潮运行。超过防潮期限的电动机在投入运行前，应先进行防潮处理，再进行绝缘检测。测试项目应按现行行业标准《电力设备预防性试验规程》DL/T 596—2021执行。

电动机启动时应检查三相电源电压；检查轴承油位及冷却系统；同步电机或绕线式电机应检查滑环与电刷的接触状态；检查启动装置；不同类型的电动机均应按规定的操作方式合闸启动；交流电动机的带负载启动次数应符合产品技术条件的规定；当产品技术条件无规定时，在冷态时，可启动2次，每次间隔时间不得小于5min；在热态时，可启动1次；当在处理事故以及电动机启动时间不超过2～3s时，可再启动1次。

电动机运行时应检查电动机的温升及发热情况；检查轴承温度、轴承的油位、油色及油环的转动状况；检查同步机励磁系统运行是否正常；检查工作电压、电流是否正常。停机时，鼠笼型异步电动机应从电源侧断电；绕线式异步电动机应从电源侧断电，变阻器应由短路恢复到启动位置；同步电动机应从电源侧断电，励磁绕组连接灭磁电阻灭磁。

电动机运行中出现电动机及控制系统发生打火或冒烟；剧烈振动或撞击、扫膛以及电动机所拖动的机械设备发生故障；轴承温度超过允许温度；缺相运行；同步电动机出现异步运行；滑环严重灼伤；滑环与电刷产生严重火花及电刷剧烈振动；励磁机整流子环火；影响设备正常运行的其他突发事故等异常情况时应立即停机。出现铁芯和出口空气温度升高较快；不正常的声响；定子电流超过额定允许值；电流表指示发生周期性摆动或无指数；同步电动机连续发生追逐现象等，可根据情况先启动备用机组后再停机。发生自动跳闸时，在未查明原因前，不得重新启动。

3. 变压器

无励磁调压变压器在额定电压±5%范围内改变分接位置运行时，其额定容量不应改变。当为−7.5%和−10%分接时，其容量应按制造厂的规定；当制造厂无规定，则容量应相应降低2.5%和5%。有载调压变压器分接位置容量应按制造厂规定。变压器的运行电压不应高于该运行分接额定电压的105%。

变压器工作负荷应符合要求：

（1）当变压器二相负荷不平衡时，应监视负荷最大一相的电流。接线为Ynyno的大、中型变压器允许的中性线电流，应符合制造厂及有关规定；接线为Yyno（或Ynyno）和Yzn11（或Ynzn11）的配电变压器，中性线电流的允许值应分别为额定电流的25%和40%，或按制造厂规定执行。

（2）油浸式变压器顶层油温不应超过表4-5规定，或按制造厂规定执行。

油浸式变压器顶层油温规定限值　　表4-5

冷却方式	冷却介质最高温度（℃）	最高顶层油温（℃）
自然循环自冷、风冷	40	95
强迫油循环风冷	40	85
强迫油循环水冷	30	70

（3）干式变压器的温度限值应符合制造厂的规定。

（4）变压器允许正常和事故过负荷情况下运行，变压器过负荷运行时应密切注视运行温度，当变压器过负荷或顶层油温达到报警温度时，应降低负荷并做记录。

（5）油浸风冷变压器的正常负荷为额定容量的70%以上时，风扇应自动或手动投入运行，制造厂另有规定除外。

（6）强迫冷却变压器的运行条件应符合规定：强油循环冷却变压器运行时，必须投入冷却器；各种负载下投入冷却器的相应台数，应符合制造厂的规定，按温度和（或）负载投切冷却器的自动装置应保持正常；油浸风冷和干式风冷变压器，风扇停止工作时，允许的负载和运行时间，应符合制造厂规定；油浸风冷变压器当冷却系统故障风扇停止运行后，顶层油温不超过65℃时，可带额定负载运行；当顶层油温超过85℃而风扇不能恢复运行时，应立即减负荷；强油循环风冷和强油循环水冷变压器，当冷却系统故障时，应按制造厂规定执行。

变压器运行应规定：

（1）有人值班变电站每班至少巡视1次，无人值班变电站每周至少巡视1次。

（2）在接班时必须检查油枕和气体继电器的油面。

（3）新装或经过检修的变压器，在投运72h内，有严重缺陷，气象异常，高温季节、高峰负载期间等情况下，应对变压器进行特殊巡视检查，增加巡视检查次数。

（4）变压器运行巡视检查应包括：油温和温度计应正常，储油柜的油位应与温度相对应，各部位无渗油、漏油；套管油位应正常，套管外部无破损裂纹，无严重油污，无放电痕迹及其他异常现象；声响应正常；冷却器温度正常，风扇、油泵、水泵运转正常，油流继电器工作正常；水冷却器的油压应大于水压，制造厂另有规定者除外；呼吸器应完好，吸附剂应干燥；有载分接开关的分接位置及电源指示应正常；各控制箱和二次端子箱应关严；干式变压器的环氧树脂层应完好无龟裂、破损，外部表面应无积污；变压器室的门、窗、照明应完好，房屋不漏水；外壳接地应完好。

（5）变压器停运和投运的操作程序应遵守规定：人工操作时应严格执行各电站的操作票制度；利用“五防”模拟屏或计算机“五防”软件必须先进行模拟操作。

（6）新投运的变压器安装检验合格后，试运行时应按规定进行检查：新品变压器第一次投入时，可全电压冲击合闸，冲击合闸时，变压器应由高压侧投入；新品变压器应进行5次空载全电压冲击合闸，并应无异常情况；第一次受电后持续时间不应小于10min，励磁涌流不应引起保护装置的错误动作；变压器并列前，应先核对相位；带电后，变压器各焊缝和连接面无渗油现象；接于中性点接地系统的变压器在进行冲击合闸时，其中性点必须接地。

（7）新装、大修、事故检修或换油等情况下，重新注油后施加电压前，变压器静置时间应符合规定：110kV及以下变压器静置时间不应少于24h；主变压器初次投入运行应空载运行24h，运行正常后方可带负荷运行。

（8）变压器停运半年及以上准备投入运行时，应做超期试验，合格后方可投入运行。

（9）在110kV及以上中性点接地系统中，变压器投入运行时，220kV及110kV侧中性点必须先接地，如该变压器正常运行时中性点不接地，则在变压器投入运行后，必须立即将中性点断开。

（10）对于正常运行的中性点接地的110kV及以上变压器，在停电操作时，低压侧（中压侧）无电源的一律先将变压器一次侧中性点接地，再由高压侧拉开空载变压器；三绕组变压器，当低压或中压侧无电源时按两绕组变压器操作；低压侧或中压侧有电源的（包括两台变压器并列的电源），停电操作应按当地相关供电部门规定执行。

（11）气体保护装置的运行应符合规定：变压器运行时，气体保护装置应接信号和跳闸，有载分接开关的气体保护应接跳闸；用一台断路器控制两台变压器时，如其中一台转入备用，则应将备用变压器重瓦斯改接信号；变压器在运行中滤油、补油、更换净油器和呼吸器的吸附剂时，应将其重瓦斯改接信号，此时其他保护装置仍应接跳闸，作业结束后，应立即改回原运行方式；当油位计的油面异常升高或呼吸系统有异常现象需要打开放气或放油阀门时，应先将重瓦斯改接信号。

（12）无励磁调压变压器在变换分接时，应作多次转动。35kV及以上变压器在确认分接正确并锁紧后，应测量绕组直流电阻。

（13）有载分接开关的操作应符合规定：应逐级调压，同时监视分接位置及电压电流的变化；有载调压变压器并列运行时，其调压操作应轮流逐级或同步进行；单相变压器组和三相变压器分相安装的有载分接开关，应三相同步电动操作；有载调压变压器与无励磁调压变压器并列运行时两台变压器的分接电压应靠近。

（14）变压器并列运行条件应符合规定：连接组标号相同；电压比相等；短路阻抗相等，允许误差为 ±0.5%；配电变压器容量比不应超过 3∶1。

（15）新装或变动过内外连线的变压器，并列运行前必须核定相位。

（16）变压器并列运行后应检查负荷分配情况。

变压器的不正常运行和处理应符合规定：出现内部有强烈的、不均匀的声响和爆裂声；在正常负荷和正常冷却条件下，变压器温度不正常并不断上升；油枕向外喷油或防爆管喷油；变压器严重漏油；套管上出现大量碎块和裂纹、滑动放电或套管有闪络痕迹；变压器冒烟着火；附近的设备着火、爆炸或发生其他情况，对变压器构成严重威胁；发生危及变压器安全的故障，而变压器的有关保护装置拒动等情况时，应立即停运。当发现变压器的油面较当时油温所应有的油位显著降低时，应补同牌号的新油，如牌号不一致，应做混油试验，补油时应将其重瓦斯改接信号，此时其他保护装置仍应接跳闸，作业结束后，应立即改回原运行方式，严禁从变压器下部补油。瓦斯继电器动作时，应立即对变压器进行检查，查明动作的原因，判断故障的性质，若气体继电器内的气体无色、无臭且不可燃，色谱判断为空气则变压器可继续运行，并应及时消除进气缺陷；若气体是可燃的或油中溶解气体，应综合判断确定变压器是否停运。当瓦斯继电器保护动作跳闸时，在查明原因消除故障前，不得将变压器投入运行。变压器其他保护装置动作跳闸后，在未查明原因消除故障前不得重新投入运行。

4. 配电装置

配电装置是指 35kV 及以下成套配电装置，其运行电压应在装置的额定电压（即最高电压）以内。配电装置运行电流不应超过额定电流值。母线最大电流不应大于安全载流量允许值。电流互感器不得长期超过额定电流运行。电容器长期运行中的工作电压不能超过电容器额定电压的 105%。电容器长期运行中的工作电流不能超过电容器额定电流的 1.3 倍。整流装置应在 –10%~ +5% 额定电压范围内运行。电缆线路的正常工作电压，不应超过电缆额定电压的 10%。电力电缆负荷电流不得超过安全载流量允许值。

配电装置的运行应符合规定：

（1）倒闸操作执行现行行业标准《电业安全工作规程（发电厂和变电所电气部分）》DL 408—1991 的规定。

（2）操作前对“分”“合”位置进行检查。

（3）送电时，先合隔离开关，后合断路器；停电时，断开顺序与此相反。断路器两侧装有隔离开关，送电时，先合电源侧隔离开关，再合负荷侧隔离开关，后合断路器；停电时，断开顺序与此相反。变压器送电时，先合电源侧开关，后合负荷侧开关；停电时与此相反

（另有规定者除外）。具有单级刀闸开关或跌落熔断器的装置，停电时，先拉开中相，后拉开两边相，送电时与此相反。

（4）电动操作或弹簧储能合闸操作的断路器不得使用手动合闸。

（5）自动切换装置的断路器，在断路器拉开之前，先停用“自切”；合上断路器后，使用“自切”。

配电装置运行检查项目应包括绝缘体有无碎裂、闪络、放电痕迹；油面指示是否正确，油标管等部位是否渗漏油；真空断路器的真空度是否正常；SF6 断路器的气体压力是否正常；少油断路器软铜片有无断片，出气孔有无堵塞，是否漏油；隔离开关触头的接触及合闸和断开后的手柄状态；硬母线的接头和刀闸等连接点有无过热或变色；有无异常声响和放电声，有无气味；仪表指示，信号、指示灯、继电器等指示位置是否正确，压板及转换开关的位置是否与运行要求一致；继电器外壳有无损伤，感应型继电器铝盘转动是否正常，线圈和附加电阻有无过热，定值是否正确；继电综合保护装置及综合电量变送仪工作是否正常；二次回路系统各刀闸、开关、熔断器操作手把等的接点是否过热变色，熔断器是否熔断，二次线导线及电缆是否正常；电器设备接地是否完好；电缆沟是否积水；断路器“分”“合”状态机械指示是否正确；门窗护网、照明设备是否完整可用，消防器材是否齐全，有无损坏或失效。

隔离开关除可拉合空载变压器外，还可直接拉合电压互感器和避雷器；母线充电电流和开关的旁路电流；变压器中性点直接接地点；可拉合的线路应符合表 4-6～表 4-8 的规定。

隔离开关拉合空载架空线路（35kV） 表 4-6

类型	35kV 带消弧角三联隔离开关	35kV 室外单极隔离开关	35kV 室内三极隔离开关
拉合架空线路（km）	32	12	5
拉合人工接地后无负荷接地线（km）	20	12	5

隔离开关和跌开式熔断器拉合空载架空线路范围（10kV） 表 4-7

类型	室外三极或单极隔离开关	室内三联隔离开关	跌落式熔断器
拉合空载架空线路（km）	10	5	10

隔离开关和跌开式熔断器拉合空载电缆线路长度（10kV） 表 4-8

电缆截面（mm × mm）	3 × 35	3 × 50	3 × 70	3 × 95	3 × 120	3 × 150	3 × 185	3 × 240
室外隔断开关或跌落式熔断器（m）	4400	3900	3400	3000	2800	2500	2200	1900
室内三联隔离开关（m）	1500	1500	1200	1200	1000	1000	800	—

自投装置投入运行应按顺序操作：先投交流电源，后投直流电源；先投合闸压板，后投掉闸压板；停用时相反。

运行电力设备发生故障或事故等异常情况时，运行人员应准确记录，并立即上报调度及有关人员，记录内容包括掉闸的时间、调度号、相别；保护装置信号和光字牌动作情况；自动装置信号和光字牌动作情况；电力系统的电流、电压及功率波动情况；一次设备直流系统及二次回路的异常情况。

高压配电装置中对电缆的检查应包括电缆终端头的绝缘套管是否完整清洁和有无放电痕迹；尾线连接卡子有无发热和变色；电缆终端头有无渗油和绝缘胶漏出。

断路器发生套管有严重破损和放电现象；真空断路器出现真空损坏的咝咝声、不能可靠合闸、合闸后声音异常、合闸铁芯上升后不返回、分闸脱扣器拒动；SF6 断路器的气室严重漏气发出操作闭锁信号；断路器操动机构有不正常现象，分、合闸失灵；断路器故障跳闸等异常情况时，应立即停电检修。发生其他异常情况的处理，应符合以下规定：

（1）断路器动作分闸，应判明故障原因并消除故障后，方可投入。

（2）断路器故障分闸时发生拒动，应将断路器脱离系统保持原状，待查清拒动原因并消除缺陷后方可投入。

（3）隔离开关触头发热变色时，应断开断路器、切断电源；发现接地指示信号时，应对配电装置进行检查；在断开接地点时，应使用断路器，并有明显的断开点。

电容器运行应符合以下规定：

（1）电容器室运行温度及运行的电容器本体温度不得超过制造厂规定值。

（2）电容器组分闸后再次合闸，其间隔时间不应小于 5min。

（3）当新投入的电容器组第一次充电时，应在额定电压下冲击合闸 3 次。

（4）电容器组停电工作，必须合接地刀闸及星形接线的中性点接地刀闸，处理电容器事故时，必须对每台电容器逐台放电，装在绝缘支架上的电容器外壳应对地放电。

（5）应视功率因数要求，合理投入电容器。

（6）电容器检查应包括外壳有无鼓肚、喷油、渗油现象；外壳温度、接头是否发热；运行电压和电流是否正常，三相电流是否平衡；套管是否清洁，有无放电痕迹；放电装置及其回路是否完好；接地是否完好；通风装置是否良好。

（7）电容器发生喷油、爆炸、起火；瓷套管严重放电闪络；内部或放电设备有严重的异常声响；连接点严重过热或熔化等情况时，应立即停止运行。

（8）保护电容器的熔丝熔断后，允许更换投入一次，再次熔断未查明原因前，不得更换熔丝送电。

（9）电容器组发生故障拆除时，各相应均匀拆除，拆除容量不得超过总容量的 20%，有串联电抗器时不得拆除。

低压配电装置的运行应进行巡视检查，检查周期与高压配电装置相同，巡视检查情况和发现问题应记入巡视记录，检查内容应符合以下规定：

（1）配电装置应在额定电压以内运行，并应检查三相电压是否平衡、线路末端配电装置电压降是否超出规定。

（2）各配电装置和低压电器内部有无异响、异味。

（3）检查空气开关、启动器和接触器的运行是否正常、噪声是否过大、线圈是否过热。

（4）带灭弧罩的电器，三相灭弧罩是否完好无损、有无松动。

（5）电路中各连接点有无过热现象，母线固定卡子有无松脱，低压绝缘子有无损伤及放电痕迹。

（6）接地线连接是否完好。

（7）雨天应检查室外配电箱是否渗漏雨水，室内缆线沟是否进水，房屋是否漏雨。

低压配电装置异常运行及事故处理应符合以下规定：

（1）当低压母线和设备连接点超过允许温度时，应迅速停止次要负荷，并及时对缺陷进行检修。

（2）当各种电器触头和接点过热时，应检查触头压力或接触连接点紧固程度，并应消除氧化层、打磨接点、调整压力、拧紧连接处。

（3）当电磁铁噪声过大时，应检查铁芯接触面是否平整，对齐，有无污垢、杂质和铁芯锈蚀，检查短路环是否断裂，检查电压是否降低等。

（4）低压电器内发生放电声响，应立即停止运行。

（5）当灭弧罩或灭弧栅损坏或掉落时，应停止该设备的运行。

（6）当三相电源发生缺相或电流互感器二次开路时，应立即停电处理。

（7）当空气断路器等产生越级跳闸时，应校验定值配合是否正确。

5. 防雷保护装置

防雷保护装置巡视检查内容应包括：避雷器外绝缘及金属法兰应清洁完好，无裂纹及放电痕迹；避雷器引线连接螺栓及结合处应严密无裂缝；接地线不应锈蚀或断裂，与接地网连接可靠；周围 5m 范围内不得搭设临时建筑物；避雷针本体不得有断裂、锈蚀或倾斜；接地引下线是否完好，引下线保护管应完好无损；避雷装置的架构上严禁装设未采取保护措施的通信线、广播线和低压电力照明线；排气型（管形）避雷器应检查管身有无裂纹、闪络和放电烧伤痕迹，排气孔上包盖的纱布是否完整，接地引下线是否完好。

防雷保护装置的异常运行及事故处理应符合规定：当发现避雷器有内部有异常声响及放电声；外瓷套严重破裂或放电闪络；引线接触不良等情况时，应及时处理。当运行中发现避雷器瓷套有裂纹时；运行中避雷器发生爆炸；避雷器内部有异常声响或瓷套炸裂；避雷器动作记录器内部烧黑、烧毁或接地引下线连接点处有烧痕、烧断等情况时，应及时更换。

6. 电力电缆

电缆线路的正常工作电压不应超过电缆额定电压的 10%。电缆导体的长期允许工作温度不应超过表 4–9 的规定；当与制造厂规定有出入时，应以制造厂规定为准。长期允许的载流量不允许过负荷。

电缆导体的长期允许工作温度（℃） 表 4–9

电缆种类	额定电压（kV）				
	3 及以下	6	10	30 ~ 35	110 ~ 330
天然橡胶绝缘	65	65	—	—	—
黏性纸绝缘	80	65	60	50	—
聚氯乙烯绝缘	65	65	—	—	—
聚乙烯绝缘	—	70	70	—	—
交联聚乙烯绝缘	90	90	90	90	90
充油绝缘	—	—	—	75	75

电缆线路应定期巡视检查以确保运行安全。巡视检查周期应符合规定：变配电所内的电缆终端头按高压配电装置的巡视周期进行；室外电缆终端头每月巡视检查一次；敷设在地下、隧道中、沟道中及沿桥梁架设的电缆，条件许可每 3 个月巡视检查一次。

巡视检查的内容应全面：对于敷设于地下的电缆线路，应查看路面是否正常，有无挖掘以及标桩是否完好无缺，是否搭建建筑物，是否堆置有碍安全运行的材料及物件；室外露出地面的电缆保护管等是否锈蚀、移位，固定是否牢固可靠；沟道及隧道内的电缆架是否牢固，有无锈蚀，是否有积水或杂物；电缆铠装是否完整、有无锈蚀，引入室内电缆穿管是否封堵严密，裸铅包电缆的铅包有无腐蚀，塑料护套电缆有无被鼠咬伤等；电缆的各种标示牌是否脱落；终端头的绝缘套管应完整、清洁、无闪络现象，附近无鸟巢，引线与接线端子的接触应良好，无发热现象，电缆终端头出线应保持固定位置，其带电裸露部分之间至接地部分距离不得小于表 4–10 的规定。接地线应良好，无松动及断股现象；隧道内的电缆中间接头应无变形，温度应正常。

电缆终端头出线与接地部分的距离 表 4–10

电压（kV）	1 ~ 3	6	10	35	110
户内距离（mm）	75	100	125	300	850/900
户外距离（mm）	200	200	200	400	900/1000

注：110kV 及以上为接地系统。

7. 架空线路

架空线路巡视周期应根据线路具体情况、绝缘水平、环境污染程度、季节特点及线路负荷情况，由运行单位确定各种巡视周期，6kV 以上架空线路应每月至少巡视一次。架空线路巡视的主要内容应符合规定。杆塔巡视应包括杆塔是否倾斜，铁塔构件有无丢失、变形、锈蚀，螺栓有无松动；混凝土杆有无裂纹、疏松、钢筋外露，焊接缝有无开裂锈蚀，脚钉是否缺少；基础有无损坏、下沉，周围土壤有无挖掘或沉陷，保护设施是否完好，标志是否清晰，杆塔周围有无危及安全运行的异常情况。横担及金具巡视应包括横担有无锈蚀、歪斜、变形；金具有无锈蚀、变形，螺栓是否紧固，开口销有无锈蚀、断裂、脱落。绝缘子巡视应包括：瓷件有无脏污、损伤、裂纹和闪络；铁脚、铁帽有无锈蚀、松动、弯曲；绝缘子有无爆裂；绝缘子串是否偏斜、开口销及弹簧销是否缺少或脱出。裸导线（包括避雷线）巡视应包括：有无断裂、损伤、烧伤痕迹，化工污染地区有无腐蚀现象；三相弛度是否平衡，有无过紧、过松现象；接头是否良好，有无过热现象，连接线夹螺母是否紧固、脱落等；过（跳）引线有无损伤、断股、歪斜，与杆塔、架构及其他引线间距离是否符合规定；固定导线用绝缘子上的绑线有无松弛、开断现象；导线上有无抛扔物。绝缘导线巡视应包括：绝缘导线的外层绝缘是否完整，有无鼓包、变形、磨损、龟裂及过热烧熔等；各相绝缘线引垂是否一致，有无过松或过紧；沿线有无树枝或外物剐蹭绝缘导线；各绝缘子上的绑线有无松弛或开断现象；接头是否过热，连接线夹螺母等是否齐全、紧固。

防雷设施巡视应包括：避雷器瓷套有无裂纹、损伤、闪络痕迹，表面是否脏污；避雷器固定是否牢固，各部分附件是否锈蚀，引线连接是否良好，接地端焊接处有无开裂脱落；保护间隙有无烧损，锈蚀或被外物短接。接地装置巡视应包括：接地引下线有无断股、损伤，保护管是否完整；接头接触是否良好，线夹螺栓有无松动、锈蚀；接地体有无外露，在埋设范围内有无土方工程。拉线顶（撑）杆、拉线柱巡视应包括：拉线有无锈蚀、松弛、断股和张力分配不均等现象；拉线绝缘子是否损伤或缺少；水平拉线对地距离是否符合要求；拉线棒、抱箍等有无变形、锈蚀；拉线固定是否牢固，接线基础周围土壤有无突起沉陷、缺土等现象；顶（撑）杆、拉线柱、护桩等有无损坏、开裂、腐朽等。柱上开关设备巡视应包括：套管有无破损、裂纹、严重脏污和闪络放电的痕迹；开关固定是否牢固，引线连接和接地是否良好；固定金属件有无锈蚀。隔离开关、熔断器巡视应包括瓷件有无裂纹、闪络，破损及脏污；触头间接触是否良好，有无过热、烧损、熔化现象；各部件组装是否良好，有无松动、脱落；引线接点是否良好；操动机构是否灵活，有无锈蚀现象；熔断器的消弧管是否受潮、变形而失效。线路变压器巡视应包括：套管是否清洁，有无裂纹、损伤、放电的痕迹；油温、油色、油面是否正常，有无异响、异味；呼吸器是否正常，有无堵塞现象；各电气连接点有无锈蚀、过热和烧损现象；各部密封垫有无老化、开裂，缝隙有无渗漏油现象；各部螺栓是否完整，有无松动，外壳有无脱漆锈蚀，焊缝有无裂纹、渗油，接地是否良好；变压器台架有无锈蚀、倾斜、下沉，木构架有无腐朽、砖石结构有无裂缝和倒塌的可能，地面安装的变压器围栏是否完好；台架周围有无杂草丛生、杂物堆积，有无生长较高的植物接近带电体；铭牌及其他标志是否完好齐全。沿线情况巡视应包括：沿线有无易燃、易爆物品和腐蚀液、气体；导线距离地面、道路、公路、铁路、管道、河流、建筑物、电力线、通信线等的距离是否符合规定，有无可能触及导线的铁烟囱、天线等；有无威胁线路安全的工程设施；导线与树、农作物距离是否符合规定；查看线路的受污情况。

架空线路的运行应符合规定。杆塔位移与倾斜的允许范围应满足要求：杆塔偏离线路中心线不应大于 0.1m；混凝土杆倾斜度：转角杆、直线杆不应大于 15‰，转角杆不应向内角倾斜，终端杆不应向线路侧倾斜；向拉线侧倾斜应小于 200mm。混凝土杆不应有严重裂纹，流铁锈水等现象，保护层不应脱落、疏松、钢筋外露，不应有纵向裂纹，横向裂纹不应超过 1/3 周长，且裂纹宽度不应大于 0.5mm，铁塔不应严重锈蚀，主柱弯曲度不得超过 0.5%，各部螺栓应紧固，混凝土基础不应有裂纹、疏松、钢筋外露等现象。铁横担、金具锈蚀不应起皮和出现严重麻点，锈蚀表面积≤ 1/2，木担不应腐朽变形。横担上下倾斜、左右偏歪不应大于横担长度的 2%。导（地）线接头无变色和严重腐蚀，连接线夹螺栓应紧固。当导线在同一处损伤并同时符合单股损伤深度＜ 1/2；钢芯铝绞线、钢芯铝合金绞线损伤截面积小于导电部分截面积的 5% 且强度损失＜ 4%；单金属绞线损伤截面积＜ 4% 这些情况时，应将损伤处棱角与毛刺用 0 号砂纸磨光，可不进行修补。导线引流线、引下线对电杆构件、拉线电杆间的净空距离（1 ~ 10kV）≥ 0.2m，1kV 以下≥ 0.1m；每相导线引流线、引下线对邻相导体引流线、引下线的净空距（1 ~ 10kV）≥ 0.3m，1kV 以下≥ 0.15m。1 ~ 10kV 引下线与 1kV 以下引下线线间距≥ 0.2m。三相导线弛度应力求一致，弛度误差应在设计值的 −5%~ +10%，10kV 以下线路一般档距导线弛度相差不应超过 50mm。绝缘子无裂纹，釉面剥落面积不应大于 100mm^2。拉线无断股、松弛和严重锈蚀。水平拉线对通车路面中心的垂直距离不小于 6m。拉线棒无严重锈蚀、变形、损伤及上拔等现象。拉线基础牢固，周围土壤无突起、淤陷、缺土等现象。

8. 室内配电线路、电气及照明设备

1kV 以下室内配线、配电盘及闸箱每月进行一次巡视检查。巡视检查内容应包括导线建筑物等是否摩擦、剐蹭，绝缘支撑物是否有损坏和脱落；车间裸导线各相的弛度和线间距离是否符合要求，裸导线的防护网（板）与裸导线距离有无变动，明敷电线管及槽板等是否破损，铁管接地是否完好；电线管防水弯头有无脱落或导线剐蹭管口等现象；各连接头接触是否良好，导线发热是否正常；配电盘及闸箱内各接头是否过热，各仪表及指示灯是否正常完好；闸箱及箱门是否破损，室外箱盘有无漏雨进水等现象；箱、盘金属外皮应良好接地；清除内部的灰尘，检查开关接点是否紧固，闸刀和操作杆连接应紧固，动作灵活可靠。

当配电系统发生断路器掉闸和熔断器跌落（熔丝熔断）、永久性接地和频发性接地、线路变压器一次和二次熔丝熔断、线路发生倒杆、断线、触电伤亡等意外事件、用电端电压异常等情况时，必须迅速查明原因并及时处理；当线路变压器、断路器有冒烟、冒油、外壳过热等现象时，应断开电源，待冷却后处理。事故处理应遵守以上规定，但紧急情况下，在保障人身安全和设备安全的前提下，可采取临时措施，并在事后及时处理。

9. 直流电源

直流电源的巡检应包括直流系统母线电压、合闸母线和控制母线的直流电压、浮充运行时的浮充电压和浮充电流、电池的外观、各连线接点、各元件、直流系统的绝缘情况等检查。

10. 变频器

变频器的工作电压（输入电压）不应超出额定值 ±10% 范围内，运行环境不应有腐蚀性气体及尘土，环境温度不应超过 40℃、湿度应小于 80%，并不得结露，必要时采用降温、降湿设备。对于长期未使用的变频器应每隔半年通电一次，通电时间宜为 30～60min。值班人员每班应至少对运行中的变频器巡检 3 次，在环境潮湿或湿度较高的夏季应增加巡检次数。运行检查的项目包括变频器各运行参数；变频器有无异常的气味、异响；带有变频器的变压器，应依照变压器的运行检查内容巡检；冷却风机是否运行正常，当风机停运时，应立即停运变频器；冷却风道是否畅通，风冷过滤器是否堵塞而影响冷却效果。当不畅通时，应及时清理或停运变频器。除遇紧急情况外，不应使用直接切断输入电压的方式关断运行中的变频器。

11. 继电综合保护装置

继电综合保护装置使用与维护应注意防止静电损伤。在使用中运行人员巡检以及维修维护中的拆装，均不得触及电路板的元器件或电路板的导电部分。当必须接触时，操作人员应有接地保护，并采取防静电措施。安装在控制柜和配电柜的继电综合保护装置，维护周期应与仪表所连接的主要设备的检修周期一致。对继电综合保护装置的校验必须遵从当地相关供电部门运行规程中相应校验周期的规定。液晶显示器，应避免强光照射。对于有后台管理机的继电综合保护装置，每年应至少进行 2 次软件维护。

第5章 管网运行安全风险识别与防范

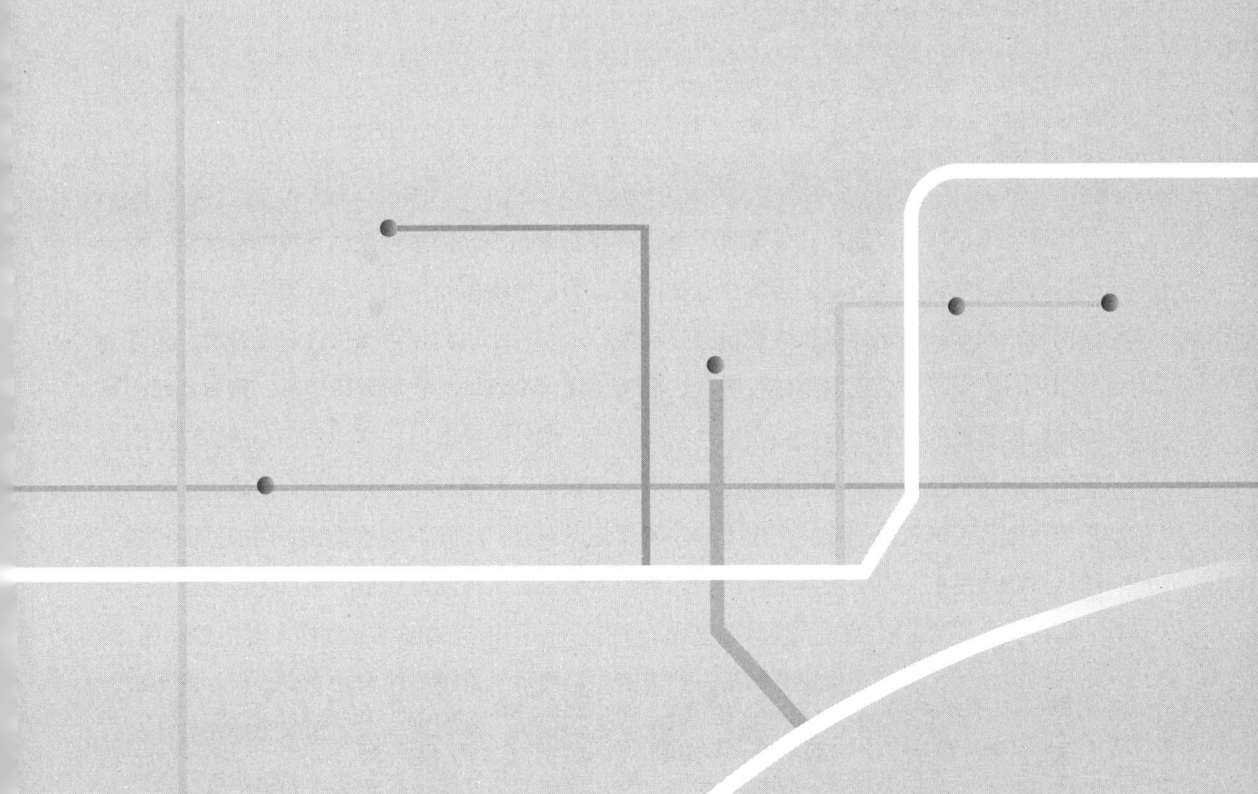

城市供水管网是城市供水系统的重要组成部分，也是城市必不可少的基础设施之一，承担着为城市输送生活和生产用水的重要作用。供水管网的安全运行至关重要，直接影响着社会和民众的正常生产生活。因此，对供水管网规划设计、建设管理、运行维护、更新改造等各环节进行风险识别，并对可能存在的风险制定防范措施，能进一步提升供水管网的安全稳定运行。本章依据《城镇供水厂运行、维护及安全技术规程》CJJ 58—2009 及《城镇供水管网运行、维护及安全技术规程》CJJ 207—2013，按管道并网、运行调度、管网水质、管网运行维护、漏损控制、管网运行数据感知和风险预警系统等方面进行展开。

5.1 供水管网安全风险识别

5.1.1 管道并网

管网现状布局与新发展用户匹配度不足，存在新增用户已通水但规划管线建设滞后，导致出现区域性“水微”情况。一旦发生此类问题，为尽快缓解用户用水，就要耗费一定资金实施临时补救措施。根据地区供水管网敷设环境、水压、水质和用户需求进行设计时，应注意在化工厂、制药厂等企业附近铺设管线，周边土壤含有腐蚀性物质风险较高，需要换填土壤并加强敷设管道的防护措施，否则供水管线易出现腐蚀破损情况；穿越高速公路边坡应对供水管道施做防护措施，否则边坡范围内管道发生破损，断路开挖十分困难，且较大漏水将冲刷边坡基础，造成道路塌陷，严重影响车辆及交通安全；下穿河道的管线必须加设防护措施，否则影响今后的运行管理及抢修维修。长距离的供水管线除在管道的高点处设置进排气阀外，还应在水平管道上按规定距离设置进排气阀，否则管道内部长时间会出现气体积聚，排气不畅形成水锤，甚至产生爆管现象，严重时会影响供水系统的稳定和安全运行。覆土较浅的供水管线，尤其是较大口径的管道，如未做防护措施，则存在受地面车辆等动荷载扰动增加破损风险、冬季时管道接口处受温度应力影响增加破损风险。自备水源的供水管网及非生活饮用水管网与城镇供水管网串接，由于压力差或虹吸非生活饮用水倒灌入供水管网，严重威胁供水管网水质安全。医院、化工、印染、造纸、制药等一些特殊用户，其管道与城镇供水管网连接，如进口处不加装符合国家现行相关标准要求的防止倒流污染的装置，存在通过用户水表倒流至城镇供水管网的风险，使管网水质出现问题。

1. 并网前管理

（1）新建管道内渣物未清除干净，冲洗后渣物易堆积至弯头处，难以冲洗彻底，在管网并网运行过程中，会存在因停水等原因，造成水流方向或流速发生较大变化，易发生水浑事故。

（2）管线基础处理不当，未按要求铺设砂基，易造成管道基础不均匀沉降，增加了管道发生破损的概率。

2. 并网连接

（1）管道冲洗消毒并进行水质检验合格后，若不及时并网，管道内的水滞留时间如过长，并网时水内消毒剂余量低，存在水质风险。

（2）新建管道冲洗时，如不充分考虑冲洗水源，制定合理冲洗方案，可能会因流速、流向发生重大变化引起水黄等水质问题。

（3）管道并网后，废除原有管道时，不应留存滞水管道，否则将给管网埋下安全隐患，停水后再通水时出现水质问题。

（4）因各种原因，转竣不及时，给管网运行安全埋下安全隐患，严重影响管网的正常管理。

3. 并网运行

（1）阀门关闭速度过快，可能造成管网部分或较多管段出现负压，产生管道水柱中断，发生水锤，易引起爆管。

（2）集中用水量较大的用户，如直接向水池、游泳池等进水的大用户，会导致附近管网供水压力的下降，进而对周边区域的用户用水产生影响。

5.1.2 运行调度

城市给水系统的规模越来越大，其构造与设施也越来越复杂，这样就使调度管理趋于复杂，经验调度的管理方法也已不能适应发展的需要，因而，实现管理现代化、决策科学化的要求成为一个迫切需要解决的问题。需探索运行调度的现代化科学管理方法。

在充分利用现有设备、仪器，无需大量投资的前提下，寻求既节省电耗、又满足安全、可靠供水要求的经济合理调度方案是十分重要的。我国各供水企业的电耗在制水成本中占比较大，在能源十分紧张的今天，如何实现科学化管理、节约能耗、降低供水费用，是摆在面前的一个难题。需制定科学、合理、经济的调度方案。

目前我国绝大多数城市给水系统还处于一种经验型的管理状态，调度人员根据以往的运行资料和设备情况，按日、按时段制定供水计划，确定各泵站在各时段投入运行的水泵型号和台数。这种经验型的管理虽然能够大体上满足供水需要，但却缺乏科学性和预见性，难以适应日益发展变化的客观要求。凭经验所确定的调度方案只是若干可行方案中的一种，而不是优化方案。经验调度往往可能造成管网中部分地区水压过高，以致浪费能源和增加漏水量，而另一部分地区是水压不足，水量不够，不能满足供水要求。同时，这种不合理的状况又难以及时反馈给调度人员，导致调度人员不能迅速做出科学决策，及时采取有效措施加以调节，造成既浪费能源又不一定能满足供水要求的局面。

水压监测设备应定期检查并及时维修、更换受损部分零配件，否则将影响调度运行的准确性。需进行水压监测设备运维管理。

5.1.3 管网水质

保障饮用水的安全需要综合考虑从水源地到用户龙头构成的整个系统。其中，管网输配是供水过程的一个关键环节。

不符合国家相关要求及规定的管材管件，如运行过程中内防腐脱落，易引发水质问题。供水管道特别是无内衬的管道长期运行过程中，由于腐蚀、沉积等原因在管道内壁上会形成相对稳定的、以管道腐蚀产物或沉积物为主要成分的界面层（也称为“管垢”）。由于管网腐蚀引起的铁腐蚀产物释放所导致的管网水浊度、色度增加又是最突出的管网水质问题。当水源切换导致出厂水的水质发生较大的变化时，管壁界面层与原输配水质所形成的相对平衡稳定状态可能会转化为非稳态，界面平衡遭到破坏而导致水质恶化，造成严重的水质事故。另外长距离供水管线易出现管网末梢余氯不达标的情况，引发管网水质异常。阀门操作速度过快，导致流速变化较大，易引发水质问题。

1. 水质监测

水质监测点布设完成后，因管理不到位，易发生水质监测设备故障维护维修不及时，出现水质问题时，无法及时发现解决问题。

2. 水质管理

（1）由于错接误接造成中水管线或自备井管线接入市政供水管线，当中水、自备井管线的压力大于供水管线的压力时，非供水水源将串入供水管道，造成外源性污染。

（2）户内管线，热力、中水、自备井与供水管线串接，当热力、中水、自备井管线的压力大于供水管线的压力时，非供水水源串入供水管道，造成外源性污染。

（3）新建管线与现状管线沟通时，工作坑坑底应低于管底高程 50cm，并设集水坑，断管过程中及时排水，否则脏水易进入管道，产生水质问题。

（4）现状关闭阀门开启时，针对长时间因关闭阀门而产生的管道“死水”，若不及时排出管网，则脏水会流入用户管道内。

5.1.4 管网运行维护

部分管线铺设年代久，运行时间长，采用的技术和材料相对落后，存在严重“跑、冒、滴、漏”现象，管道老化易发生破损甚至爆管，导致管网漏损率高，提高了供水成本，造成了水资源浪费。供水管网中大口径管道的测流点少，很难掌握管网大口径干管的流量情况，一旦发生区域性管网故障时，由于不掌握管网流量流向，加大了排查解决问题的难度。针对铺设时间久远供水管线的保护措施如通行套管、箱涵、管沟等，由于当时设计标准较低，在检修维修可操作性及安全性，包括通风、排水等措施方面考虑不充分，对于管网检修造成较大安全隐患。露明管线，由于暴露于自然环境，存在外力直接破坏管线的风险。同时外防腐层常年置于室外，受风吹日晒雨淋影响，易发生破损，且在严寒冬季管道接口处受温度应力影响易发生漏水。深基坑、暗挖工程对周边供水管线产生一定扰动，导致管底基础发生不均匀沉降，造成管道破损。直埋供水管线特别是覆土较浅的管线经常被重车碾压，将增加管道发生破损的风险。其他市政管线抢修范围内涉及供水管线时，若对供水管线保护措施不到位，易发生破损或爆管事故，严重威胁供水管线安全及周边施工作业人员的生命安全。

1. 维护站点设置

抢修站点设置不合理，服务半径过大，或人员设备配备不科学，将会大大降低抢修效率，造成大量水资源的浪费，同时影响交通，造成不良社会影响。

2. 管网巡检

（1）管线巡检不到位，易发生供水管线被圈、压、埋、占情况。当供水管线上方及两侧安全间距内，修建与供水管线无关的建筑物、构筑物或堆物堆料时，影响管线运行及抢修，严重威胁供水管线安全；当被占压管线破损时，无法及时修复，将造成大量水资源的浪费，同时也影响管线上方的建筑物安全。

（2）正在施工的工地管理不到位，易出现施工破坏供水管线导致破损，破损造成水资源的流失及次生灾害发生，停水抢修又将影响周边用户用水，造成不良社会影响。

3. 抢修、维修及养护

（1）管网抢修需更换管道时，工作坑坑底应低于管底高程 50cm，并设集水坑，断管过程中及时排水，否则脏水易进入管道，产生水质问题。

（2）对于可通行套管、箱涵、管沟，在对其内设的供水管道检修时，如不严格执行有限空间作业操作规程，存在生产安全风险。

4. 管网附属设施的维护

管网设备管理不到位，无法确保管网安全稳定运行，严重影响管网安全、给日常管网管理带来较大的安全隐患。

（1）阀门故障不及时维修，遇到抢修任务，需要关闭阀门时，如阀门无法操作，则影响抢修工作，必须扩闸（扩大停水范围）才能实施抢修，势必增加了停水面积，延误了抢修时间，浪费了水资源、增大了对社会的不良影响。

（2）消火栓故障未及时维修，一旦发生火情，需要开启消火栓灭火时，而消火栓无法正常使用，耽误了救火的最佳时间，给社会和人民群众带来巨大损失，严重威胁人民生命及财产安全。

（3）排气阀门故障未及时维修，在通水过程中，管道内气体无法正常排出，极易发生管道爆管事故；另外气体存于管道内，聚集在管内顶部，形成气囊，压缩了过水断面，降低了管道的过水能力，增加了额外的水头损失。在停水过程中，空气无法通过排气阀门进入管道内，则无法将管道内存水排出，影响工作效率。同时当管道发生断裂导致大量快速出水，造成上游管段可能出现真空状态，形成负压，管道自身压坏。

5.1.5 漏损控制

国内较大城市的供水管网普遍存在供水管线长、供水面积大，管材种类多、口径规格多的特点，管线铺设年代最长达 50 年以上，有很多漏损尤其暗漏不易第一时间发现，导致漏损率下降困难。计量设备的不规范使用，导致计量不准确，为产销差分析带来困扰。供水服务压力和管网漏损率、爆管的发生频率成正比，供水厂周边、供水管线上游区域的供水服务压力一般较大，一方面管网压力大会增加管道破损概率，另一方面发生破损后，压力越大损失的水量越多。

1. 计量管理

（1）计量设备安装不符合施工要求，如井室较浅，寒冷冬季计量设备易被冻裂。

（2）用于贸易结算的水表需定期进行更换和检查，否则影响计量的准确性。

（3）受季节、时段及用水规律影响，部分大用户存在短时大流量现象，水表处于“小表大流量”状态；存在长时间小流量现象，水表处在“大表小流量”状态，上述两种情况均会影响水表的准确计量。

2. 水量损失管理

供水单位对于消火栓管理不到位，出现非供水单位或消防部门擅自开启使用消火栓情况，不仅增加公共用水设施损坏风险，同时造成大量无收益水资源流失，给供水企业和社会带来较大的安全隐患。

3. 管网检漏

供水单位对于检漏设备和检漏方法的选择、检漏周期和检漏流程的制定要结合管理辖区特点、区域管道材质和管网维护技术力量综合考虑，否则难以平衡管网漏损水量和检漏成本。

4. 建设分区计量区域

随着计量设备与远传技术的发展，供水单位可通过建立分区计量区域（District Meter Area，DMA）的方法，监测小区的最小流量，通过加装高精度计量设备，调整小区边界阀门，分析水量和流量判断漏损情况，进而有针对性地找到漏水点。通过 DMA 漏损管理技术的运行，指导供水单位排查管网隐患，可有效减少管网漏失，进而提高经济效益、节约水资源。在 DMA 建设和运行管理过程中，会存在以下风险：

（1）针对两路以上进水的小区在规划建设 DMA 小区前，应先期试验，按规划设计关闭应关闭的小区进水，观察小区供水情况，是否满足小区用户用水需求，否则贸然实施建设 DMA 小区可能出现水量不足的风险。

（2）双路进水的现状小区建设成 DMA 小区，原双路进水调整为一路进水，另一路进水阀门关闭。当周边管网抢修，需要开启关闭的阀门时，若未将长期停滞于管道内的水排放出去，会引发水质风险。

5.1.6 管网智能监测管控系统

1. 系统搭建

构建管网智能监测管控系统，应根据管理需求，结合科技发展水平和趋势，站在长远角度统筹考虑系统构架和具体功能，否则难以实现预期目标，耗费人力物力和时间，延误智慧管网建设步伐。

2. 标准规范体系与安全保障体系建立

系统配套标准规范体系与安全保障体系的缺失或不完善，无法确保系统的安全、平稳运行。

3. 系统应用场景

供水单位要结合自身管网需求，在系统中定制合理、适用、实用的应用场景，否则难以实现预期效果，提高工作效率。

4. 管网安全风险管理

（1）管网风险预警机制的落实

管网监测设备运行状态、数据传输情况是否及时、完整。设备故障导致数据丢失或数据不准确，严重影响对管网工况的准确判断，造成出现管网故障后不能及时出示现场第一时间解决处置。

（2）管网突发事故的应急处置

事前未制定充分的应急处置预案，遇到管网突发事故时非常被动，短时间内不易做到考虑问题全面、处置问题妥当，降低处置的效率及效果，增加管网的安全风险。

5.1.7 管网次生衍生风险

由于城市供水管网老化、超限服役、缺乏完善管理等原因，管道发生结构性损伤，管道漏水上升到地面，发生爆管或渗漏。管网爆管不仅造成大量水资源浪费，还会导致供水经济效益下降，继而还可能引发大面积停水、地面塌陷等次生衍生灾害风险，严重影响人们正常的生产和生活。

1. 管网爆管

历史数据统计分析表明爆管原因主要与管材、管径、管网维护、施工质量、水锤压力以及外力破坏等因素有关。这些因素单独或联合发挥作用，造成管道内部或外部的压力超出了管道的承受强度，发生爆管故障。

（1）管材管径

铸铁管是目前使用较为广泛的管材，加上铸铁管材自身的材质缺陷，所以爆管记录中铸铁管数量最多。管径与爆管率之间是负相关的，表示管径大的管段爆管率要小于管径小的管段的爆管率。市政管网 *DN*200 以下管道分布比例较高，事故率也随之增加，日常维护工作相对不及时，潜在的爆管风险相对更难发现排除。

（2）水锤及压力的剧烈波动

通过爆管与压力关系的统计分析，管内较高的运行压力不是引发爆管的主要原因，但据统计资料，爆管发生时间大部分在 20∶00 至 4∶00。此时可能是管网内部压力波动最为频繁的时段。因此，泵站在夜间时刻的水泵启、停或者管网内的瞬间压力波动可能是造成爆管发生的直接诱因。此外，大用户用水模式的突然变化也会造成管道内压力波动，产生瞬间高压或瞬间负压，超出管道的承载能力，发生爆管。

（3）管道外部荷载

随着城市化进程加快，建筑物密度和建筑物自身规模的加大，加快了供水管道周边环境的变化。建筑物密集度越大、地面沉降越严重的地区，地面的沉降会破坏管道的基础，造成管道的不均匀沉降，爆管可能性越大。当交通荷载、土壤的荷载及冰冻荷载等对管道产生的应力超过管道的承受能力，爆管就有可能发生。分析表明，高密度管道区域爆管频数高，原因在于高密度管道的地区与繁忙地区是相对应的，过重的交通荷载影响是爆管率相对较高的原因之一。

（4）温度与季节变化

不同季节温差较大，金属管道对温度变化非常敏感，地下管道同时受土壤环境温度和管道水温度变化的影响，管道会产生膨胀或收缩。刚性接口管道中，因温度变化而产生温度应力，造成管路爆裂。爆管时间和气温有密切的关系。寒冷的季节爆管率明显大于其他季节，尤其是在冰冻到解冻期间。爆管最严重的季节是冬季，其次是夏季，春季爆管发生的频数最小。冬季易发爆管的原因，可能是由于土壤层的冰冻以及融解所造成的管道外部荷载变化或者基础变形所致。在温差大的东北、西北地区，管道因未及时保温而经常出现爆裂事故。爆管还与气温骤降、回暖密切相关，霜冻、雨雪过后气温回升时，爆管现象也会大量发生。

（5）应急管理

爆管停水可能导致大面积停水，严重影响生活。近年来，我国在供水应急救援能力建设方面取得了一定的成绩，但与发达国家相比仍有较大差距。主要表现在：①应急水源储备不足，我国应急水源储备能力有限，难以满足突发事件中的大规模用水需求。②供水应急设施设备落后，供水应急设施设备技术水平低、设备老化、维护不到位，影响了应急救援能力。③供水应急预案不完善，各地区供水应急预案的制定和实施存在一定程度的不衔接和不协调，缺乏针对性和可操作性。

2. 管网路面塌陷

（1）地下病害体

供水管道爆管会严重影响人们的生产和生活，一旦爆管可能出现地面塌陷等事故。根据统计数据显示，我国路面塌陷事故呈逐年增长、多发频发的态势，年平均增长率达 81%，其中由管道渗漏引起的路面塌陷事故占据绝大部分比例，因此需要对风险较高的管线附近进行地下病害体的探测。地下病害体可分为脱空、空洞、疏松体和富水体。

城市道路大部分为沥青路面，沥青道路脱空机理与混凝土路面板脱空相似，常常是面板与基础之间产生空隙，属于路面的结构性破坏，造成板底脱空的原因是内因和外因共同作用的结果。当脱空发展到一定规模，就可能导致道路结构面断裂、地面塌陷。地下空洞是指发生在城市道路路基正常地层条件下的脱空区域，与路面脱空不同的是埋深较大、影响范围广，具有隐伏性、突发性、不确定性等特点，管道漏水会使土壤具有流动性，土壤不断流失，地面下形成空洞，空洞变大，地面就会塌陷。疏松病害体多是在管网建设阶段或运营阶段多次开挖施工中不合理地回填，导致密实度降低。根据密实度的差异对城市道路运行安全的影响程度可以分为严重疏松、中等疏松和轻微疏松。对于严重疏松病害体在水及荷载作用下可能会发展为空洞病害体，不断发展，在特定条件下，最终可能形成空洞。在外界动水作用下，尤其是带水地下管线经常会发生渗漏，或者在管线、管井构筑物内由于长期地面水的入渗聚集，可能会由于路基回填土体组成的差异形成局部富水软弱异常体，弱化土体工程特性，导致土体疏松或流失，形成局部空洞等。

（2）路面沉降

管网施工阶段可能因基础不均匀下沉、施工不规范等因素造成漏水现象，运营阶段因忽视养护维修等造成的渗漏、腐蚀、破裂现象均可导致地面沉降，进而使路基、路面产生竖向变形而导致路面塌陷。沉降导致的路面塌陷可分为三种情况：均匀沉降、不均匀沉降和局部沉降。均匀沉降是由于路基、路面在自然因素和行车作用下，达到进一步密实和稳定引起的沉落，一般不会引起路面破坏。不均匀沉降是由于路基、路面不密实，碾压不均匀，在水的浸蚀下，经行车作用引起的变形。局部沉降是由于路基局部填筑不密实或路基有输水管网等，当受到水的浸蚀而沉陷。

根据研究结果表明，如同时存在以下三个因素，路基水土流失会引起路面塌陷。一是存在丰富的地下水或渗漏的管道水；二是管道地基原状土或管沟槽回填土为砂质土；三是存在砂质土流失通道，例如从管节渗漏至管内流失，从管沟薄弱部位或孔洞、岩溶洞等地方流失。供水管道是压力流管道，管内的水在水压下会迅速从渗漏处流动到管外的砂质土中，随着水量的增加，砂砾石的细小颗粒会沿着沟槽薄弱部位或孔洞、岩溶洞等地方流失，也会导致管周回填土“被掏空”和路面塌陷问题。

5.2 供水管网风险防范

5.2.1 管道并网

从国家的政策法规上来说，新建管线接入现状管网过程中，管道的设计和施工应符合现行国家标准《室外给水设计标准》GB 50013—2018、《给水排水管道工程施工及验收规范》GB 50268—2008 和《给水排水构筑物工程施工及验收规范》GB 50141—2008 的有关规定。这一层面的管道设计、施工执行的国家相关标准是通用标准，为更好满足供水管线管理单位的使用和管理需要，同时更便于实际操作，供水管线管理单位可根据企业具体技术操作，进一步制定符合企业的技术要求和管理规范。

（1）管道的管材、管件、设备、内外防腐材料的选用及阴极保护措施的选择等，应满足国家现行有关标准的要求。市政供水管网中使用的设备和材料，应符合现行国家标准《生活饮用水输配水设备及防护材料的安全性评价标准》GB/T 17219—1998 的有关规定。其中市政供水管网中使用的设备和材料是指与生活饮用水接触的输配水管、蓄水容器、供水设备、机械部件（如阀门、水泵）等；防护材料是指管材、阀门与生活饮用水接触面的涂料、内衬材料等。由于各地供水管网敷设环境、水压、水质和用户需求等条件不同，管道的管材、管件、设备、内外防腐材料的选用及阴极保护措施的选择，在符合国家通用标准的基础上，可制定符合各地区实际需要的具体技术细则，以满足各地供水管网实际运行、维护管理工作的需要。

（2）阀门选用及其阀门井结构设计应便于操作和维护。供水管线管理单位在选用阀门时，除符合国家相关规定外，还应考虑市政供水管网的具体运行工况条件、水力学特性、密闭性和便于操作维护等实用性能。阀门井的结构设计应考虑维护人员出入便利，并有一定的井内操作空间，有利于井内设施的维修养护和维护人员的安全。消火栓在严寒地区还应采取防冻措施。地下型消火栓与地上型消火栓的选型应考虑当地天气环境特点及长期使用习惯。

（3）架空管道应设置进排气阀、伸缩节和固定支架，应有抗风和防止攀爬等安全措施，并应设置警示标识，严寒地区应有防冻措施。

（4）穿越水下的管道应有防冲刷和抗浮等安全措施，由于水下穿越管道上覆较少，易被冲刷和发生上浮事故，为确保管道的安全运行，防冲刷和抗浮可采取管道混凝土包封、河床混凝土护底或混凝土压块等安全措施。穿越通航河道时应设置水线警示标识，水下管道穿越通航河道时，为防止船只在管道附近抛锚造成管道破损，应在两岸设置水线警示标识。

（5）柔性接口的管道在弯管、三通和管端等容易位移处，应根据情况分别加设支墩或采取管道接口防脱措施。但限于管道施工现场的铺设条件，在大口径管道的易位移处加设支墩难度较大，因此可考虑采用防脱卡箍或防脱密封胶圈等措施减小支墩尺寸。

（6）输配水干管高程发生变化时，应在管道高点设置进排气阀，在水平管道上应按规定距离设置进排气阀。进排气阀型号、规格和间距应经设计计算确定。管道内部由于各种原因积聚气体，排气不畅形成水锤，甚至造成爆管，严重时会影响供水系统稳定和安全运行，在管道适当位置设置结构形式合理、技术性能优良的进排气阀是解决管道存气问题的有效办法。在空管注水时由于排气不畅会形成水锤，也应合理设置进排气阀，并采取减缓注水速度等技术措施。

（7）在输配水干管两个控制阀间低点应设置排放管，其位置应设置在临近河道或易排水处。在管道两个控制阀间低点设置排放管及排放阀门，既可以用于管道并网前的清洗冲排，还能用于管道维护时或出现水质事故时冲洗，又有利于管道维修、爆管抢修和引接分支管时排出管段内积水。

（8）自备水源的供水管网及非生活饮用水管网不得与城镇供水管网连接。当用户内部管道有多种水源连通时，该管道再与城镇供水管网连接，会产生因压力差或虹吸形成的倒流，致使其他水源流入城镇供水管网，威胁城镇供水管网的供水安全。我国现行国家标准有下列规定：

1）《室外给水设计标准》GB 50013—2018 规定城镇生活饮用水管网，严禁与非生活饮用水管网连接，严禁与自备水源供水系统直接连接。

2）《生活饮用水卫生标准》GB 5749—2022 明确规定：各单位自备的生活饮用水供水系统，不得与城市供水系统连接。

3）《建筑给水排水设计标准》GB 50015—2019 中第 3.1.2 条系强制性条文规定自备水源的供水管道严禁与城镇给水管道直接连接。

（9）与城镇供水管网连接的、存在倒流污染可能的用户管道，应设置符合国家现行有关标准要求的防止倒流污染的装置。防止倒流污染的装置应满足《减压型倒流防止器》GB/T 25178—2020 和《双止回阀倒流防止器》CJ/T 160—2010 等国家和行业标准要求，且应选择水头损失小、密闭性好、无二次污染和运行安全可靠的装置。为了确保城镇供水管网的安全，对于可能存在倒流污染的用户管道，有必要在用户管道和城镇供水管网之间设置物理隔断，对化工、印染、造纸、制药等一些特殊用户应采取强制物理隔断措施。以下风险用户从供水管网上接出用水管道时，应加装防止倒流污染的装置：

1）从城镇供水管网多路进水的用户供水管道。

2）有锅炉、热水机组、气压水罐等有压容器或密闭容器的用户供水管道。

3）医院、化工、印染、造纸、制药等用户供水管道。

4）垃圾处理站、动物养殖场等用户供水管道。

5）其他可能产生倒流污染的用户供水管道。

（10）非金属管道的使用执行《给水用聚乙烯（PE）管道系统　第 1 部分：总则》GB/T 13663.1—2017、《给水用聚乙烯（PE）管道系统　第 2 部分：管材》GB/T 13663.2—2018、《给水用硬聚氯乙烯（PVC-U）管材》GB/T 10002.1—2023 等标准。在聚乙烯（PE）等非金属管道上应设置金属标识带或探测导管。非金属管道不同于金属管道，目前物理探测存在难度。因此随非金属管道铺设时，宜同时敷设一根塑料管（*DN*40）作为探测导管，同时设置探测导管的导入出井，导入出井间距最大不超过 200m，内穿金属标识带或粗铜线，也可空置，用于日后物理探测。

（11）设置在市政综合管廊内的供水管道应严格执行《城市综合管廊工程技术规范》GB 50838—2015 的规定。设置在市政综合管沟内的供水管道与其他管线或构筑物的距离应满足最小维护检修要求，净距不应小于 0.5m，具备维护检修人员通行、维修设备和材料运输的条件。供水管道不得与热力、燃气管道共沟，并应有防火、排水、通风等措施。

（12）在遵循上述原则情况下，《城镇给水工程项目规范》GB 55026—2022 中的规定为保证城镇供水的卫生安全，供水管网严禁穿过毒物污染区；通过腐蚀性地段的管道应采取安全保护措施。

（13）城镇给水管道与建（构）筑物、铁路以及其他工程管道的水平净距应根据建（构）筑物基础、路面种类、卫生安全、管道埋深、管径、管材、施工方法、管道设计压力、管道附属构筑物的大小等确定，最水水平净距应符合现行国家标准《城市工程管线综合规划规范》GB 50289—2016 中长度有关规定。给水管线与管线或建（构）筑物之间的最小水平净距见表 5-1。

交叉时的最小水平净距（单位：m）　表 5-1

<table>
<tr><th colspan="3" rowspan="2">建（构）筑物名称</th><th colspan="2">给水管</th></tr>
<tr><th>$d \leqslant 200$mm</th><th>$d > 200$mm</th></tr>
<tr><td colspan="3">建筑物</td><td>1.0</td><td>3.0</td></tr>
<tr><td colspan="3">污水管、雨水管</td><td>1.0</td><td>1.5</td></tr>
<tr><td rowspan="4">煤气管</td><td colspan="2">低压（$P < 0.05$MPa）</td><td colspan="2">0.5</td></tr>
<tr><td colspan="2">中压（$0.05\text{MPa} < P \leqslant 0.4\text{MPa}$）</td><td colspan="2">0.5</td></tr>
<tr><td rowspan="2">高压</td><td>$0.4\text{MPa} < P \leqslant 0.8\text{MPa}$</td><td colspan="2">1.0</td></tr>
<tr><td>$0.8\text{MPa} < P \leqslant 1.6\text{MPa}$</td><td colspan="2">1.5</td></tr>
<tr><td colspan="3">热力管道沟</td><td colspan="2">1.5</td></tr>
<tr><td colspan="3">乔木（中心）、灌木</td><td colspan="2">1.5</td></tr>
<tr><td colspan="3">电力电缆</td><td colspan="2">0.5</td></tr>
<tr><td colspan="3">电信电缆</td><td colspan="2">1.0</td></tr>
<tr><td rowspan="3">地上杆柱</td><td colspan="2">通信照明及$<$ 10kV</td><td colspan="2">0.5</td></tr>
<tr><td rowspan="2">高压铁塔基础边</td><td>$\leqslant$ 35kV</td><td colspan="2">3.0</td></tr>
<tr><td>$>$ 35kV</td><td colspan="2">3.0</td></tr>
<tr><td colspan="3">道路侧石边缘</td><td colspan="2">1.5</td></tr>
<tr><td colspan="3">铁路钢轨（或坡角）</td><td colspan="2">5.0</td></tr>
</table>

（14）给水管道与其他管线交叉时的最小垂直净距应符合国家现行标准《城市工程管线综合规划规范》GB 50289—2016 中长度有关规定。给水管线与其他工程管线交叉时的最小垂直净距见表 5-2。

交叉时的最小垂直净距（单位：m）　表 5-2

<table>
<tr><th rowspan="2">管线</th><th rowspan="2">给水管线</th><th rowspan="2">污、雨水管线</th><th rowspan="2">热力管线</th><th rowspan="2">燃气管线</th><th colspan="2">电信</th><th colspan="2">电力</th><th rowspan="2">沟渠基础底</th><th rowspan="2">涵洞基础底</th><th rowspan="2">铁路轨底</th></tr>
<tr><th>直埋</th><th>管块</th><th>直埋</th><th>管沟</th></tr>
<tr><td>给水管线</td><td>0.15</td><td>0.40</td><td>0.15</td><td>0.15</td><td>0.50</td><td>0.15</td><td>0.50</td><td>0.15</td><td>0.50</td><td>0.15</td><td>1.00</td></tr>
</table>

（15）地下管道的埋设深度，应根据冰冻情况、外部荷载、管材性能、抗浮要求与其他管道交叉等因素确定。严寒或寒冷地区给水管线的埋设深度一般应为冰冻线以下，若管道浅埋时应进行热力计算。工程管线的最小覆土深度应符合表 5-3 的规定，当受到条件限制不能满足要求时，可采取安全措施减少其最小覆土深度。

管线覆土深度 表 5-3

口径（mm）	最大允许覆土深度（m）	
	素土平基	90° 弧形土基
75 ~ 250	7 ~ 10	＞10
300 ~ 400	8 ~ 6	＞10
500 ~ 600	4 ~ 3	7 ~ 6
800 ~ 1200	2.5 ~ 2	5 ~ 4

1. 并网前管理

我国现行国家标准《给水排水管道工程施工及验收规范》GB 50268—2008 中第 9.1.10 条系强制性条文，规定给水管道必须水压试验合格，并网运行前进行冲洗与消毒，经检验水质达到标准后，方可并网通水投入运行。

（1）管道在并网前应进行水压试验，试验结果应满足设计要求。

水压试验是管道施工质量最直观和必需的检测手段。当设计有要求时可按设计要求实施，其试验结果应满足规范及设计要求。

（2）管道并网前应清除渣物，并进行冲洗和消毒。经水质检验合格后，方可并网通水和投入运行。管道冲洗消毒应符合下列要求。

1）应制定管道完工后的冲洗方案，内容包括对管网供水影响的评估及保障供水的措施，应合理设置冲排口、铺设临时冲排管道，必要时可利用运行中的管道设置冲排口进行排水。

2）管道冲洗应在管道试压合格、管道现场竣工验收后进行，管道冲洗主要工序包括初冲洗、消毒、再冲洗、水质检查和并网。

3）初冲洗可选用水力、气水脉冲、高压射流或弹性清管器等冲洗方式。

4）初冲洗后应取样测定，当出水浊度小于 3.0NTU 时方可进行消毒。

5）消毒宜选用次氯酸钠等安全的液态消毒剂，并应按规定浓度使用。

6）消毒后应进行再冲洗，当出水浊度小于 1.0NTU 时应进行生物取样培养测定，合格后方可并网连接。

（3）停水作业前应编制施工方案及应急预案。由于新建、改建管道的冲洗消毒与并网连接需要停水作业，不仅影响城镇居民的用水，而且对周边环境影响也很大，可能发生各种意料不到的状况，因此要求在停水作业前应编制施工方案及应急预案，管道完工后的冲洗是施工方案的重要内容。施工方案及应急预案应取得设计部门的核定，还要征得管线管理单位的同意。

（4）管道并网前，施工单位应向供水管线管理单位提交并网需要的相关工程资料。为便于供水管线管理单位实施各项操作和管理，并网前，施工单位应将供水管道及其附属设施施工的数据、图纸等相关资料提交至供水管线管理单位；工程全部竣工后，施工单位应及时提交全部竣工资料，便于供水管线管理单位后续管理及维护工作的开展。

2. 并网连接

（1）管道施工单位应在冲洗消毒和进行水质检验合格后 72h 内并网，并网时应排放管道内的存水。管道冲洗消毒后，因检测水质需有一定时间，被检管道内的水滞留时间如过长，并网时水中消毒剂已失效，因此管道内存水应排放去除，防止存在水质风险的水流入用户管道。

（2）为明确施工和供水管线管理单位的责任，保障城镇供水管网的安全运行，管道并网连接前，新管道尚未纳入城镇供水管网，其管道上的阀门设备等由施工单位负责操作和管理；并网连接后，并网管道已纳入城镇供水管网，其阀门设备等应由供水管线管理单位负责操作和管理。

（3）为了减小停水施工给用户用水带来的影响，管道并网连接时宜采用不停水施工方法。如遇需要停水施工的管道并网作业，应在停水前至少 24h 通知停水区域的用户做好储水工作，同时停水宜在用水低峰时进行。停水一般安排在夜间进行，通过合理错开用水高峰，降低用户停水影响程度。

另外，施工单位要认真组织停水施工并网作业，确保在停水时间段内完工；供水管线管理单位的相关管理部室应设有应急预案，从而配合施工单位按时完工；对由于各种原因不能在原定停水时间段内完工的，应启动应急预案，实施紧急应对措施。

（4）管道并网运行后，原有管道废除，不应留存滞水管段。停用或无法拆除的管道，应在竣工图上标注其位置、起止端和属性。拆除原有管道的工作十分重要，既要保证原有用户的用水，又不能给今后的管网管理带来隐患，同时还要做好管网管理图档或竣工图的标注工作。

（5）输配水干管并网前，宜通过管网数学模型等方法对并网后水流方向、水质变化等情况进行评估，如对管网水质影响较大时应对原有管道进行冲洗。输配水干管并网连接后，其连接处周边管网由于流向发生变化，可能会引起水黄等水质问题，因此并网前应进行分析研判，降低管网并网对于管网水质的影响。如确实对现状管网的水质有较大影响时，应将原有管道冲洗后再实施并网作业，从而确保管网运行安全。

（6）管道施工单位应在管道通水后 30d 内向供水管线管理单位提交竣工资料。管道的竣工资料是供水管线管理单位管网管理的基础，及时提交竣工资料是对管道施工单位的基本要求。

3. 并网运行

（1）管道并网运行后，供水管线管理单位统一管理新建管道及其阀门等附属设施，并负责日常的操作和运行维护。管道并网后，新建管道已接入城镇供水管网，责任主体已经转移至供水管理单位，其他部门和单位（包括施工单位）未征得供水管线管理单位同意，不得擅自操作管道上的各种设施。

（2）输配水干管并网过程中应加强泵站和阀门的操作管理，防止水锤的危害。输配水干管阀门启闭速度过快可能造成管网部分或较多管段出现负压，产生管道水柱中断，发生水锤，易引起爆管。泵站和阀门操作中应注意启闭速度，力求缓开缓闭。合理控制阀门的启闭速度，是确保管网安全运行的重要保障。

（3）接入城镇供水管网的大用户应在核定流量范围内用水并符合下列要求：

1）对时变化系数较大且超出核定流量范围的大用户应加装控流装置，使其用水量控制在核定流量范围内。

2）对直接向水池、游泳池等进水的大用户，在采取控流措施的同时，进水前应制定进水计划并征得供水管线管理单位同意。

大用户进水管与城镇供水管并网运行后，有些用户的用水量变化幅度较大，甚至大幅度超出水表核定的常用流量，会直接导致附近管网供水压力的下降，进而对周边区域的用户用水产生影响，因此供水管线管理单位应对大用户的用水方式、一次性补水量等有一定管理规定，以便在接纳新用户的同时更好保证管网的安全运行。

大用户可自建蓄水装置，恒量进水，调蓄用水。控流装置主要是指加装控流阀门和控流孔板等，供水管线管理单位可通过在线检测设备进行远程测控。住宅建筑二次供水系统的水池、水箱在设计时应考虑将注水口径缩小以实现控流。对游泳池等大口径注水，由于注水端形成自由水流，流量较大，容易使附近城镇供水管网压力陡降，因此有必要在进水量控制的同时，对进水时间加以控制，避开用水高峰时段。

（4）二次供水设施接入城镇供水管网时，不得对城镇供水管网水量和水压产生影响，宜采用蓄水型增压设施。二次供水设施不设蓄水池，直接从城镇供水管网抽水或大口径进水并增压，易造成供水管网系统局部压力下降，影响供水系统的正常运行。因此二次供水宜在节能的基础上采用带蓄水池的增压设施，避开用水高峰时段注水，既满足用户的供水需要，又不影响城镇供水系统的安全运行。

5.2.2 运行调度

管网调度主要任务是制定科学、经济调度方案，优化供水运行。制定中心城区供水量调度计划，组织协调供水运行调度工作，确保供水管网水压、水量符合要求；中心城区供水管网设置重点压力值，代表中心城区供水管网整体压力情况，重点压力值由供水公司根据供水需求、管网运行状况和水资源状况确定，是供水公司供水运行调度的重要依据。根据重点压力值下达中心城区供水厂配水机和补压井的开、停操作命令、清水池水位控制命令、出厂干管闸门的操作命令；负责审批中心城区供水管网闸门开、关操作，协调指挥管网抢修时供水运行工作，配合管网抢修；负责供水运行信息的收集、整理、汇总及报告；负责中心城区管网测压站的建设、维护、管理工作，负责调度自动化系统的建设、维护、管理工作；根据调度实况，负责调度运行、管网运行分析研究，并制定经济合理的调度方案，优化调度运行。

管网运行调度执行三班交接班制度。为了确保交接班时工作的正常进行和工作连续性，使对上一班的情况交接清楚（主要是供水厂设备、管网运行情况），保证安全调度，建立交接班制度。

1）交班人（要下班的人）应在交班前 1h 做好交班准备工作，交班人要完成本班的传事记录，并根据交接班的内容向交班人逐一说明清楚，为下一班工作打好基础。

2）接班人（要上班的人）应提前 10min 到达工作岗位，详细查看传事记录，接班人要根据交接班的内容逐一询问、落实，保证生产指挥的连续性。

3）双方应交接明晰内容

①供需形势：包括供水量、供水能力、清水池水位、地区水压、天气预报、配水机开停预计等情况。

②供水厂设备：包括运转、停用检修、故障影响、恢复投产存在问题和应采取的措施。

③供电电源：包括使用路别、计划停电、拉路、电压异常及采取的措施。

④管网运行：包括出厂管、中心城区管道检修，管网检修、施工工作中关闭闸门、平衡压力及调节闸门等情况。

⑤室内设备：包括运行、检修、故障、待修情况及存在问题。接班人应检查各供水厂配水机运行状态综合表、压力水位曲线汇总表、供水调度日报、水源井运行记录情况。

⑥调度各项原始记录交接要清楚。交班人要详细解释接班人提出的问题。

4）交班人要主动向接班人介绍本班的生产情况存在的问题，耐心解答接班人提出的问题，对生产中各环节出现的问题，以及处理过程要详细介绍。

5）交接班时正在处理事故、交接班中发生事故应停止交接班，先由交班人处理事故，接班人协助处理。较大事故及时上报部门领导。处理结束后，交班人在传事记录中记录清楚后，再进行交接班。

6）接班人未按时到班或接班人醉酒、精神失常，要及时上报部门领导。接班人未到交班人必须坚守工作岗位，不得擅自离岗下班。

7）接班人认为一些重大问题交班人未交代清楚，可拒绝接班，但必须上报部门领导。

管网抢修调度方面，管径 *DN*300 及以上管线开、关闸前，管网管理部门应及时将管网开、关闸门情况上报运行调度中心。调度员核实并判断其对供水厂运行的影响。若影响供水厂运行，需统筹供水厂和管网管理部门两家单位，运行调度中心从中做好协调下令工作。在配合抢修过程中，应关注抢修进度及下达调令顺序。管网抢修实施过程中需要扩闸时，管网管理部门须向调度中心报扩闸方案，经批准后方可实施。

无论是供水厂故障还是管网故障，调度员需要记录故障的具体信息，并填写《突发事件记录表》(表 5–4)进行信息上报，防止漏项。

突发事件记录表 **表 5–4**

<table>
<tr><td>来电人姓名</td><td></td><td>来电时间</td><td></td><td colspan="2">接电人姓名</td><td></td></tr>
<tr><td rowspan="6">供水厂故障</td><td>故障发生时间</td><td colspan="2"></td><td colspan="2">故障地点</td><td></td></tr>
<tr><td>故障内容</td><td colspan="2"></td><td colspan="2">预计恢复时间</td><td></td></tr>
<tr><td>影响程度</td><td colspan="5"></td></tr>
<tr><td colspan="2">值班室人姓名</td><td colspan="4"></td></tr>
<tr><td colspan="2">报值班室时间</td><td colspan="4"></td></tr>
<tr><td rowspan="6">管网故障</td><td>故障发生时间</td><td colspan="2"></td><td colspan="2">故障地点</td><td></td></tr>
<tr><td>漏水管线口径</td><td colspan="2"></td><td colspan="2">关闸时间</td><td></td></tr>
<tr><td>关闸口径</td><td colspan="2"></td><td colspan="2">预计修复时间</td><td></td></tr>
<tr><td>影响范围</td><td colspan="5"></td></tr>
<tr><td colspan="2">值班室人姓名</td><td colspan="2"></td><td>水车</td><td></td></tr>
<tr><td colspan="2">报值班室时间</td><td></td><td colspan="2"></td><td></td></tr>
<tr><td>修复时间</td><td></td><td>修复接电人
姓名</td><td colspan="4"></td></tr>
<tr><td>报值班室时间</td><td></td><td>值班室人姓名</td><td colspan="4"></td></tr>
</table>

备注：1. 若管网突发事故需要上报，调度员应在一定时间内（红色等级 10min，黄色等级 30min）收集信息，完成上报。

2. 调度员须在本班内追踪抢修进度，在交接班前打电话询问完成情况，若抢修未完成，须与下一班进行交接。

1. 调度管理

(1) 用水量变化

城市用水量通常包括居民生活用水、工业用水、机关事业单位用水及其他方面的用水。其中居民生活用水与季节、天气、生活习惯、卫生设备条件及社会生产活动等因素相关。尽管城市用水户繁多，用水性质不同，但对整个给水管网系统，用水量的变化还是有规律可循。

1) 各用水量 24h 均出现不同的变化幅度，即按各自用水规律呈不同变化趋势，用水量的变化可用变化系数和变化曲线表示。

2) 生活用水量随着生活习惯、气候和人们生活节奏等变化，如假期比平日高，夏季比冬季高，白天比晚上高。从我国各城镇的用水统计情况可以看出，城镇人口越少，工业规模越小，用水量越低，用水量变化越大。

3）工业企业生产用水量的变化一般比生活用水量的变化小，但也是有变化的，且少数情况下变化较大。如化工厂、造纸厂等，生产用水量变化则很小，而冷却用水、空调用水等，受到水温、气温和季节影响变化很大。

4）其他用水量变化均有各自的规律。

①用水量变化系数

在一年中，每日用水量的变化可用日变化系数表示，即最高日用水量与平均日用水量的比值，称为日变化系数。

在给水排水工程规划设计时，一般首先计算最高日用水量，然后确定日变化系数，则可用日变化系数计算出全年用水量或平均日用水量。

在一日内，每小时用水量的变化可以用时变化系数表示，最高时用水量与平均时用水量的比值，称为时变化系数。

根据最高日用水量和时变化系数，可以计算最高时用水量。

②用水量变化曲线

用水量变化系数只能表示一段时间内最高用水量与平均用水量的比值，要表示更详细的用水量变化情况，就要用到用水量变化曲线。由于用水量往往在一天中的变化很大，所以用水量变化曲线主要用于表示用水量在一天中的变化情况。

绘制 24h 用水量变化曲线时，用横坐标表示时间，纵坐标为每小时用水量占全日用水量百分数，这种相对表示法便于相近城镇或系统相互参考。

（2）用水量预测

给水系统优化运行调度的前提条件之一是已知其用水量及其分布情况，因而必须进行用水量预测。

1）用水量预测技术是在分析以往大量用水量资料的基础上，应用数学方法（例如时间序列分析法）科学地预测未来时刻的用水量，作为制定未来时刻优化调度方案的基础。时间序列分析法已在工业自动化、水文、气象等自然科学领域中，以及军事科学、经济学和某些社会科学领域中得到了广泛的、有成效的应用。其特点是承认观察值按时间顺序排列的重要性，除个别情况外，几乎所有时间序列中的观察值都是相关的。如能将这种相关性定量地描述出来，就可从给水系统的过去值预测其未来值。一般城市管网用水量有下述四种周期性变化：①以一天（24h）为周期的变化；②以一周（7d）为周期的变化；③以春夏秋冬四季为周期的变化；④以一年为周期的变化。对大、中城市来说，以一周（7d）为周期的变化并不明显，可以忽略。春秋两季的用水量基本相近。因此，可按春、夏、冬三季寻求日用水量变化规律，并适当考虑到某些特殊情况（例如天气久寒转暖、久雨突晴等）及重要节假日等随机因素加以修正，便可形成用水量预测模型。用水量预测的准确性是给水系统离线控制可靠性的基础。

通过长期大量的观测、统计和分析发现，从短期（小时、日、周）看城市用水量的变化具有周期性，随机性和相对平稳性；从长期（月、年）看，城市用水量的变化则具有随机性和明显的趋势化。因此，城市用水量预测一般可分为两大类：长期预测和短期预测。长期预测主要是根据城市经济及人口增长速度等因素对未来几年、十几年甚至更长时间的城市用水量做出预测，以此为给水管网系统的改建、扩建及城市整体建设规划提供依据。短期预测则主要是根据过去几天、几周的实际用水量记录并考虑影响用水量的各种因素对未来几小时、一天或几天的用水量做出预测，以此为管网系统优化运行调度提供依据。

2）影响城市短期用水量的因素

①天气影响。晴天较阴雨天用水量大，高温天气较低温天气用水量大；

②节假日影响。节假日居民用水量有所增加，但工业及其他用水量有所减少，总用水量表现为减小；

③管网影响。由于管网、检修或抢修等人为因素的影响，会使用水量明显增加，管道破裂造成管网中的水量流失，而且流失水量无法计算，都包括在总用水量中，会使总水量增加。

经验调度中的用水量预测，是预测次日供水量，属于短期水量预测，预测时应参考气候特点。

2. 优化调度

（1）优化调度的基本概念

给水系统的优化调度是一门综合性的应用技术，它以系统工程理论和最优化技术为理论基础，应用管网数学模型和用水量预报技术等手段，以计算机为工具，在各种“硬件”“软件”的支持下，实现给水系统管理现代化和决策科学化，从而获得最高的社会效益和经济效益。

（2）优化调度的目标

城市给水系统的优化调度是在保证安全、可靠、保质、保量地满足用户用水要求的前提下，根据管网监测系统反馈的运行状态数据或根据科学的预测手段以确定用水量及其分布情况，运用数学上的最优化技术，从各种可能的调度方案中，确定一个使系统总运行费用最低、可靠性最高的优化调度方案，从而确定系统中给水设备的运行工况，获得较好的经济效益和社会效益。

管网调度首先保证用户对水量、水压和水质的要求，其次才是尽可能高地追求管网运行的经济效益和社会效益。所以优化调度的目标是：

1）降低水泵能量费用

泵站内通常安装多台大小不同、型号各异的水泵，以便根据管网用水量的需要，在运行时将各种水泵合理搭配。有效的水泵调度，既要根据用水量需要确定开动效率最高的水泵，又要确定在一天不同时段内的小时供应流量。有些城市电费的收费标准有时段性，为了鼓励夜间用电往往此时电费较低，而在白天电费较高，当用电量超过某一限度时可能还要增加收费等。利用这种电费的特点，调度时间可使水泵在夜间多抽水到清水池中储存起来，而在白天由清水池向管网供水，以减少开泵的次数并降低电费。

2）降低渗漏水量

水资源是宝贵的财富，因此节约用水的意义重大，减小管网漏水量也是节约用水的一项措施。我国城市管网的实际漏水率为 12%~15%。减少漏水的方法很多，降低过高的水压是减少漏水量的有效方法。

3）降低维护保养费用

保持最小所需的自由水压，避免管网过高的压力，可减小爆管的可能性。爆管修复的费用较大，所以维持管网适当水压非常必要。另外在调度时，不应过分频繁地开停水泵，否则会加速设备磨损，并且会在管网中出现有破坏性的水锤现象。

给水管网优化调度可建立数学模型和实现优化控制两部分。从数学的角度，给水系统优化调度就是以供水费用（包括制水费用和运行电费）最省为目标函数，以满足各项供水要求为约束条件的最优化问题。

4）实现给水系统优化运行的基本调控方式

可采用多种方法和措施实现给水系统优化运行。根据不同给水系统的具体特点，可采用适当的方法和措施，归纳分为以下五种。

①选择各供水泵站的水泵型号和开启台数的最优组合方案，即通常所指的最优调度方案；

②合理确定变速泵的最佳运行转速；

③合理制定水塔或高位水池的贮水策略；

④合理利用不同时段不同电费价格政策；

⑤科学制定各种调控设备（流量控制阀、压力控制阀、止回阀、开关闸门等）的控制策略。

给水系统中通常设置一些调控设备，如流量控制阀、压力控制阀（减压阀）、闸阀等，科学制定这些调控设备的调控策略，使它们处于最恰当的工作状态，可在很大程度上改善给水系统的工作状况，取得良好的社会效益和经济效益。

不同供水单位的供水情况差异很大，所以个性化优化调度的前提是要遵从当地的现有条件，特别是原水的条件制约。虽然水源、管网的限制条件很多，制约了优化调度的空间，但在这些边界条件的基础上，供水单位应朝着“管网压力均衡”的目标优化调度，找出目前经验调度中存在的问题。

（3）区域压力控制

实现区域压力控制，优化管网运行，是降低漏损的重要手段之一。

1）优化管网运行

应深入开展管网建模离线分析，调整配水管网控制闸门，平衡中心城区管网压力。

2）定期评估重点压力控制值下降的可行性

根据近五年中心城区白天和夜间的重点压力控制值的调整历史，研究分季节重点压力控制值下调的可行性。按照冬季时段运行、高峰时段运行和其他时段运行，找出三个时间段平均日水量的日期及其对应时间内配水管网中压力不利点，分析不利点的24h压力，判断重点压力控制值是否有下降的空间，提出分季节重点压力控制值下调方案。

利用管网不利点的测压点、中心城区小时水量推出不可降压时段，再利用管网不利点区域DMA小区的用水规律及压力推出不可降压时段，结合中心城区和不利点DMA小区的不可降压时段，提出分时段重点压力控制值下调方案，把重点压力控制值从全天两个时段（白天、夜间）细化成多个时段。

3）区域压力控制

比较某供水厂投产前、投产后不同供水量的管网测压点压力、出厂压力变化，在管网现状条件下，提出调整某供水厂的供水量，以降低供水厂供水区域较高的管网压力，优化区域压力的方案。

3. 调度数据采集

给水系统应保证一定的水压，确保供给足够的生活用水和生产用水。城市给水管网最小的服务压力，应在满足不利点用户用水需求的基础上，根据当地实际情况，通过技术经济分析论证后确定。地形变化较大时，服务压力可划区域核定。至于城市内个别高层建筑物或建筑群，或建筑在城市高地上的建筑物等所需的水压，不应作为管网水压控制的条件。为满足这类建筑物的用水，可单独设置布局加压装置。

按照住房和城乡建设部的标准每10km^{2}设置一处测压点，一个供水区域不得少于三处的要求。测压点中应设有一个重点压力控制点，其作为管网中的最不利点应处于城市中心。测压点中还应设有一个辅助中心测压点，在重点压力控制点故障的情况下使用。辅助中心测压点应在运行调度中心附近设置，若调度监测系统故障，运行调度中可迅速根据此点进行调度。

测定管网压力应在有代表性的测压点进行压力监测，选定的测压点应能真实反映水压情况，且均匀合理布设，实现全面掌握管网压力的整体分布。根据测定的水压资料，按0.5～1.0m的水压差，在管网平面图上绘出等水压线，由此反映各条管线的负荷。整个管网的水压线最好均匀分布，如某一地区的水压线过密，表示该处管网的负荷过大，因而得知所用的管径偏小。水压线的密集程度可作为今后调整管径或增敷管线的依据。测定水压，有助于了解管网的工作情况和薄弱环节。

运行调度中心下属的测压点管理岗位，负责新建、改移测压点、定期巡视测压点数据、定期巡视、检测、维护测压设备。

5.2.3 管网水质

管网水质安全是管网运行安全中的重要一环，建立健全的全过程管网水质管理制度、标准、流程，并在管网建设、运行管理、维护维修、更新改造等全管网生命周期各环节严格落实和执行是确保管网水质安全的基础和保障。

1. 水质管理的原则与基础

（1）供水系统的水质直接关系到社会公众的身体健康，因此管网水质必须符合现行国家标准《生活饮用水卫生标准》GB 5749—2022 的相关规定。供水管理单位应根据现行国家相关水质标准中对供水水质和水质检验的有关规定，结合本地区具体情况建立管网水质管理制度，对管网水质进行监测和管理。

（2）新建管线设计时，要遵守相关设计规范，不得出现“盲肠”“重线”等现象，不宜下穿污水管道，必须穿越污水管道时，需采取必要的防护措施，确保管网水质安全。

（3）上水管线工程审核过程中，管线施工工程必须选用符合国家相关要求及规定的管材与附属设施。供水管理单位的质量验收部门应在开工前做好管材及附属设施的监督、管理及复核，同时要求施工单位提供完整的质量及卫生合格证。

（4）施工过程中，施工单位应严格遵循《给水排水管道工程施工及验收规范》GB 50268—2008 的要求进行管道施工作业。沟槽开挖过程中，遇有古墓、粪污、腐朽不洁之物、下穿污水管线等情况，施工单位应及时与设计、建设、管理单位沟通协商，采取地基处理、换填等有效措施，确保不造成管道腐蚀进而影响管网水质安全。

管道安装过程中，施工单位应采取必要措施防止管道内外防腐层的破坏，禁止使用具有腐蚀性及污染性土质材料进行回填。施工过程中应防止渣土等污染物进入管道，一旦进入，应及时清除。施工分多日进行时，每日施工完毕须封闭管道端口。管道水压试验过程，应确保“串水”水源水质。

（5）管线并网过程中，供水管理单位的质量验收部门要审核并网管道冲洗方案，应确保冲洗步骤、放水口设置合理，排水设施应满足排水量需求，防止污水倒灌，保证所有新、改建管段水质合格。

1）管道冲洗应避开用水高峰，流速应大于 1.2m/s，如水量无法满足条件，应结合新、改建管线及现场情况合理选用气水联合冲洗等适当方式，以保证有足够的冲洗强度。

2）管道冲洗方案中加药点的设置应合理，管网消毒处理时，采用浓度 10% 的次氯酸钠溶液，使水中有效氯在 25～50mg/L，接触 24h 后排出，用管网水继续浸泡管网 6～8h 后，由水质检测人员现场采集水样。

3）水质检测合格后 72h 内完成管道并网，如超过规定时间，必须重新进行冲洗后再并网。

4）并网工作坑坑底应低于管底高程 50cm，并设集水坑，断管过程中及时排水，脏水液面应低于管底 20cm，避免回流。

5）并网过程中所使用的管件及设备必须经过消毒处理，管道内如有异物应及时清理，清理过程中使用的胶皮手套及工具应进行消毒处理。

6）并网工作完成后，停水管段应利用消火栓、排水口等设施进行放水，检测水质是否合格。

7）施工单位应按照方案中规定的步骤实施，供水管理单位应及时掌握冲洗、勾撤工作的进度，并进行督促。

（6）应保证管网末梢水质达标。长距离供水管线导致的管网末梢余氯不达标，要考虑适当提高供水厂出厂水余氯，当出厂水余氯已经较高时，应选择输配中途适当的地点补充加氯，并在管网末梢进行定期冲洗，排放存水，以保证管网末端余氯达标。

（7）当新增水源、水量变化或其他原因引起管网水质出现异常时，应根据需要临时增加管网水质检测采样点、检测项目和检测频率，并应根据检测的数据进行分析，查明原因，采取处理措施。

不同水源切换使用时，由于不同水质物理、化学特征的差异，管网内部管壁腐蚀产物层与所输送的水相之间的平衡容易遭到破坏从而导致腐蚀产物释放量增大，引发管网水质下降甚至出现管网“黄水”的现象时，应以供水厂和管网协同控制的理念，从系统的观念出发，以管网水质风险识别为基础，实施出厂水关键理化指标控制和管网运行维护优化。一是在供水厂控制方面，应保证出厂水满足《生活饮用水卫生标准》GB 5749—2022 的基本要求，还应提升出厂水的化学和生物稳定性，使出厂水的 pH、总碱度、拉森指数、总有机碳、消毒剂含量、残余铝 / 铁等主要指标达到合理的限值水平，降低水在输配过程中对管网的腐蚀，抑制管网中微生物的生长繁殖，减少管网内颗粒物生成和沉积物累积。二是在管网运行维护方面，针对水力停留时间长、管网沉积物累积严重的区域进行定期放水冲洗，对水质影响较大的老旧管材（特别是腐蚀严重的灰口铸铁管）及时淘汰更新。

（8）供水管理单位应定期巡检排气阀等设备井，及时排除井内积水。在管网进行计划停水、抢修等工作时，要进行水质风险评估，制定应对预案。

（9）阀门操作不应影响管网水质。阀门操作中应注意启闭速度，力求缓开缓闭，防止流速变化较大。当可能影响管网水质时应错开高峰供水时间段，宜安排在夜间进行阀门操作，并采取保障水质的措施。

（10）管网运行过程中涉及现状关闭阀门开启时，需注意开启闸门对于周边管网的影响，长时间关闭阀门会造成管道内存在“死水”段，即水不流动，停留时间过长，水质发生变化等情况，因此在开启闸门时应判断水龄时间过长的管道，并结合实际情况进行管道冲洗。

（11）计划停水闸门操作。管网运行过程中，如需进行涉及影响用户的停水作业，应按照计划停水方案严格执行阀门操作，具体步骤及要求如下。

1）编制计划停水方案，方案应包含提前关闭用户支线阀门、阀门操作顺序及水质保障措施等内容。

2）阀门操作人员应按计划停水方案进行实施，必须做到阀门缓开缓闭，防止管道水流速变化过大，产生水锤现象。

3）施工完毕后，施工单位对停水区域管道进行放水检测，水质合格后通知阀门操作人员开启阀门。

4）在实施过程中，遇有非正常状态阀门，阀门操作人员不得轻易开启，应及时上报，经评估后方可操作。

5）在实施过程中，遇有用户反映水质问题，现场操作人员须立即停止作业，待水质问题解决后方可继续实施。

（12）抢修过程中使用的管材、管件及相应附属材料应具有省部级卫生部门颁发的卫生许可证或卫生批件。

管材、管件及相应附属材料必须经次氯酸钠消毒后，方可使用。对于焊接过程中管线内部发生流水影响焊接的现象，应使用环保材料制作的止水袋进行止水。管网抢修完成后，抢修人员必须对现场水质保障工作进行自查及水质检测，直至水质合格后方可结束抢修作业。

2. 水质监测

（1）供水管理单位应按有关规定在管网末梢和居民用水点设立一定数量具有代表性的管网水质检测采样点，对管网水质实施监测，检测项目和频率应符合国家现行标准《生活饮用水卫生标准》GB 5749—2022、《二次供水工程技术规程》CJJ 140—2010 和《城市供水水质标准》CJ/T 206—2005 的有关规定。

水质监测取样点是指人工采集水样并进行检测的管网点位。水质检测采样点的设立应考虑水流方向等因素对水质的影响，应设置在输水管线的近端、中端、远端和管网末梢、供水分界线及大用户点附近，检测点的配置应与人口的密度和分布相关，并兼顾全面性和代表性。

（2）供水管理单位宜建立管网水质在线监测系统，实施在线监测。

（3）应建立管网水质检测采样点和在线监测点的定期巡视制度及水质检测仪器的维护保养制度。管网水质在线监测点应按照选用水质仪表要求制定维护计划，并建立定期巡视制度，包括校准、清洗及定期更换检测药剂等。

（4）水质监测设备需按要求做好设备选型、购置、使用、维护、维修、报废、更新的全过程管理。

1）设备选型、购置应依照国家相关规定执行，选择性能优良的设备；设备到货后应做好检查验收工作，认真记录购置设备的产品合格证、说明书以及各种原始技术基础资料等。

2）设备安装应严格执行相关规定和标准，并做好调试工作的相关记录。

3）设备操作需按照设备操作规程执行，确保设备无损坏，并定期进行设备设施维护保养工作。

3. 水质管理

（1）供水管理单位应根据现状在线水质监测点情况，及时掌握管网水质数据，发现水质预警报警，按照相关流程及时排查处置；定期（年度）梳理水质预警报警，总结经验、规律，制定应对措施。负责在线水质监测设备（系统）的管理、运维、更新。负责新增水质监测点方案制定、布设。

管网水质出现异常时，应查明原因，及时处置；发生重大水质事故时应启动应急预案，并应采取临时供水措施，防止扩散，同时上报城镇供水行政主管部门和卫生监督部门。

（2）供水管理单位应制定管道冲洗计划，对运行管道进行定期冲洗。

管理单位应根据管网布局、运行状态、铺设年限、管材内衬状况及管道水质事故资料等，编制管道冲洗计划，冲洗计划应包括冲洗方式、冲洗线路和冲洗周期等；内衬较好，流速较大的管段，可适当延长冲洗周期。

（3）管道冲洗应符合下列要求。

1）配水管可与消火栓同时进行冲洗。

2）用户支管可在水表周期换表时进行冲洗。

3）应根据实际情况选择节水高效的冲洗工艺。

4）高寒地区不宜在冬季进行管道冲洗。

5）运行管道的冲洗不宜影响用户用水。干管冲洗流速宜大于1.2m/s，当管道的水质浊度小于1NTU时方可结束冲洗。

管道清洗水排出管上应安装计量设备记录清洗用水量，计入用水量统计。计量设备可采用便携式流量计，也可在排水口前安装压力计，根据压力进行流量估算。

在管道冲排支管阀井内设压力计，当冲排阀门全开时，按式（5-1）估算排水量：

$$Q = 10000TD^2\sqrt{H} \tag{5-1}$$

式中 Q——排水阀门排出的总水量，m^3；

T——开启排水阀门排水的小时数，h；

D——排水口的内径，m；

H——排水口前管道的水头值，m。

注：式（5-1）是按管孔出流公式推算得出，在排放阀门后安装一压力表，实测水头值。

（4）供水管线管理单位应根据地区情况及管理要求制定突发管网水质事件的标准、流程及办法等。水质事件发生后，应立即按照相关流程和要求及时到达现场进行处置。水质问题按污染源的性质可分为内源性污染和外源性污染。

1）内源性污染

内源性物质引发的管网水质问题，主要包括管壁锈蚀物或附着物进入水体或水龄过长引起的水质问题，现象为水黄、水浑、水中有铁渣或细小颗粒等。

处置内源性物质引发的管网水质问题时，供水管理单位应先了解现场情况，包括地点、范围、时间（出现水黄、水浑的时间及规律）等，由此判断污染范围、查找原因、并制定处置（冲洗）方案，按照冲洗方案组织实施。

2）外源性污染

外源性污染物进入供水管网引发的水质问题，主要包括供暖水、热水、中水、自备井水、有色水等侵入造成供水管网污染，现象为水热、水咸、水有异味、水有颜色等。

处置外源性物质进入供水管网引发的水质问题时，供水管理单位应先了解现场情况，包括地点、范围、时间（出现水质问题的时间及规律）等。通过取水化验检测水质，报修用户计量水表（产权分界，如楼门表、泵房总表等）与市政管网正常水进行水温、电导率值和余氯值对比，确定污染范围。根据污染性质，水质管理部门按相关程序及时上报疾控中心等部门，配合政府部门解决水质问题。必要时联系热力和中水等单位配合。确定污染范围后排查原因，确定问题点位置，采取关闸封闭污染范围，根据疾控中心和水质管理部门要求，制定管网消毒冲洗方案。供水管理部门按照冲洗方案组织实施。水质合格后（市政管网及户内管道），恢复供水。

5.2.4　管网运行维护

1. 管网运行维护的原则与基础

（1）管网日常运行维护工作应包括下列内容：

1）管网巡线和检漏。

2）管道及附属设备设施的维护与抢修作业。

3）阀门启闭作业。

4）运行管道的冲洗。

5）处理各类管网异常情况。

（2）供水管线管理单位应检测管网运行中的节点压力、管段流量、漏水噪声、大用户用水流量等动态数据，掌握管网运行整体工况。根据监测数据，分析管网运行工况，对管网中不能满足输水要求和存在安全隐患的管段，如爆管频率高、漏损严重、管网水质差等管道提出修复和更新改造计划。

（3）爆管频率较高管段系指位于被建筑物或构筑物压埋、与建筑物或构筑物贴近的管段，管材脆弱、存在严重渗漏、易爆管段、存在高风险等隐患的管段以及穿越有毒有害污染区域的管段。高危管段应单独设档，附照片，标明地址、管线名称、规格、材质、管长、附属设施及设备内容、内衬外防腐状况、造成隐患的原因、危险程度、应急措施预案和运行维护记录。爆管频率较高的管段应采取下列措施。

1）应缩短巡检周期，进行重点巡检，并应建立巡检台账。

2）在日常的管网运行调度中应适当降低该管段水压，并应制定爆管应急处理措施。

3）应加强暗漏检测，降低事故频率。

（4）市政供水管网的服务压力，应根据当地实际情况，并通过综合核算和技术经济分析论证确定，使管网运行符合低碳和节能的原则。其中城市地形变化较大时，最低供水压力值可划区域核定，并应满足管网最不利点供水压力需要。市政供水格局应保证压力维持在适宜的范围内，市政管网的整体规划与发展应通过技术经济分析论证后统筹考虑。

2. 维护站点设置

（1）供水单位应根据管网服务区域设置相应的维护站点，配置适当数量的管道维修人员，负责本区域的管线巡查、维护和检修工作。维护站点服务半径不宜超过 5km，宜选在交通方便，有通信及后勤保障的区域内。维护站点的人员宜按照每 6 ~ 8km 管道配备 1 名维修维护人员。维护站点服务半径应与范围内的管网密度、服务人口数量有关。

（2）维护站点的分布应满足管道维修养护的需要，站点应符合下列要求。

1）办公和休息设施应满足 24h 值班的需要。

2）工具、设备及维修材料应满足 24h 维修、抢修的需要。

3）应有相应的维修、抢修信息管理终端。

4）应有管网维护的文字记录和数据资料。

（3）维护站点应对维修工作进行统一调度指挥，及时、高效优质地完成维修及抢修工作。根据各地区的不同情况，调度指挥平台可配备相应的信息和通信系统，宜采用计算机进行信息管理积累管网运行数据。

（4）维护站点所进行的阀门操作，维修记录，管网损坏情况调查处理结果，水质水压数据，水表换修记录等，均应有文字记录。

（5）维护站点内配备的常用设备有工程抢险车；破路及挖土机械；可移动电源；抽水设备；抢修用发电机、电焊、气焊设备及烘干箱；起重机械；管道抢修的常用工具；照明及必要的安全保护装置；管道通风设备；必要的通信联络工具等。其中大型装备如破路及挖土机械，起重机械等的配备可采用多个站点共用或租赁等方式。

（6）由于管道维修工作的特殊性，维护站点除满足日常工作办公的需要外，还需具备值班人员在岗的生活条件和相应的各类设施。

3. 管网巡检

（1）供水管网巡检应覆盖管理区域内的供水管网及其附属设施，按规定周期巡视，并实施动态管理。巡检人员还应负责区域内供水管线工程接收及竣工开闸等相关工作、各类与供水管线及附属设施有关的施工配合工作、对供水管线及附属设施“圈、压、埋、占”等违章行为进行检查、纠正和制止。

（2）巡检人员应全面掌握区域内供水管线及附属设施的准确位置，维护供水管网及设施，保证安全供水；准确绘制新安装供水管线草图及各种设备井的栓点，并及时完成闸门图纸填图工作；在巡视过程中，对发现有影响管线运行安全的情况，应按照有关规定和程序进行处置；做好施工配合并签订《施工安全告知书》，动态掌握管线拆、改、移工作进展情况；严格执行《城市供水条例》中第二十九条：在规定的城市公共供水管理及其附属设施的地面和地下的安全保护范围内，禁止挖坑取土或者修建建筑物、构筑物等危害供水设施安全的活动，及时发现并制止违章行为，保证供水设施安全。

（3）巡检过程中应确保供水管线安全运行。管道安全保护距离内不应有根深植物、正在建造的建筑物或构筑物、开沟挖渠、挖坑取土、堆压重物、顶进作业、打桩、爆破、排放生活污水和工业废水、排放或堆放有毒有害物质等情况。巡检中发现的问题越早，处理得越及时，越有利于管网的安全运行和管网维护检修费用的降低。同时在巡检过程中发现有偷盗水、人为故意损坏和埋压供水管道及设施的行为，应及时上报相关部门核查处理。巡检应包括下列内容。

1）检查管道沿线的明漏或地面塌陷情况。

2）检查井盖、标志装置、阴极保护桩等管网附件的缺损情况。

3）检查各类阀门、消火栓及设施井等的损坏和堆压的情况。

4）检查明敷管、架空管的支座、吊环等的完好情况。

5）检查管道周围环境变化情况和影响管网及其附属设施安全的活动。

6）检查管道系统上的各种违章用水的情况。对巡检范围内供水管线及附属设施“圈、压、埋、占”等违章行为进行检查、纠正和制止。

7）管理巡检范围内的工程接收及竣工开闸等相关工作，同时负责巡检范围内各类与供水管线及附属设施有关的施工配合工作。

（4）供水管网的巡检宜采用周期性分区巡检的方式。管网的巡检周期各地供水单位可结合单位自身规模、管网特点、管线的重要性及城市建设的现状等情况来合理制定，巡检周期越短越有利于管道的安全运行，通常情况下对一般管线巡检周期不宜大于 5～7d，对重要管段巡检周期以 1～2d 为宜。

（5）巡检人员进行管网巡检时，宜采用步行或骑自行车进行巡检。

（6）巡检周期应根据管道现状、重要程度及周边环境等确定。当爆管频率高或出现影响管道安全运行等情况时，可缩短巡检周期或实施24h监测。

4. 抢修、维修及养护

（1）供水管道发生漏水，应及时维修，宜在24h之内修复。修复时间指从停水到通水之间这一时间段。为了保障及时供水，应尽量缩短修复时间，有条件时应力求采用不停水的维修方式。

（2）发生爆管事故，维修人员应在4h内止水并开始抢修，修复时间宜符合下列要求：

1）管道直径（DN）小于或等于600mm的管道应小于24h。

2）管道直径（DN）大于600mm，且小于或等于1200mm的管道宜小于36h。

3）管道直径（DN）大于1200mm的管道宜小于48h。

（3）供水管线管理单位应组织专业的维修队伍，实行24h值班，并配备完善的快速抢修器材、机具及备用维修队伍。为了提高管道维修、抢修水平，应充分发挥一线工程技术人员的积极性，认真学习国内外的先进经验，探究和逐步推广成熟的快速抢修技术，从而达到影响最小的修复时限，提供更好的服务保障。

（4）管道维修应快速有效，维修施工过程应防止造成管网水质污染，必须临时断水时，现场应有专人看守；施工中断时间较长时，应对管道开放端采取封挡处理等措施，防止不洁水或异物进入管内。

（5）因基础沉降、温度和外部荷载变化等原因造成的管道损坏，维修时还应采取合理措施，消除各种隐患。爆管抢修时，应对引起爆管的外因进行分析研判，及时进行处理，避免修复后的管道因此类原因再次发生爆管事故。

（6）管道维修所用的材料不应影响管道整体质量和管网水质。对于需要焊接的管道，应注意材质统一，若材质不一，易产生电化学腐蚀，影响熔接质量。

（7）管道维修应选择不停水和快速维修方法，有条件时应选择非开挖修复技术。管道维修的材料、设备和工艺的不断发展创新，为不停水维修和非开挖修复创造了有利条件。为减少停水维修对供水服务的影响以及开挖维修对环境交通的影响，宜优先选择不停水维修工艺和推广非开挖修复技术。

（8）明敷管道及其附属设施的维护应符合下列规定。

1）裸露管道发现防腐层破损、桥台支座出现剥落、裂缝露筋、倾斜等现象时，应及时修补。

2）严寒地区在冬季来临之前，应检查与完善明敷管或浅埋管道的防冻保护措施。

3）汛期之前，应采取相应的防汛保护措施。

4）标识牌和安全提示牌应定期进行清洁维护，并涂刷油漆。

5）阀门和伸缩节等附属设施发现漏水应及时维修。

6）明敷管道应单独设档，附照片，标明地址、管线名称、规格、材质、管长、附属设施及设备内容、内衬外防腐状况及运行维护记录。

（9）水下穿越管的维护应符合下列规定。

1）河床受冲刷的地区，每年应检查一次水下穿越管处河岸护坡、河底防冲刷底板的情况，必要时应采取加固措施。

2）因检修需排空管道前应重新进行抗浮验算。

3）在通航河道设置的水下穿越管保护标识牌、标识桩和安全提示牌，应定期进行维护。

（10）对水下穿越管，应明确保护范围，并严禁船只在保护范围内抛锚，确保水下穿越管的安全。穿越通航河道的水下管道在竣工后，按国家航运部门有关规定设置浮标或在两岸设置水线标识牌。不通航河道及干河沟、洼地等的水下穿越管竣工后，可在两岸或坎边设置标识桩。水下穿越管应单独设立档案，附照片，标明地址、管线名称、规格、材质、管长、附属设施及设备内容、内衬外防腐状况、河岸护坡、河床护底资料和运行维护记录等。

（11）对套管、箱涵和支墩应定期进行检查，发现问题及时维修。

（12）作业人员进入套管或箱涵前，应强制通风换气，并应检测有害气体，确认无异常状况后方可入内作业。同时，外面有安全观察人员，并采取有效的安全措施，确保作业人员的安全。穿越管应单独设立档案，附照片，标明地址、管线名称、规格、材质、管长、附属设施及设备内容、内衬外防腐状况、套管或箱涵资料和运行维护记录等。

5. 管网附属设施的维护

管网附属设备设施包括阀门、消火栓、排气阀、减（持）压阀、电动阀、区域增压泵站、倒流防止器、管段式流量计等。管网附属设备设施是供水管理单位重点管理的对象，应建立设备台账和设备档案并且进行动态管理。供水管理单位应根据设备分级情况按相关规定实施设备维护管理工作，定期对维护质量进行抽查，对于发现维护质量未达到标准的，依据相关办法进行管理。

（1）附属设备完好标准

1）阀门

①阀体完好无破损，方头等配件齐全；

②阀门开关到位，指针指示准确，可正常止水；

③阀门操作轻便，扣数适中；

④阀体无漏水；

⑤井内无杂物、无积水。

2）电动阀

①阀体完好无破损，无漏水；

②电动操作装置、压力传感器、液位仪完好、齐全；

③控制柜及电表箱工作正常，外观完好无损坏；

④动力线、信号线及控制线等接线可靠，线体无破损；

⑤电动操作装置运行正常，远程、现场控制器、手轮操作正常；

⑥电动阀门远程控制系统运行正常，显示无异常，无报警；

⑦液位及压力等传感器数据采集准确，传输稳定；

⑧供电稳定、持续；

⑨井内无杂物、无积水。

3）减压阀

①阀体完好无破损，先导阀、针阀、球阀及压力表等配件齐全、工作正常；

②先导阀操作轻便，主阀工况正常，可正常调整出口压力；

③调压导管（铜管或不锈钢管）及阀体无漏水；

④井内无杂物、无积水。

4）消火栓

①阀体完好无破损，消防接口、闷盖、泄水阀等配件齐全、工作正常；

②消火栓开关正常，操作轻便，可正常止水；

③阀体无漏水；

④井内无杂物、无积水。

5）排气阀

①阀体完好无破损，对夹蝶阀等配件齐全、工作正常；

②对夹蝶阀操作轻便，排气阀可正常进、排气；

③阀体无漏水；

④井内无杂物、无积水。

6）区域增压泵站

①区域增压泵站（包括配套设备的过滤器、阀门、止回阀、压力传感器、污水泵等）运转正常，外观完好无破损，设备无漏水；

②控制柜运行正常，数据显示（压力、频率、泵运行状态等）正常，外观完好无损坏；

③电源、信号等电缆线完好无破损，传输正常；

④进、出口压力正常且满足设定需求；

⑤供电稳定、持续；

⑥井内无杂物、无积水。

7）双止回倒流防止器

①双止回倒流防止器及 Y 形过滤器等阀体完好无破损，无漏水；

②易损零件（弹簧、密封胶圈等）完好无破损；

③设备内部无杂质；

④阀门进水及出水端压力检测在正常压力值范围内，具有止回功能（开启方向打压 7kPa 压力，阀体不泄漏；关闭方向打压 1.1MPa 压力，阀体不泄漏）；

⑤正常运行工况为进水口、出水口压力差值在 0.016～0.040MPa；

⑥井内无杂物、无积水。

8）管段式流量计

①仪表外观完好无破损、无凹陷、无歪斜，输出线、螺丝等配件齐全；

②液晶显示清晰，无乱码、缺画现象。玻璃盖清晰无刮花，可正常读数；

③仪表内部无进水，无水汽；

④转换器液晶屏无报警标志显示；

⑤传感器完好，无漏水；

⑥仪表输出通信正常；

⑦流量计量设备示数、数据远传设备存储数据及后台数据库数据三者一致；

⑧井内无杂物、无积水。

（2）附属设备维护周期

根据附属设备的口径、位置及重要性不同，设定相应的检修、维护周期，如下：

1）阀门

①一级附属设备要求每年活动、维护一次；

②二级附属设备要求每 3 年活动、维护一次；

③三级、四级和五级附属设备结合日常生产工作完成检查，暂不规定活动、维护周期。

2）电动阀：电动阀及其操作系统每季度检查、维护一次。

3）减压阀：每年检查一次，先导阀、针阀、球阀每五年更换一次，铜管等其余配件每两年更换一次。

4）消火栓：每年检修、维护一次。

5）排气阀：每年检查、维护一次。

6）区域增压泵站：每季度检查、维护一次。

7）倒流防止器：每年检查、维护一次。

8）管段式流量计：每季度检查、维护一次。

（3）附属设备维护工作流程

1）维护工作需备齐安全设备（安全帽、反光背心等）、操作工具（内六角、扳手、锤子、绳索、梯子、黄油）、备品备件（如消火栓接口、闷盖、阀盖密封圈等），涉及有限空间作业需备好有限空间作业设备（发电机，鼓风机，三脚架，安全绳，气体检测仪，正压式呼吸机，安全指示牌等）。

2）有限空间作业须填写《有限空间审批表》，供水管理单位安全工作小组批准后，方可现场作业，并严格执行有限空间作业安全管理制度相关要求。

3）不同附属设备维护，维护步骤及标准见附属设备维护步骤及标准（5.2.4 节）。

4）维护操作中如遇老式设备，应安排更换。

5）维护操作后，当日填写《管网附属设备维护记录表》。各供水管理单位根据管理要求制定本单位管网附属设备维护记录表。

6）供水管理单位对完成维护的附属设备要进行抽查，抽查比例不少于 5%，要求各类设备抽查次数一年不少于两次，抽查后做好抽查记录。

（4）附属设备维护步骤及标准

1）闸阀

①操作 *DN*400 以上（含）立式闸阀，确保止水、开关正常、扣数适中；

②维护过程中，如遇阀门开关不动、阀体异常、扣数较多等状况，列入阀门更换计划，及时更换。要求 *DN*400 及以下硬密封闸阀更换为软密封阀门，*DN*400 以上硬密封闸阀更换为蝶阀，新型软密封闸阀无维护部件，可不考虑维护，遇阀门故障直接更换。

2）蝶阀

①拆开蝶阀机头上盖，清除残存黄油，加注新鲜黄油；

②分别操作蝶阀至全开、全关位置，核对指针及限位螺栓准确性。如限位不准，松开限位螺栓进行调闸，确认蝶阀完全关闭后，锁紧限位螺栓；

③检查垫圈是否异常，若有异常及时更换；

④恢复机头上盖及端盖。

3）电动阀

①检查现场控制柜显示屏数据是否正常；

②登录电动阀门远程控制系统，查看压力、液位报警等情况是否正常。调节阀门开启度，现场查看阀门运转情况，以及控制柜显示的数据与电动阀操作系统下达的指令是否同步。通过调整液位及压力报警限值，检查液位仪、压力传感器是否正常；

③拆开蝶阀机头上盖，清除残存黄油，加注新鲜黄油；然后检查垫圈是否异常，若有异常及时更换；最后恢复机头上盖；

④分别用远程、现场控制器、手轮三种操作模式操作，确保每种模式工作均正常。

4）减压阀

①首先检查进、出口压力表是否工作正常，遇故障压力表直接更换；

②检查导管（铜管或不锈钢管）、针阀、球阀及先导阀等配件运行工况，遇有破损或漏水及时进行修复或更换；针阀、球阀进行全开、全关操作；

③对先导阀调节螺栓及弹簧加注少量润滑油润滑；

④根据出口压力表指示，操作先导阀将减压阀恢复至原始工作状态。

5）消火栓

①确认消火栓关闭后，检查消火栓消防接口及消防接口闷盖胶圈是否完好；

②检查消火栓开启操作是否正常，若扭矩较大，反复开关数次，增加润滑；

③开启消火栓排出栓内存水，直至水清关闭消火栓，检查泄水阀是否完好、工作正常；

④补齐消火栓消防接口及消防接口闷盖；

⑤如阀体损坏需更换设备时，检修人员填写设备更换表，报管网管理分公司审核后实施。

6）排气阀

①关闭对夹蝶阀，拆卸排气阀阀盖螺栓；

②打开阀盖，检查浮球是否完好，要求浮球无变形；

③轻轻开启对夹蝶阀，排出阀内存水，并清洗阀体内表面，直至水清，关闭对夹蝶阀；

④如浮球状态良好，则清洗浮球；

⑤检查阀盖有无密封圈（部分型号没有密封圈），如有，确认是否完好，若完好进行清洗，若不完好进行更换；

⑥如浮球或阀体损坏需更换设备时，检修人员填写设备更换表，报管网管理分公司审核后实施。

7）区域增压泵站

①检查管道、泵组及其配套设备外观是否完好无损坏，设备接口处是否有漏水及螺丝松动现象，若有则及时修理，确保其工作正常；

②检查电源、信号等电缆线是否工作正常，无破损；

③检查运行中的水泵外壳是否有发烫现象，不用水的情况下设备是否进入休眠状态，若出现以上现象则及时进行检修；

④检查水泵启动时是否有异响，若有则查看设备内是否有异物并及时取出；

⑤检查水泵控制柜的外观及运行是否正常，电流表设备电流是否正常（相对于额定电流值），压力值是否波动范围较大（最高及最低值相差不超过 0.1MPa）。若有异常则查看其压力传感器与控制器是否有故障，及时检修；

⑥用手动模式进行操作，检查水泵是否能正常切换启动与休眠状态。

8）倒流防止器

①在线检测设备进水端与出水端压力，使用手动泵在进水及出水端阀门开启方向打压小

于或等于 7kPa 压力，阀门不泄漏，则进水端密封性及内部弹簧正常；在进水及出水端阀门关闭方向打压小于或等于 1.1MPa 压力，阀门不泄漏则密封性及止回功能正常。若出现阀门泄漏情况则设备存在故障，及时进行检修；

②关闭倒流防止器前后阀门，打开上盖检查倒流防止器内部密封胶圈与弹簧等易损零件是否完好，若发现设备内部零件异常，及时更换；

③检查设备内部是否有杂质影响运行，若有则及时清除；

④清理 Y 型过滤器下方过滤桶，清除设备拦截下的杂质；

⑤恢复设备上盖，打开前后阀门。

9）管段式流量计

①检查远传型仪表远传数据传输是否正常，如加长天线掉进水中，则将天线置于干燥处，确保通信良好；

②井内无杂物、无积水，避免远传型仪表天线被杂物覆盖；

③检查玻璃屏是否读数正常，用纸巾等柔软物品将其擦拭干净；

④仪表安装后确保通水排气，使管道内存水处于满管状态；

⑤ RS485/4 ~ 20mA 与 Mod-bus 输出型仪表应整理井内线缆并固定于井壁；

⑥若出现仪表智能报警，请记录报警显示图像联系厂家处理。

（5）供水管网设施的井盖应保持完好，如发现损坏或缺失，应及时更换或添补。

6. 修复和更新改造

（1）供水管理单位应建立管网及附属设施的运行维护记录，对管网运行参数进行检测与分析，对爆管频率高、漏损严重、管网水质差等运行工况不良的管道应及时提出修复和更新改造计划。

供水管理单位拟定管网附属设施、设备的检修计划及更新改造计划时考虑的因素是多方面的。根据管网运行监测数据分析，结合管道及附属设备设施的抢修和实际运行维护记录，确定更新改造对象。修复和改造方法的选择，应结合当地具体条件，考虑经济性和社会效益，选用合理的修复和更新改造工艺。

管道修复技术宜利用原有管道本体结构，对管道漏损点、内衬和强度进行原位修复使之恢复功能。这类技术最大的特点是原有管道的本体可继续利用，避免了旧管道开挖拆除的工程，又可节约大量的新管道，做到资源的最大化利用。

（2）编制管网修复和更新改造计划时，应综合分析下列因素：

1）五年或十年以上城市发展规划的需要。

2）管网安全运行。

3）管网水质的改善。

4）严重漏水和爆管较频繁的管道。

5）管网布局的优化。

6）原有管道功能的恢复。

（3）在实施管道修复和更新改造之前，应进行技术经济分析，选择切实可行的修复和更新改造方案。

（4）更新改造的管道宜进行管网模拟计算，优化方案，减少滞水管段，避免流向和流速发生变化时影响管网水质。

管道更新改造容易导致管网流向和流速的变化，首先对受影响的管段提前进行清洗，在改造工程完工并网后，先使用小流量使管道内满流，然后调控阀门开启度，使管道流速逐渐增大，避免管道水质变化影响安全供水。

管网滞水管段是指该管段中的水流停滞，水质发生恶化的管段，一旦管网水压波动，滞水管段的水就会渗入到管网其他管段，导致用户端放出的水浑浊、带有颜色、存在异味。因此在管网改造过程中，应消除滞水管段，个别留存的滞水管段，也应在末端设排水设施，如增设消火栓，定期进行人工排水，减轻滞水管段带来的水质恶化。

5.2.5　漏损控制

漏损控制包括计量管理、水量损失管理、管网检漏和建设分区计量区域，应符合以下 7 项原则与基础：

（1）供水单位应使用符合国家现行有关标准规定的计量器具对用水量进行计量：

1）出厂水计量应符合《城镇供水水量计量仪表的配备和管理通则》CJ/T 454—2014 的规定。

2）用水计量仪表的性能应符合《饮用冷水水表和热水水表　第 1 部分：计量要求和技术要求》GB/T 778.1—2018、《饮用冷水水表和热水水表　第 5 部分：安装要求》GB/T 778.5—2018、《饮用冷水水表检定规程》JJG 162—2019 和《饮用水冷水水表安全规则》CJ 266—2008 的规定。

（2）计量器具在使用过程中必须定期进行专业认证机构检验。水表和出厂水流量计首次使用前须经计量行政部门所属或者授权的计量检定机构进行强制性检验，使用过程中也应进行周期检定，首次强检和周期检定合格方能使用。

（3）供水单位应建立计量管理制度。绿化、市政道路喷洒等用水应装表计量，消火栓用水宜装表计量。城镇绿化和市政道路喷洒用水应安装具有计量表具的取水装置，并按规定水价付费使用；城镇消火栓是专为城镇灭火时使用，其功能是为城镇公共安全提供灭火用水，消火栓特意设计为使用专用钥匙供非经常性开启，故规定其不能移作非灭火所用。非市政道路上的消火栓宜创造条件装表计量管理。

（4）应合理控制供水管网的服务压力。供水区域内地面标高差别较大时，宜选用分压供水方式。供水服务压力和管网漏损率、爆管的发生频率成正比，将供水服务压力控制在满足规定服务需求的范围，可降低漏损率和爆管发生频率。供水面积较大或地面高差较大时，采取分区分压供水是经济而有效的技术措施。

（5）管道引接分支管时应选用不停水接管方式。停水对供水服务影响很大，目前的引接分支施工技术完全能满足各种口径的不停水接管施工，故应在行业中尽可能使用不停水引接分支技术，减小停水对用户造成的影响。

（6）管道冲洗水量应计入用水量统计中。管道冲洗水量与管道施工时的管道内清洁工序及施工现场管理有关，将冲洗水量加以统计并收费，有助于提高施工质量，控制工程成本和节约冲洗水量。

（7）管网漏损率应按现行行业标准《城镇供水管网漏损控制及评定标准》CJJ 92—2016的有关规定进行考核，严格要求供水单位将管网漏损率作为考核的指标。

1. 计量管理

（1）供水单位应完善计量管理体系，对不同性质用水进行分类，并对各类用户用水进行计量管理。

（2）计量器具的选型应综合分析下列因素：计量器具的流量特性与实际运行流量间的关系；环境条件；安装条件；通信方式和经济性。根据计量器具的特性，具体工程中的使用应按照有关选型的要求进行执行。计量器具选型是否合理，决定了其运行过程中的准确性。

（3）水表的选择应符合下列要求：

1）管道直径为 *DN*15～*DN*40 的水表应选用 R80 量程比，有条件的宜选用大于 R160 的量程比。

2）管道直径（*DN*）大于或等于 50mm 的水表应选用 R50 量程比；有条件的宜选用 R160 量程比。

3）远传水表和预付费水表的选用宜从经济成本、技术性能和管理方式等多方面综合考虑后确定。

4）水表使用压力不得大于水表耐压等级。

水表级别根据《饮用冷水水表和热水水表 第1部分：计量要求和技术要求》GB/T 778.1—2018 确定。

（4）流量计的选择应符合下列要求：

1）基本误差不应超过 ±1%，有条件的不应超过 ±0.5%。

2）应满足输水特性和水质卫生要求。

3）连续计量应准确，安装环境适应性强。

4）维修和校验方便。

（5）水表的安装应符合下列要求：

1）应满足直管段长度的安装要求。

2）应安装在抄读、检修方便不易受污染和损坏的地方。

3）居住小区宜按单元集中布设。

4）严寒和存在冰冻环境的地区应采取保温措施。

5）当采用水平安装方式时，安装后的水表不得倾斜。

（6）流量计的安装应符合下列要求：

1）应满足直管段长度的安装要求。

2）应水平安装，位置不得高于来水方向管段。

3）应有接地、抗干扰和防雷击等装置。

（7）计量器具的安装要求、安装方式虽有区域性特点，但总体要求是一致的。流量计的安装应参照设备供应商提供的技术资料的要求，如电磁流量计的安装应符合以下规定：

1）前后管道的直线段应符合流量计安装使用说明书的规定，需将流量计前后管段改装为变径管的，应在满足直管段安装距离要求外变径。

2）管内水呈满流，不夹气。

3）流量计、水、管道三者间应连成等电位接地。

4）在垂直安装时，水流自下而上；水平或倾斜安装时，测量电极不应安装在管道的正上方或正下方。

5）当流量计规格大于 300mm 时，应设专门支撑、装伸缩节。

（8）用于贸易结算的水表必须定期进行更换和检定，周期应符合下列要求：

1）管道直径 $DN15 \sim DN25$ 的水表，使用期限不得超过 6 年。

2）管道直径 $DN40 \sim DN50$ 的水表，使用期限不得超过 4 年。

3）管道直径大于 $DN50$ 或常用流量大于 $16m^3/h$ 的水表，检定周期为 2 年。

对计量器具的更换是根据《强制检定的工作计量器具实施检定的有关规定》的要求进行了具体规定；计量器具应按规定时间更换，特别是出厂水计量与大用户的计量，应视用户实际用水量的变化选用合适的计量器具，减小计量误差。

（9）供水单位应对大用户的计量器具进行专门管理，大用户的用水量占比较大，集中出流的用水特点较为明显，应根据流量特性的变化适时调整计量器具的规格和计量方式。

（10）对在线计量器具的计量误差应进行定期跟踪和分析，并应建立相应的档案，对未到定期更换年限，但计量器具已超过误差标准且无法校正的，应及时更换。

（11）对大用户的用水量进行跟踪分析，发现水量异常等情况应及时处理。

大用户一般安装较大口径水表，由于不同季节、不同时段以及不同用水规律的影响，有些时段一些大用户的大流量时段很短，水表大部分时间处在“大表小流量”状态，还有一些大用户会出现“小表大流量”状态，这都会影响水表的准确计量。供水单位应通过跟踪分析适时调整合适的计量器具，及时校正计量精度，实现计量公平。

2. 水量损失管理

（1）无收益有效用水量主要内容和水量计算方法应符合下列要求：

1）计划停水管道排放的水量，应按管道口径、长度计算。

2）管道维修损失的水量，应按维修停水范围内各管段管道口径、长度计算。

3）突发水质事件等情况下，管网临时排放的水量，应按临时停水范围内各管段管道口径、长度和排放时间计算。

4）新建管道并网前灌注和冲洗的水量，应按新建管道各管段口径、长度及冲洗时间计算。

5）消防演练和灭火用水量，应按实际使用次数、规模和时间计算。

（2）供水单位应对无收益有效用水量进行统计，并应建立相应的水量管理台账。同时供水单位应对爆管抢修、计划停水、定时排放等用水量进行统计与分析，建立相应的水量管理档案，并对其进行相应的统计和分析估算。

（3）供水单位应对管网附属的放水设备进行严格管理，不得擅自开启消火栓。擅自开启消火栓放水是非法用水行为，且容易损坏公共用水设施，造成水资源浪费。因此应严格规范消火栓的管理。

（4）供水单位应加强对计划和应急停水的管理，控制停水范围，减少水量损失。加强管网日常运营管理是水量损失管理的基本要求，也是控制水量损失最有效的方法。

3. 管网检漏

（1）供水单位应对区域内的供水管网开展漏损普查工作，通过主动检漏降低管网漏损。漏损普查是漏损控制的措施之一，是供水单位主动发现漏损的具体做法。漏损普查的方法、周期可根据管网状态经过技术经济分析确定。

（2）供水单位应结合管理辖区特点、区域管道材质和管网维护技术力量等实际情况，经过技术经济比较后选择检漏方法。检漏方法的选择可参考《城镇供水管网漏水探测技术规程》CJJ 159—2011 中各种漏水探测方法、使用条件和技术要点等内容。

1）流量法是指借助流量测量仪器设备，通过监测地下供水管道流量变化推断漏水异常管段的方法，分为区域检漏法和区域装表法。流量法适用于判断探测区域是否发生漏水，确定漏水异常发生的范围，还可用于评价其他方法的漏水探测效果。

2）压力法是指借助压力测试设备，通过监测地下供水管道供水压力的变化，间接推断漏水异常管段的方法，适用于判断漏水发生，确定漏水发生范围。

3）噪声法是指利用相应的仪器设备，在一定时间内自动监测、记录地下供水管道漏水声音，并通过统计分析其强度、频率，间接推断漏水异常管段的方法，适用于漏水点预定位和供水管网漏水监控。当用于长期性的漏水监测与预警时，宜采用固定设置噪声记录仪方式；当用于对供水管道进行分区巡检时，宜采用移动设置方式。

4）听音法是指借助听音仪器设备，通过识别地下供水管道漏水声音，间接探测漏水异常点的方法。采用听音法探测管道漏水点时应根据探测条件选择使用阀栓听音法、地面听音法和钻孔听音法。

5）相关法是指在漏水管道两端管壁或阀门、消火栓等附属设备放置传感器，利用漏水噪声传到两端传感器的时间差，推算漏水点位置的方法，适用于漏水点预定位和精确定位。

6）检漏方法还有管道内窥法、探地雷达法、地表测温法、示踪法等。

（3）供水单位应配备相应的技术人员和仪器设备，有计划地开展检漏工作，没有条件配备专业检漏人员的单位，可委托专业检漏单位检漏。

（4）检漏周期应按现行行业标准《城镇供水管网漏损控制及评定标准》CJJ 92—2016 的有关规定，经过经济技术分析后确定，当漏损检出率发生变化时可适当调整检漏周期。随着检漏工作的周期性开展，管网漏点会逐渐减少，当漏损检出率降到一定程度，供水单位应考虑其检漏的成本效率和经济效益，适当延长检漏周期，平衡管网漏损水量和检漏成本。

（5）供水单位应每月进行一次管网漏损数据统计和分析，用于制定管网维护计划。管网漏损的数据是管网运行维护的重要依据，供水单位应根据其数据分析的结果开展检漏和管网维护工作，制定管网更新改造计划，并对管网资产状态作出评估，用于管网管理和发展规划等。

（6）供水单位应规范漏损检测流程，以下为一般检漏步骤：

1）专业检测人员应按照漏损普查计划，检查区域内相关管网附属设备井，同时可配套使用漏失监测记录仪进行辅助发现漏损情况，打开附属设备井井盖后利用听音杆进行阀栓听音，初步确定漏水噪声声源位置。

2）确定存在漏水噪声后，可利用两侧设备井寻找声源，同时可使用相关仪等检测设备进行漏水噪声声源的精确定位。

3）利用设备确定疑似漏点位置后，使用检漏仪听测漏点噪声信号，并对疑似漏点进行标记。

4）使用寻管仪确认疑似漏点附近无电缆、变压器等危险供电设备后，打地钎确定漏水点的精确位置，并绘制漏点位置草图进行上报。

4. 建设分区计量区域

通过对供水管网实施 DMA 分隔，可持续监测 DMA 区域进、出口的流量，在管网破损产生后能迅速识别和修复，精确评估区域漏损水平。为提升供水企业管理水平，降低漏损，供水企业应建立分区计量区域，遵循先行试点、统筹规划、分步实施原则，在新建供水管网系统及老旧管网改造时，逐步建立分区计量管理。制定分区计量实施原则主要考虑的因素包括供水管网布置实际情况、管网压力的合理控制、经济实用性。

（1）设计标准

1）分区规模

对于新建住宅小区和自备井置换住宅小区，原则上统一按 DMA 模式建设；原有住宅小区实施 DMA 划分改造时，分区规模原则上控制在 500～3500 户，管线长度控制在 1.5～5km。

2）进水口

原则上为单一进水口（条件允许时应设置 1 个备用进水口，备用进水口应增设必要的阀门和冲洗放水口），至多不超过 2 个。原有住宅小区实施 DMA 划分改造时，其余进水口应进行撤除，撤除管段为原有进水支管至最近用户支管之间的管线。

3）设备位置和井室

确定设备安装位置前应首先进行信号强度测试，若信号强度小于 –80dBm，应根据现场条件调整设备安装位置；采用电磁测流原理的流量计量设备安装位置附近无铁磁性物体及具有强电磁场的设备（电机、变压器等），采用超声测流原理的流量计量设备安装位置附近无强震动干扰；流量计量设备的上游和下游应安装直径（D）与其相同，长度分别为 $10D$ 和 $5D$ 的直管段，特殊情况下可采用长度分别为 $5D$ 和 $3D$ 的直管段；井室为防水型砖砌矩形井室，依据《DMA 进水口流量计量设备井室标准图》确定，井盖采用加锁型测流井井盖；流量计量设备、压力调控设备、边界阀门和冲洗放水口的井室内壁应安装警示牌。

4）压力监测与控制

DMA 区域进水口应安装压力监测设备，宜与流量计量设备集成。进水口平均压力大于 0.32MPa 且小于 0.35MPa 时，应采取简易压力控制措施；进水口平均压力大于 0.35MPa 时，应增设压力调控设备。压力调控设备前后均应安装压力监测设备。

（2）设备选型与参数设置标准

1）进水口流量计量设备

符合供水企业关于流量计量设备标准的相关规定，计量设备的量程比应不小于 250，测量时间间隔宜不大于 5s；结构型式应为整体式（测量元件与计算器一体）；防护等级符合《外壳防护等级（IP 代码）》GB/T 4208—2017 中规定的 IP68；原则上采用电池供电，电池使用寿命不少于 6 年，电池可在保持原防护等级的条件下现场更换；具备脉冲信号或 RS485 信号输出端口。配备独立的数据远传设备时，输出信号线长度不小于 3m，并采用防水型航空接头。脉冲信号输出设置为：脉冲值 50，脉宽 100ms。RS485 信号输出设置为：累计流量保留 2 位小数。

2）压力调控设备

采用水力减压阀；原则上采用固定出口压力方式，出口压力设定值应为 0.28MPa 左右；出口压力相对于设定值的波动不大于 0.015MPa。

3）进水口数据远传设备

宜与流量计量设备集成；具备流量和压力信号采集、数据存储、数据上传、现场抄收及现场调试功能；具备低电量和断线报警功能，可自动发送报警信息至服务器；DMA 进水口压力超过设定的上、下限时，可自动发送报警信息至服务器；防护等级符合《外壳防护等级（IP 代码）》GB/T 4208—2017 中规定的 IP68；原则上采用电池供电，在每天上传 4 次情况下，电池使用寿命不少于 3 年，电池可在保持原防护等级的条件下现场更换；除特殊情况外，数据记录时间间隔设定为 15min；数据上传频率设定为每天 4 次；时钟漂移小于 1min；压力数据精确到小数点后 3 位数字（单位为 MPa）。

（3）验收标准

1）工程验收标准。符合《给水排水管道工程施工及验收规范》GB 50268—2008 的相关规定；流量计量设备的安装方向与水流方向一致，接地装置连接正确；流量计量设备和压力调控设备下方应设置支墩，法兰连接使用不锈钢螺栓；配备独立的数据远传设备时，应使用膨胀螺栓固定于井口下方；进水口监测设备的连接线沿井壁布设并固定，多余线路捆绑后挂于井壁上；井深大于 1.2m 时，应安装踏步或爬梯。

2）数据验收标准。DMA 数据分析与管理系统中的 DMA 属性信息录入完整、准确；进水口监测数据连续稳定上传，无数据缺失和明显异常；进水口监测数据应进行现场验收，流量计量设备的示数、数据远传设备中的存储数据和后台数据库中的数据三者一致；压力调控设备出口压力稳定，设定值和波动值符合要求。

（4）运行标准

1）DMA 属性信息发生变化时，2 个工作日内完成 DMA 数据分析与管理系统的数据更新。

2）边界阀门的开启和复位应建立操作记录台账和系统日志。

3）每日对进水口远传数据进行跟踪分析，发生数据明显异常或连续 3d 未上传时，1 个工作日内派发设备故障维修任务。

4）自派发设备故障维修任务起，24h 内完成故障原因排查，原则上 3d 内完成故障修复。

5）发生新增漏失报警时，1 个工作日内派发 DMA 漏点检测任务。

6）自派发 DMA 漏点检测任务起，原则上每处 DMA 在一周内完成漏点检测。

（5）针对两路以上进水的小区在规划建设 DMA 小区前，应先试验，按规划设计关闭应关闭的小区进水，观察小区供水情况是否满足小区用户用水需求，必要时可在两路及以上进水口安装计量设备。

（6）在成片开发的小区宜安装水量对照总表，通过总表和户表的水平衡管理，达到发现差额、控制漏损的目的。不同供水单位应根据当地实际情况，核定适当的分区计量小区规模，安装总表。

（7）管网漏损率、爆管的发生频率与供水压力成正比，适当降低管网压力可有效降低破损发生的几率，同时可降低管网破损时所浪费的水量，从而达到降低漏损率的效果。

（8）供水单位负责流量计量、压力监测和数据远传设备的调试及全过程质量监控。

5.2.6 管网智能监测管控系统

1. 构建管网智能监测管控系统

近年来，随着物联网、移动互联网、云计算等新一代信息技术的迅速发展，给供水单位的智能监控预警带来了巨大的变革。构建安全实用、智能高效的管网运行智能监测管控系统成为必然趋势。管网智能监测管控系统通过物联网实现传感器的采集数据回传，通过部署的接收系统实现数据分析、风险预警、应急处置等功能，系统应包含以下结构。

（1）物联网感知层：物联网感知层位于系统的最底层，主要提供最基本的数据采集和传输服务。通过传感器、感知终端、摄像头、远传设备等物联网设备的接入，与系统进行信息的交换和通信，以满足对供水设备运行数据的监控与管理。

（2）硬件平台层：硬件平台层主要提供系统建设中所需硬件设备的支持，包含系统搭建部署所需的服务器、网络、路由等基础硬件设备。

（3）数据层：数据层主要由数据仓库组成，其中主要包括历史数据库、各业务数据库，以及其他信息资源库等。

（4）接口层：管网数据感知预警系统还涉及不同数据形式的接口管理，包括数据推送接口、数据同步接口、地理信息服务接口、在线监测数据接口等，通过有效的接口管理机制，实现资源共享。

（5）应用层：主要包括搭建在应用支撑平台上的基础应用软件，向不同使用终端提供不同业务应用功能，包括数据分析功能、报警处置功能等。

2. 标准规范体系与安全保障体系

与系统配套实施，还应制定相应的标准规范体系与安全保障体系，从而确保系统的平稳运行，为管网运行监测提供稳定的数据支撑。

（1）标准规范体系

以国家电子政务标准化指南为基础，建立管网监测数据的信息化标准体系框架，通过相关技术规范实现数据标准化，确保数据交换内容与格式规范化等。

（2）安全保障体系

系统安全方面应加强网络身份认证和授权管理系统，针对敏感数据、涉密数据实现数据的加密传输与管理，系统实现定期安全评估与漏洞监测，防止数据的泄露与被篡改。

3. 系统应用场景

管网智能监测管控系统的应用场景是基于供水单位具体的管理需求定制产生的，系统通过数据的集成化管理，实现供水单位的监测一体化、预警高效化、管理科学化。

（1）供水管网 GIS 应用模块

将水源地、输水管线、供水厂、水表、流量计、阀门、供水管道、消火栓等各类资产进行统一展示与管理，形成全要素生命周期的管理模式。

（2）供水信息综合管理模块

以管网数据为基础，提供了供水单位相关生产业务的可视化建档、查询、管理、更新等功能，实现了对供水信息全要素管理，提高供水单位生产运营管理效率。

（3）供水计量管理模块

依托于水表、流量计和压力表等物联网传感器设备，结合分区计量管理，通过大数据分析实现了对物联网设备数据的分析与计算，确定最小流量，筛查可能的漏损和漏点。

（4）智能设备管理模块

管网运行过程中，系统可通过监测数据的实时预警及反馈，实现管网压力、流量、管网水质等智能监测设备状态异常的即时报警功能。系统依靠数据仓库来汇聚各类监测数据，以 GIS 平台为依托，实现对各类管网监测设备的一站式管理。通过系统定制化的图表分析工具对各类数据进行显示与分析，从而满足供水单位的使用需求。

4. 管网安全风险管理

供水单位应根据自身生产业务，定制相应的管网智能监测管控系统，同时执行配套的管理制度与处置流程。

（1）供水单位应编制管网风险预警和应急预案，明确不同类别的管网风险处置办法、处置流程和责任部门。

（2）供水单位应对管网运行进行安全和风险评估，并制定相关安全与应急保障措施。通过系统的风险评估—预警—处置流程，实现对管网运行的安全管控，做到预防与处置并重，评估与控制结合，使应急处置管理能有预见性、针对性和主动性。

（3）根据管网安全和突发事件的风险程度及影响程度应建立分级处置制度。当管网安全事故和突发事件发生时，在应急处置的同时，应及时上报主管部门。

（4）对管网压力、流量和水质的动态变化应进行定期检查和实时掌握，通过在线监测设备的实时回传及反馈，形成供水管网安全运行的风险预警机制。各种管网预警—处置问题的分析是日常运行、管网评估等工作的基础，做这项工作必须持之以恒，实行专人管理，针对每一处报警问题进行分析积累，形成管网风险问题的资料库。

（5）根据管理范围内的重大活动、重大工程建设和应对自然灾害等的需要，在实时监测基础上配合相应的管线巡视、工程检查等工作，做到重点地区供水运行情况的重点管理。

（6）管网运行安全预警管理应建立管网事故统计、分析和相关档案管理制度，依据管网事故的统计分析数据，提出安全预警方案。

（7）供水单位应通过管网在线监测，及时发现管网运行的异常情况，通过不断分析管网安全风险预警情况，进一步优化预警方案。

（8）当管网出现重大级别以上的管网安全突发事件时，供水单位应立即启动应急预案，并及时上报当地供水行政主管部门。我国一般将各种突发事件分为四个级别，各城市、各地区的突发事件分级也分为四个级别，各级别的程度和影响范围不同。各地区供水单位的供水管网突发事件分级也应根据当地的实际情况，按照影响范围的大小、影响用户的多少、突发事件的性质、管径的大小、突发事件处置时间的长短等因素划分本单位管网突发事件的四个级别。

（9）管网水质突发事件发生时，应迅速采取关阀分隔、查明原因、排除污染和冲洗消毒等措施，对短时间不能恢复供水的，应启动临时供水方案。当出现水质突发事件时，供水单位应将出现水质问题的管道从运行管网中隔离开，隔断污染源，防止污染面扩大，并及时通知受影响区域内的用户和上级主管部门，尽量减少危害程度。同时应尽快查明原因，迅速制定事件影响范围内的管网排水和冲洗方案，及时采取措施排出污染源和受污染管网水，并对污染管段冲洗消毒，经水质检验合格后，尽快恢复供水。当冲洗消毒无效时，应果断采取停水及换管等措施。

（10）当发生爆管、破损等突发事件时，应迅速关阀止水，组织应急抢修；当影响正常供水时，应及时启动临时供水方案。

（11）当发生供水压力下降的突发事件时，接到报警后应迅速赶到现场，查找降压原因，了解降压范围及影响状况，及时处置，恢复供水。

（12）进行管道维修、抢修实行计划停水后，如工程未能按时完工，应启动停水区域应急供水方案。

（13）各类管网突发事件发生后，应进行相关善后处置工作，对于重大突发事件还应对事件的发生原因和处置情况进行评估，并应提出评估和整改报告。突发事件评估报告应包括以下内容：

1）突发事件发生的原因。

2）过程处置是否妥当。

3）执行应急处置预案是否及时和正确。

4）善后处置是否及时。

5）受突发事件影响的人员和单位对善后处置是否满意。

6）整个处置过程的技术经济分析和损失的报告。

5.2.7 管网次生衍生风险防范

1. 管网爆管风险防范

针对城市供水管道爆管问题，需要从多方面考虑。除采用一些必要的常规措施以外，还需要在更高层面综合考虑爆管的解决方式。

（1）管材管径

在材料、施工、安装等方面，改进铸铁管的材质和生产工艺，选择优良材质和性能的管道，接口方式应尽量采用柔性接口或者采用刚性与柔性相结合的接口方式，加装管道伸缩短管，清除外加荷载。在规划、设计、施工、安装等方面全面注重质量管理。供水单位对管网中不能满足输水要求和存在安全隐患的管段，有计划地进行修复和更新改造。爆管频率较高的管段应缩短巡检周期，进行重点巡检，并应建立巡检台账，降低事故频率。

（2）管网水锤及压力管理

在防控设备和阀门方面，完善管道的排气系统，合理设计分布和安装排气阀，保证阀门数量和质量，加强排气阀的维护检修。为消除水锤对管道的破坏作用，可采用加大管径减少流速，缓慢开关阀门，取消止回阀和底阀，采用微阻缓闭止回阀，安装停泵水锤消除器，设置高速进排气阀，设置气压罐、空气室、调压井、调蓄水池等措施。管网爆管风险防范除设备压力管理之外，针对可能发生的城市供水爆管等突发事件，建立城市供水监测系统，做好风险分析和实时监测工作。城市供水监测系统应包括仪器监测与人工巡视检查等。建立预警系统，做好城市供水风险管理，对城市供水可能发生的突发事件进行预警。包括城市供水工程及运行异常预警，供水厂、输配水管网水质及水压异常预警，实现对城市供水系统水量和水压实时监测及运行信息实时查询功能，在出现异常时，应及时诊断并发出警报。预警信息应包括：供水突发事件预警的级别、类别、起始时间、可能影响范围、危害程度、紧急程度和发展态势、警示事项以及应采取的相关措施和发布机构等。

现在大多数国家采用更先进更合理的管网水锤监测技术和控制措施。因此对管道的状态进行评估和预测，采取先进的水锤计算方法、应用技术和阀门设备等是非常有必要的。

（3）爆管预测

随着科技的迅速发展，越来越多的新技术和仪器设备可以应用到城市供水管网系统中，例如爆管和漏损预测及评估方法，水锤的防护与控制技术，管道定位和漏失检测技术等，采用有效的方法对爆管和漏损进行预测和评估，通过已有数据分析，尽可能减少爆管的可能性。采用先进的管道定位和漏失检测技术，通过管道定位仪和管道漏失检测仪等仪器设备，可以快速发现和定位有泄漏现象的管段，及时了解和掌控高危管道的状况，采取必要措施进行整改，可以有效预测和控制爆管现象的发生。还可以分别建立以管龄、管道条件，管道运行压力、环境条件、季节，气候等为影响因素的爆管事故预测或预报模型，以及爆管事故的应急处理方案。

当管网发生异常事件时，一定程度上会通过压力、流量、声音和振动等信号方面反映出来，如爆管最直观的反应体现在泄漏点下游用水节点的水压骤降，进而影响用户用水。

在供水管网中压力和流量是最为常规的数据，充分利用管网监测中的监测数据进行管网异常事件监测是最为有效的方法之一。爆管定位分析就是基于管网监测信号物理特征，通过分析各监测点压力、流量、消火栓参数的波动特性，根据数据波动的异常，找出所有异常设备点。然后在计量分区内根据空间距离将管网监测点进行聚类分组，根据最大压降所在分组内的各监测点的异常个数，对多设备联动分析判定爆管事件并确定所处的爆管区域，最后基于定位算法求解出爆管点坐标实现定位。确定好目标管道的爆管位置，以及受到爆管位置影响且距离最近的流量监测点；根据流量监测点的历史流量数据计算当前的流量变化率。将目标管道与流量变化率结合确定初始范围，对初始范围进行供水影响验证确定目标范围。在确定目标范围之后，工作人员可以迅速定位爆管位置，及时解决目标范围的供水问题。

（4）应急管理

管网爆管应急防范措施方面对损毁的输配水管网及配套设施与机电设备等进行紧急抢修，并启用应急备用水源和临时供水设施。根据城市水源、输配水管网布局及连通情况，实施多水源联合应急调度，合理调配管网供水量及供水范围，采取分时段分片供水。适时压缩用水指标，限制或停止城市建筑、洗车、绿化、娱乐、洗浴行业用水，控制工业用水直至停产，调整城市供水优先次序：首先满足居民生活、医院、学校、政府机关单位、食品加工、宾馆和餐饮用水；其次是金融、服务用水；再次是重点工业用水等。针对局部区域或重点用水单位，调配运水车辆送水。对当地的桶装水、矿泉水和纯净水进行统一调配，并紧急从周边区域调运桶装水、矿泉水和纯净水，及时发放给居民饮用。采取跨行政区域、跨流域、流域上游和下游水量应急调度，保证城市应急供水。

2. 管网路面塌陷风险防范

（1）日常巡查养护

对存在管网的城镇道路应按规定进行检查和评价，及时掌握道路的技术状况，并应采取相应的养护措施，可以有效降低路面塌陷的风险。城镇道路检查应分为日常巡查、定期检测和特殊检测。根据相关规范要求，重要区域及周边道路范围内的城市地下管线敷设区域，检测时间间隔宜为 3～5 年。城市快速路、主干路、一级公路、二级公路范围内的城市地下管线敷设区域，检测时间间隔宜为 3～5 年。高速公路、城市次干路、支路、三级公路及四级公路范围内的城市地下管线敷设区域，检测时间间隔宜为 5～7 年。开挖断面面积大于 $30m^2$ 的隧道、洞室等地下工程沿线及周边道路范围内的城市地下管线敷设区域，应定期进行检测，首次检测时间应为竣工 2 年后，后续检测时间间隔宜为 3～7 年。重大基础设施干线，如输水管线等地下管线敷设区域，检测时间间隔宜为 5～7 年。在地下管线周边土体病害检测期间，检测区域范围内相关地下管线的产权单位宜同时安排对其地下管线自身状况进行检测。

（2）预防、监测与预警

路面塌陷风险防范还需要依靠预防、监测与预警，预防主要包括：①管理单位应坚持“预防为主、预防与应急处置相结合”的原则，将地面坍塌事故的预防工作贯穿于城市建设施工、维护管理、日常工作等各个环节，统筹兼顾和综合运用各方面的资源和力量，提高城市综合防灾减灾能力，预防和减少地面坍塌事故的发生，控制、减轻和消除地面坍塌事故引起的社会危害。②轨道、基坑等地下工程建设过程中应加强对地下管线的保护，避免损坏管网设施引发地面坍塌事故。③指挥部办公室组织编制年度地面坍塌防治计划，统筹协调并组织实施辖区内地面坍塌防治项目。④根据专项工作方案要求，进行“全面排查”“重点诊断”“对症下药”，将地面坍塌隐患消灭在萌芽状态，通过有奖举报等方式，鼓励人民群众积极参与地面坍塌防治工作，建立群防群治的工作机制。⑤指挥部各成员单位要积极开展地面坍塌事故防范和自救互救知识的宣传教育，提高公众防范地面坍塌事故的意识和逃生避险技能；加强综合应急救援队伍建设，配备相关的救援设备，做好救援物资储备，不定期开展地面坍塌事故应急演练工作。⑥结合城市更新加大地面坍塌隐患的治理。通过统筹城市更新与地面坍塌防治工作，在城市更新项目中加大对地面坍塌隐患的治理力度，一步到位治理好地面坍塌安全隐患；同时，涉及地面坍塌安全隐患的片区，符合城市更新条件的应优先纳入更新计划，并在城市更新政策方面给予适当支持。

监测主要包括：①各成员单位要建立地面坍塌群测群防体系。各街道办事处、社区工作站、居民委员会及相关预防、监测责任人对地面坍塌重点防范区进行日常巡查，充分发挥出租屋综合管理人员、物业管理人员、城市信息采集员、绿化养护人员、清扫保洁人员、保（治）安员等工作人员力量，在日常工作中发现地面坍塌隐患时，及时报送灾情（隐患）信息。②各成员单位要充分利用专业技术队伍力量，组织开展地面坍塌调查、评估，对地面坍塌隐患点进行定期和不定期的检查，加强对地面坍塌重点地区的监测和防范。

预警主要包括：①各成员单位根据自己的职责及时向区指挥部办公室报告地面坍塌事故信息。事故报告应及时、真实、规范，事故报告内容主要包括地面坍塌事故发现的时间、地点和可能的影响程度等。②发现地面坍塌事故前兆及发生灾情时，发现险情或灾情的单位或个人，应迅速通过各街道总值班电话进行上报。

（3）路面塌陷应急管理

地面坍塌事故发生后，按照属地、属权管理相结合的原则，地面坍塌事故应急指挥部各成员单位及其他相关单位可采取如下应急措施：①组织营救和救治受伤人员，搜寻、疏散、撤离并妥善安置受到威胁的人员。②迅速控制危险源，标明危险区域，封锁危险场所，划定警戒区，实行交通管制以及其他控制措施，交通运输、公安等部门应当保证紧急情况下抢险救援交通工具的优先安排、优先调度、优先放行，确保抢险救灾物资和人员能够及时安全送达。③立即抢修被损坏的交通、通信、供水、排水、供电、供气、输油等城市生命线工程设施，保障社会生产生活基本需要。④禁止或限制使用有关设备、设施，关闭或限制使用有关场所，中止人员密集的活动或可能导致危害扩大的生产经营活动，以及采取其他保护措施。⑤启动突发事件应急专项资金快速拨付机制，必要时启动财政预备费，为处置地面坍塌事故提供资金保障。启用储备的应急救援物资，必要时调用其他急需物资、设备、设施和工具。⑥做好受灾群众的基本生活保障工作，提供食品、饮用水、衣被等基本生活必需品和避难场所、临时住所，开展卫生防疫工作，确保受灾群众有饭吃、有水喝、有衣穿、有住处、有病能得到及时医治。

第6章 加压调蓄设施安全风险识别与防范

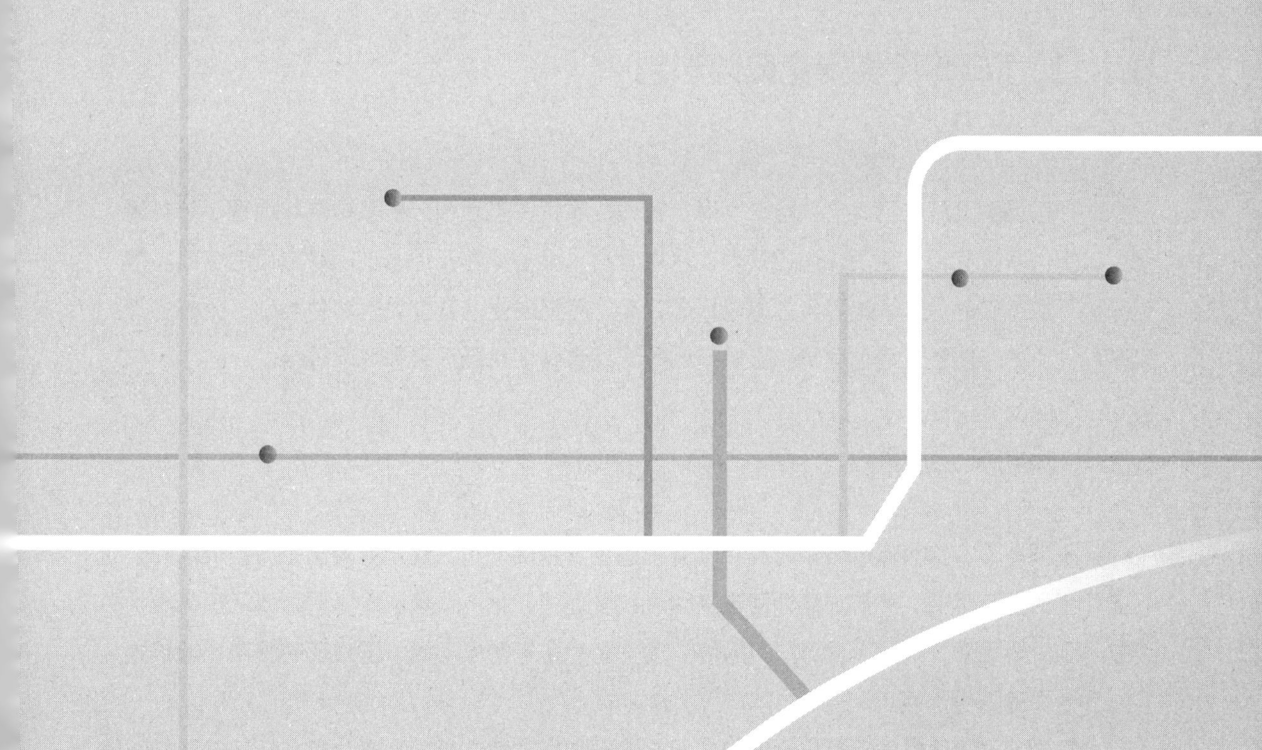

加压调蓄设施是城镇供水“最后一公里”的重点，也是保障供水安全的关键点。在其运行过程中，面临的各类安全风险是不容忽视的。加压调蓄设施的安全风险既有“集中性”特点，又具有“分散性”特点。“集中性”体现在，每个加压调蓄设施是一个相对独立集中的供水系统，一般以一处住宅小区或公共建筑为供水单元，一旦设备设施出现故障，无其他水源保障，将导致整个供水区域断水。与之对应的“分散性”，各个加压调蓄设施分布在城市的建筑与小区当中，管理单位也“分散”在物业、房管站、供水企业、业主自管等，但正是由于管理的分散式、多元化结构，导致了安全风险的“集中”爆发。本章将从反恐安全、水质安全、突发事件、设施运行安全、运维作业安全以及网络和信息安全等方面阐述加压调蓄设施的安全风险识别与防范措施。

6.1 加压调蓄设施安全风险识别

对加压调蓄设施进行安全风险识别时，首先应收集、整理和分析城市自然地理、社会经济、二次供水设施相关建设、运行管理、水质管理、设备保养及用水现状等方面的资料。辨识其中可能存在的危险有害因素和影响因子，确定可能发生的安全风险事件类别，分析各类别事件发生的可能性、危害后果和影响范围等，综合评估风险后果和风险等级。

6.1.1 反恐安全风险

加压调蓄设施作为保障城镇居民用水需求的重要基础设施，其运行安全是城市供水安全保障体系的重点环节。目前加压调蓄设施建设和管理多元化、监管职责不明晰以及运行维护责任不到位等因素，导致水质污染风险高、治安隐患多等诸多问题，群众反映强烈，城镇饮用水安全保障形势严峻。

加压调蓄设施面临的反恐安全风险主要来源于加压调蓄设施未独立设置，无建筑围护结构；出入口门禁、摄像等安防设施不合格；人员出入管理不到位；供水设施安防功能缺失。

2015 年 2 月，住房和城乡建设部、国家发展改革委、公安部、国家卫生计生委印发《关于加强和改进城镇居民二次供水设施建设与管理确保水质安全的通知》，要求各地要充分认识加强和改进城镇居民加压调蓄设施建设与管理工作的重要性，推广使用先进的安防技术，落实防范恶意破坏加压调蓄设施的技防、物防措施，将保障加压调蓄设施安全提升到改善民生和国家反恐工作的高度。

2016 年 9 月，为规范城市供水行业反恐怖防范工作的相关要求，建立反恐怖防范长效管理机制，落实安全防范责任，提升反恐怖防范能力，有效预防城市供水恐怖袭击事件的发生，保障城市供水安全，由住房和城乡建设部、国家反恐办联合颁布了《城市供水行业反恐怖防范工作标准》，对人力防范、实体防范和技术防范 3 个方面的安全防范工作进行了标准化要求，其中加压调蓄设施为 15 个重点部位之一。根据城市供水服务人口以及遭受恐怖袭击后可能造成的损失、危害和影响等因素，居民建筑二次供水设施管理单位反恐怖防范类别为Ⅱ类。

2022 年 12 月，公安部发布公共安全行业标准《城市供水系统反恐怖防范要求》GA 1809—2022，规定了城市供水系统反恐怖防范的重点目标和重点部位、重点目标等级和防范级别、总体防范要求、常态三级防范要求、常态二级防范要求、常态一级防范要求、非常态防范要求和安全防范系统技术要求。该标准于 2023 年 7 月 1 日起实施。城市供水系统防范恐怖袭击重点目标及其等级由公安机关会同有关部门依据国家有关规定共同确定。重点目标的等级由低到高分为三级、二级、一级。

6.1.2　水质安全风险

目前我国高层建筑加压调蓄设施水质污染的问题较为突出，加压调蓄设施的各个环节，如市政进水的贮存和消毒设备、加压供水设备、管网系统均存在污染风险，加之缺乏针对加压调蓄设施污染防控的专门技术标准，二次污染的治理防控手段较为滞后，造成大量建筑尤其是高层居住建筑加压调蓄设施污染严重。同时，由于水质监测及安全监控的不足，往往不能及时发现和有效防控污染的发生，在污染发生后响应速度迟缓和应急处置措施不到位，严重影响加压调蓄设施的水质安全。

造成加压调蓄设施污染的因素较为复杂，在设备材料的选择、系统设计、安装、使用及维护各环节均存在不当处置造成的污染风险。主要包括回流污染、设备设施的浸出物污染、外部污染物侵入污染、系统内部环境造成的生物性污染、人为污染等。造成这几类污染的因素包括材料、加工、水龄、水温、消毒剂余量、回流、串接、管道内生物膜、沉积物等，应针对这些因素从存储设施、清洗设施、加压设施、管网系统、阀门及附件、消毒及净化设施、水质监测系统、安全监控系统等方面开展水质污染的预防和控制。

6.1.3 突发事件风险

根据加压调蓄设施特点，识别加压调蓄设施运行过程中可能存在的危险有害因素，确定可能发生的加压调蓄设施突发事件类别，分析各种事件类别发生的可能性、危害后果和影响范围，确定相应事件类别的风险等级。与加压调蓄设施领域相关度较大的突发事件分为四大类：自然灾害、事故灾难、公共卫生事件、社会安全事件。

1. 自然灾害

洪水、内涝：造成加压调蓄设施积水淹泡，设备无法正常运行。

暴雨、暴雪、台风：暴雨可能导致局部区域排水不及时，造成供水设施积水淹泡，影响正常供水；恶劣天气也影响运维抢修人员和车辆的正常出行，造成应急抢修时效延误。

寒潮：室外气温降至 0℃ 及以下时，容易造成供水设施冰冻堵塞或冻损破裂，影响正常供水。

高温天气：持续的高温天气对加压调蓄设施的电气设备正常运行产生不利影响，电气设备运行散热不良容易导致控制系统“宕机”、电气元件老化、绝缘性能下降、设备损坏等。

地震灾害和地质灾害：容易导致供水泵房的建筑结构出现裂缝、下沉、坍塌，以及管道的脱落、断裂等风险。

海啸、风暴潮：引发海水倒灌，可能导致沿海地区加压调蓄设施积水淹泡。

2. 事故灾难

危险化学品事故：危险化学品的泄漏、爆炸、火灾等，可能对事故区域内的加压调蓄设施产生污染和破坏。

火灾事故：建筑内火灾产生的高温可能烧毁加压调蓄设施；产生的有毒有害气体可能进入储水设备，导致水质污染。

电力基础设施事故、大面积停电事故：电源中断后，加压调蓄设施无法正常运行。

3. 公共卫生事件

发生重大传染病疫情、群体性不明原因疾病等严重影响公众健康的公共卫生事件期间，如运维人员和供水设施的防护措施不到位，不排除疫情传播、扩散的风险；如紧急情况下，政府部门采取“区域管控”措施，可能会造成运维抢修人员、设备材料等短缺或供应不及时，从而影响加压调蓄供水设施的定期巡检和应急抢修的时效性。配合卫生行政主管部门实施监测、预警，开展应急流行病学调查、传染源隔离、医疗救护、现场处置、监督检查、监测检验、卫生防护等有关物资、设备、设施、技术与人才资源储备。

4. 社会安全事件

由直接或间接人为因素引发的群体性事件、重大刑事案件、恐怖袭击事件、民族和宗教事件等社会安全事件，可能将加压调蓄设施作为“攻击”目标进行破坏或损毁，造成或者意图造成人员伤亡、重大财产损失、公共设施损坏、社会秩序混乱等严重社会危害的行为，具有突发性，且社会影响严重，需要采取措施迅速处置。

6.1.4　设施运行安全风险

1. 储水设备故障风险

加压调蓄设施的储水设备是指水箱（池）、叠压设备稳流罐、气压罐。存在的主要故障风险如下：

（1）涉水产品不符合《生活饮用水输配水设备及防护材料的安全性评价标准》GB/T 17219—1998 的规定，未取得卫生行政主管部门颁发的卫生许可批件。涉水产品的卫生质量直接关系到加压调蓄供水系统的水质安全，关系到人民群众的身体健康和生命安全，因此所有涉水产品均应符合现行国家相关卫生标准的规定。

（2）水箱（池）距离污染源、污染物及配变电间的距离不符合《建筑给水排水设计标准》GB 50015—2019 和《民用建筑电气设计标准》GB 51348—2019 等现行国家和行业相关标准的规定，容易引发水质污染或导致电力设施故障。

（3）水箱（池）未独立设置，与非饮用水水箱（池）连接；两种水箱（池）壁靠在一起时，容易发生消防水池向生活水池渗水的事故。

（4）水箱（池）设计容积过大，储水更新时间超过 48h，水中的消毒剂余量将挥发殆尽，水质安全无法保证。

（5）进水与出水管设置不合理，产生水流短路，部分区域的水无法进行有效更新，形成“死水”区，水质“新鲜度”无法保证。

（6）人孔、通气管、溢流管未设置有效的防止生物进入的措施；这些“生物”主要是指蚊子、爬虫、鼠、猫、鸟等，误入后造成水质污染。

（7）水箱（池）进水管与溢流管口之间的空气间隙、泄水管和溢流管与排水之间的空气间隙不符合《建筑给水排水设计标准》GB 50015—2019 的规定，容易造成虹吸回流，引发水质污染。

（8）水箱（池）未设置在专用房间内，与其他设施混用，通风不良，房间内卫生环境恶劣，影响水质安全。

（9）未采取有效的防冻和隔热措施。水的特性为“热缩冷胀”，无有效的防冻措施将导致储水设备胀裂崩塌。室外设置的水池（箱）如不采取隔热措施，会存在受阳光照射而水温升高的问题，将导致水池（箱）内水的余氯加速挥发，细菌繁殖加快，水质受到“热污染”，一旦引发“军团病”，将威胁到用户的用水安全。

（10）水箱（池）未设置水位监控、溢流报警装置。溢流后无法及时发现并得到有效处置，无法实现联动控制关闭进水电动阀门，引发泵房淹泡和次生事故。水箱超低水位时，无法联动控制关停水泵，水泵无水运行导致叶轮轴承损坏和电机烧毁。

（11）水箱（池）内拉筋、焊缝未进行打磨、倒角处理，存在毛刺或边缘锋利，在进行水箱清洗或更换内部配件时容易对运维抢修人员形成伤害。拉筋和焊缝强度不足或酸洗钝化处理不合格发生锈蚀断裂，水箱（池）将出现崩塌淹泡风险。

（12）稳流罐和气压罐选用时承压等级与水泵扬程不匹配，或维护保养不当罐体焊缝锈蚀，导致罐体崩裂；囊体未及时清理，水垢及附着微生物引发水质污染。

2. 水泵机组故障风险

加压调蓄设施采用的水泵为立式多级离心泵，选用时应根据供水规模、建筑高度、泵房设置位置等因素经计算确定适合的流量、扬程、功率。水泵是加压调蓄设施中最核心的设备，其运行情况直接关系到供水的安全稳定，常见的故障风险如下。

（1）水泵不能出水或只能在低于标准流量、压力处运行，导致用户无水或流量压力不足。引发该故障的主要原因包括水泵O型圈破损；转速太低或旋转方向错误；进水口水位太低或水泵内进气；最高扬程超过水泵的设计扬程；叶轮堵塞或损坏；吸入管路和出水管路堵塞。

（2）水泵运行时产生噪声和振动，影响用户日常生活和休息。引发该故障的主要原因包括联轴器转动不灵活；水泵液体没有注满；水泵基础底座及减震装置安装不合理；流量跑位；电机轴承损坏；水泵内有异物；叶轮损坏。

（3）水泵漏水，导致泵体和基础槽钢底座锈蚀，泵房积水。引发该故障的主要原因包括水泵O型圈破损；紧固件松动；机械密封损坏。

（4）水泵启动时电机不转或电流异常。引发该故障的主要原因包括进水压力或水池液位过低；电源未接通或电压异常；控制系统保护；控制柜故障及电机故障；水泵型号不匹配；水泵机械部件损坏；无水干转；电气线路故障。

（5）水泵卡死。引发该故障的主要原因包括联轴器转动不灵活；电机轴承损坏；水泵内有异物。

3. 电气系统故障风险

目前加压调蓄供水系统较为广泛的控制模式是通过可编程控制器结合变频器，实现城市高层住户恒压供水的方案。但该设备的长期使用和供水设备的不间断运行，易导致设备老化、出现故障。尤其是控制设备，由于泵房多建设在车库或地下层，潮湿的环境对电气设备侵蚀尤为严重。一旦控制设备发生故障，导致供水中断，便会影响居民的正常生活和工作。

（1）变频器故障风险

变频器控制电路主要由主控电路、保护电路和操作显示电路等构成，控制电路的核心是中央处理器（CPU）。变频器的故障大致分为参数设置故障、过电流和过载类故障、过电压和欠电压类故障、综合故障等。

参数设置故障包括电动机参数、控制参数和变频器的频率给定方式和启动方式。矢量控制变频器需要设置电动机参数，如电动机功率、电流、电压、转速、功率因数等，这些参数应与电动机铭牌参数一致，否则就会使控制精度降低或变频器工作不正常；控制参数为每一种控制方式对应一组参数设定，如果设定不正确会影响变频器正常工作；频率给定方式和启动方式由面板给定、端子给定或计算机通信给定。

过电流和过载故障是变频器的常见故障。过电流故障可分为加速过电流故障、减速过电流故障和恒速过电流故障；过载故障包括变频器过载故障和电动机过载故障。

过电压和欠电压故障包括欠电压故障、过电压故障和加速过电压故障。

综合性故障主要涉及控制板上的问题，故障原因比较复杂，主回路在高电压、大电流下工作温度比较高，因此出故障的概率最高。据统计，变频器主回路的故障占整个故障的 70% 以上，对于控制板故障一般采用换件的方式解决。

变频器的常见故障如下：

1）变频器过电流跳闸后，出现重新启动时，一加速就跳闸。出现上述情况的原因及解决方案是：①负载侧短路，这时排除短路即可排除故障；②负载过重，工作机械卡阻，这时减小负载的同时检查机械卡阻的原因并排除；③电动机的启动转矩小，拖动系统转不起来，这时要设法增大启动转矩；④逆变电路中逆变管损坏，这时只能更换逆变管。

2）变频器过电流跳闸，重新启动时并不立即跳闸，而是在运行过程中跳闸。出现上述情况的原因及解决方案是：①升、降速时间设定太短，这时只需重新设定时间值即可；②电子热继电器错误动作，因为动作电流设定值太小，这时要重新整定电流设定值。

3）变频器过电压跳闸。出现上述情况的原因及解决方案是：①输入电源电压过高，降低电源电压到合适值；②放电支路故障不放电，检查放电支路，排除故障；③降速时间设定太短，重新设定降速时间值。

4）变频器欠电压跳闸。出现上述情况的原因及解决方案是：①输入电源电压过低，提高电源电压值；②电源容量小，增大电源容量；③电源侧接触不良，检查电源侧器件；④整流桥故障，检查整流桥；⑤电源可能缺相，查找缺相原因。

5）变频器功能参数预置不当导致电动机不转。出现上述情况的原因及解决方案是：①上限频率与最高频率或基本频率和最高频率设定不合适，出现矛盾，需重新设定匹配的频率值；②使用外接给定时，未对“键盘给定 / 外接给定”的选择进行预置，进行预置即可。

6）变频器机械卡阻或启动转矩小导致电动机不转。出现上述情况的原因及解决方案是：①机械卡阻，检查卡阻原因并处理；②电动机的启动转矩小，增大启动转矩；③变频器的电路故障，检查变频器的电路并处理。

（2）可编程控制器（PLC）故障风险

可编程控制器是以微处理器为核心，结合了微电子技术、计算机技术、自动控制技术和通信技术等形成的新型工业自动控制装置，具有功能强、可靠性高、配置灵活、编程简单等优点，是当代工业生产自动化最重要、应用场合最多的工业控制装置。

在进行故障分析前，先要对PLC控制系统进行总体检查，找出故障点的大方向，逐渐细化，最后找出具体故障。总体检查的流程图如图6-1所示。

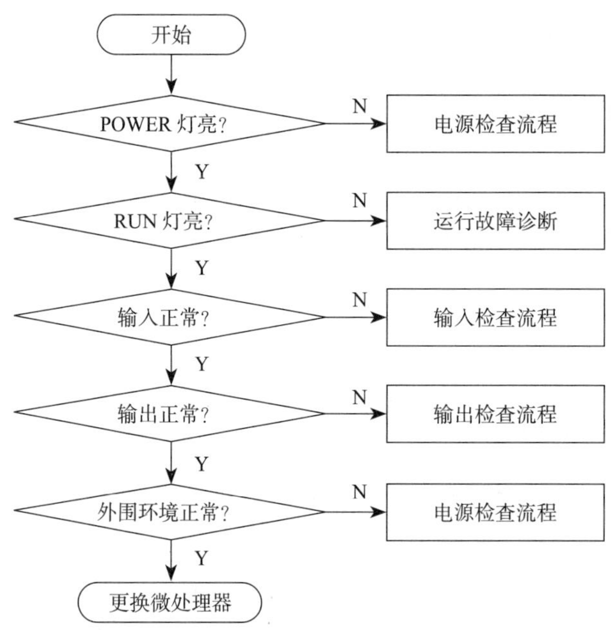

图6-1 可编程控制器总体检查流程图

1）通信故障

PLC最常见的故障在内部RS485接口。当PLC的RS485口经非隔离的PC/PPI电缆与电脑连接、PLC与PLC之间连接或PLC与变频器、触摸屏等通信时会有通信口损坏现象。

2）CPU进入“STOP”或“ERROR”状态的故障

该状态时，PLC上的“RUN”指示灯灭，“STOP”或“ERROR”指示灯亮。该类故障会导致PLC所控制的设备动作失误、混乱，甚至无任何动作。处理这类故障时应从硬件和软件两个方面考虑。硬件方面的故障主要是对PLC的干扰造成的，只要消除或减弱干扰即可。这时应将输入线、控制线和动力线分开敷设，防止各类干扰信号窜入总线而使抗干扰能力降低。如果这种方法不起作用就考虑更换PLC。软件方面：PLC具有很高的可靠性，本身一般不会出现问题，但由于操作错误或其他原因，可导致PLC内部损坏、程序混乱甚至丢失、动作失误等，如RAM供电的电池电量不足总量的15%，外部电路设计存在缺陷造成负载短路或过流，电流干扰脉冲窜入总线，雷电或大功率用电设备造成瞬间电压波动达10%

以上，突然跳电，高频电磁干扰等。这类故障的处理方法通常采用软件清除再输入法。

3）CPU 处于“RUN”状态时的故障

出现这类故障时，PLC 上“RUN”指示灯长亮。这类故障的发生只会导致局部设备控制失灵，处理这类故障时要充分利用 PLC 上 I/O 模板指示灯状态来分析和处理，通常有输入输出回路和 I/O 模块两种故障类型。

输入输出回路故障。输入输出回路一般由各类开关、传感器及各类电器元件构成。出现故障时，要检查该部分设备各类开关动作是否正常；检查该部分设备控制回路及主回路有无元器件损坏；了解该部分设备控制程序，参照 I/O 模块上指示灯状态，依照电气控制电路图检查现场设备是否有工作条件未达到导致设备不能运行等。

I/O 模块故障。电源一接通即出现报警，这时需要查看输入输出信号是否正常，如果有异常的输入输出信号，首先要对模块进行测量并与正常时比较，如果发现问题及时更换。同时，为了提高 PLC 控制系统的使用寿命，可在 PLC 输出负载上采取相应的保护措施，如增设保险丝等。

4）外部环境影响 PLC 故障

影响 PLC 工作的环境因素主要有温度、湿度、噪声、粉尘，以及腐蚀性酸碱等。根据实际情况调整环境因素使 PLC 运行正常。

5）电路故障

电气线路故障主要包括断线、短路、短接、接地和接线错误，这些故障都会导致供水设施无法正常运行，更严重的甚至引发电气火灾。

6）电源故障

电源故障主要包括缺电源、电压、频率偏差、极性接反、相线和中性线接反、缺一相电源、相序改变、交直流混淆。电源灯不亮，需对供电系统进行检查。如果电源灯不亮，首先检查是否有电，如果有电，检查电源电压是否合适，不合适就调整电源电压，若电源电压合适，则下一步检查熔断器熔丝是否烧毁，如果烧毁就更换熔丝检查电源，如果没有烧毁，检查接线是否有误，若接线无误，则应更换电源部件。

4. 消毒设备故障风险

加压调蓄供水系统常用的消毒设备包括紫外线消毒器和臭氧发生器。存在的主要故障风险如下：

（1）紫外线石英套管上的沉积水垢和附着物，阻挡紫外线对水体的照射消毒作用。

（2）紫外线灯管的使用寿命达到设计使用寿命，照射强度衰减，杀菌效果降低。

（3）臭氧发生器故障，臭氧发生量不能满足杀菌消毒剂量标准。

（4）臭氧输送管路破损，发生臭氧泄漏，对巡检抢修人员健康产生损伤，加速塑料橡胶制品的老化，外逸后对空气环境形成污染。

（5）消毒设备的控制系统故障，无法正常启动。

5. 仪器仪表故障风险

加压调蓄供水系统常用的仪器仪表主要是对压力、流量、液位、水质等参数进行监测显示，存在的主要故障风险如下：

（1）压力变送器、电接点压力表等失灵，导致压力波动、不足或超压。压力波动可能导致用户计量水表水量偏差；水压超过设计压力可能损坏用水器具，导致用户家中被淹泡。

（2）流量变送器故障导致水量计量误差。

（3）水箱液位变送器故障导致低水位未触发停泵保护，造成水泵干转，叶轮或轴承损坏，电机烧毁；高水位未触发进水电动阀门关闭，发生泵房溢流淹泡。

（4）水质监测仪表故障导致无法及时发现和判断水质指标异常，影响水质安全。

6. 管路阀门故障风险

加压调蓄供水系统管路阀门存在的主要故障风险如下：

（1）进水遥控浮球阀故障，导致无法正常进水或无法止水。

（2）倒流防止器故障导致回流污染或进水堵塞。

（3）Y 型过滤器堵塞导致不进水，或过滤功能损坏导致泥沙进入水箱，污染水质或堵塞、损坏下游设备器件。

（4）蝶阀、闸阀等阀门启闭失灵，无法打开或无法关闭止水。

（5）地下车库吊装管路损坏漏水，导致积水淹泡；地埋管道漏水抢修时开挖基坑的防护措施不到位，影响车辆及行人的通行安全。

（6）橡胶软连接老化脆裂，导致积水淹泡。

（7）减压阀故障，导致用户家中无水或超压，损坏用水器具。

6.1.5 运维作业安全风险

根据《企业职工伤亡事故分类》GB 6441—1986，综合考虑起因物、引起事故的诱导性因素、致害物、伤害方式等，加压调蓄设施运行维护过程中可能发生的事故及涉及的危险因素主要包括：物体打击、机械伤害、起重伤害、触电、淹溺、灼烫、火灾、高处坠落、爆炸伤害、坍塌、中毒和窒息、交通事故伤害等。

1. 物体打击风险

物体打击事故易造成人身伤害和财产损失，主要发生在施工现场搬运、装卸等作业过程。

（1）搬运、装卸施工材料过程中违反操作规程，或物品堆垛过高不稳，引起物体打击事故。

（2）高处作业使用的工具或配件未有效固定，落下易造成物体打击伤害事故。

（3）现场加工作业时，被加工的零件或材料未进行有效固定，在加工过程中飞出，导致物体打击伤害事故。

2. 机械伤害风险

（1）机械设备上的零部件或刀具飞出的危险

机械设备上的零部件发生意外情况造成破裂而飞出会造成伤害。如锯床上断裂的锯条或未夹紧的锯片等。

（2）操作人员违反操作规程带来的危险

操作人员不熟悉机械的性能和安全操作技术，或不按照安全操作规程进行作业，加之机械设备未安装安全防护装置或安全防护装置失效，极易造成事故。

（3）接触高速转动的电动工具的危险

角磨机、手持电钻等电动设备转速很高，一般可达到 2500～3000r/min，加工的管材均为圆形，作业人员若劳保用品佩戴不完善，一旦出现意外，很容易对自身手指、手臂造成伤害。

3. 起重伤害风险

在施工现场，尤其是设备管道维修改造、室外泵站安装工程中，会使用吊车进行吊装作业，所吊装的管材和设备均质量较大，现场作业环境复杂，若人员不慎在吊臂回转半径之内活动，容易受到吊装货物或吊臂的冲击伤害，对人身安全造成威胁。

4. 触电风险

触电事故易造成人员伤亡和财产损失，主要发生在施工现场的设备设施使用场所及电气设备设施检维修作业过程。电气设备运行时引起的触电事故，除了设备自身缺陷、设计不当等技术因素外，大部分是由于违章作业和违规操作引起的，常见的包括：

（1）缺乏电气安全知识，非专业人员蛮干行为。

（2）安装不善，设备维修不善，装设地线不验电。

（3）线路检修时不设置或未按规定装设接地线；电气线路、设备检修中措施不落实，选用元件型号不匹配或性能降低。

（4）线路或电气设备进行检修工作，未挂牌警示，配合不当，未得到通知就对停电设备恢复送电。

（5）在带电设备附近工作时，不符合安全距离或无监护措施。

（6）现场临时用电管理不善导致（如漏保失灵或未使用带漏保的用电器）；或由于违章操作、违章指挥，操作人员误合闸而使检修人员触电。

（7）现场机械线路因长期使用，绝缘皮老化，一旦绝缘破损造成触电事故。

5. 淹溺风险

加压调蓄设施应急抢险作业中，可能会遇到泵房内供水设备管道损坏，导致泵房积水严重，或在汛期雨季，雨水倒灌泵房，此时正在进行抢修的作业人员可能因为未确认积水深度贸然涉水作业，或积水无法在短时间内有效排放导致淹溺伤亡。

6. 灼烫危险

灼烫伤害是指火焰烧伤、高温物体烫伤。在供水设备管道焊接切割和管道热熔焊接过程中温度较高，若作业人员操作不慎或未佩戴劳动防护用品，可能发生人员灼烫事故。

7. 火灾风险

进行动火作业前，未按照作业许可要求进行作业审批，未在现场设置灭火器等消防措施，未清理现场可燃物隐患或未安排监护人员监护，在供水设备管道焊接切割作业中，施工人员由于违章操作或引燃周边可燃物品导致火灾发生。

用电设备、线路因电气线路短路、过载、接触不良、散热不良等，引发电器火灾，同时在电器检修过程中，违规操作，也会引起火灾事故。

8. 高处坠落风险

在高处（基准面 2m 及以上）作业可能发生坠落造成的伤亡事故。检修维修作业人员进行登高作业时及新建泵房装修作业时，作业人员未佩戴劳动防护或未采取安全防护措施、安全防护措施不当、违章指挥等原因，均可能造成高处坠落事故，导致人员伤亡事故的发生。

9. 爆炸伤害风险

进行动火作业时，主要使用氧气和乙炔作为助燃剂和燃料，氧气和乙炔瓶的使用、存放如果存在问题，极易导致作业人员爆炸伤害的发生，此外用电线路发生短路、接触不良等现象时，若周围存放有易爆品，也容易发生爆炸。

10. 坍塌风险

在进行管网施工中的开槽作业时，如果开挖放坡和土方堆放不规范、支护不到位，或亮槽时间过长未进行后续施工及回填，极易导致槽体整体坍塌，既导致经济损失又存在安全隐患。在开槽作业期间，还应注意降雨天气对施工带来的影响，提前做好槽体的防护措施。

11. 中毒和窒息风险

（1）在水箱清洗过程中，作业人员需要进入水箱内部，属于有限空间作业，如长时间在水箱内部作业，通风不良的情况下容易导致氧气不足或消毒剂挥发等，造成人员中毒和窒息。

（2）在地下井室内作业前未进行内部环境及气体检测，或未安排监护人员进行监护，也存在相应的安全隐患。

（3）地下泵房空间相对封闭、通风不畅，发生淹泡事故采用燃油设备强制排水时，容易产生一氧化碳、二氧化碳等有毒有害气体，导致抢修人员发生中毒、窒息安全事故，必须做好有效通风，确认无安全隐患后方可进入。

12. 交通事故风险

员工驾车外出进行加压调蓄设施巡检维护和应急抢修作业时，可能会因为驾驶员自身或其他交通参与者的车辆缺陷、操作不当等导致交通事故，此外，极端天气可能造成路面湿滑、颠簸或视野受阻等，引发交通事故。

6.1.6 网络和信息安全风险

1. 网络信息风险

随着互联网和信息技术的飞速发展，应用信息突破了时间和空间上的障碍，信息的价值在不断提高。但与此同时，网络安全问题日益凸显，网页篡改、计算机病毒、系统非法入侵、数据泄密、网站欺骗、服务器瘫痪、非法利用漏洞等网络信息安全事件时有发生，威胁着设备运行安全和用户隐私安全。

信息安全风险识别的内容包括威胁的来源、主体种类、动机、时机和频率。

在对威胁进行分类前，应识别威胁的来源。威胁来源包括环境、意外和人为三类。表 6–1 给出了一种威胁来源的分类方法。根据威胁来源的不同，威胁可划分为信息损害和未授权行为等威胁种类。表 6–2 给出了一种威胁种类划分的参考。

威胁来源分类　　表 6–1

来源	描述
环境	断电、静电、灰尘、潮湿、温度、鼠蚁虫害、电磁干扰、洪灾、火灾、地震、意外事故等环境危害或自然灾害
意外	非人为因素导致的软件、硬件、数据、通信线路等方面的故障，依赖的第三方平台、信息系统等方面的故障
人为	人为因素导致资产的保密性、完整性和可用性遭到破坏

威胁种类划分　　表 6–2

种类	描述	威胁行为	威胁来源
物理损害	对业务实施或系统运行产生影响的物理损害	火灾、水灾、污染	环境、人为、意外
		重大事故、设备或介质损害、腐蚀、冻结、静电、灰尘、潮湿温度、鼠蚁虫害	环境、人为、意外
		电磁辐射、热辐射、电磁脉冲	环境、人为、意外
自然灾害	自然界中所发生的异常现象，且对业务开展或者系统运行会造成危害的现象和事件	地震、火山、洪水、气象灾害	环境

续表

种类	描述	威胁行为	威胁来源
信息损害	对系统或资产中的信息产生破坏、篡改、丢失、盗取等行为	对阻止干扰信号的拦截、远程侦探、窃听、设备偷窃、回收或废弃介质的检索、硬件篡改、位置探测、信息被窃取、个人隐私被入侵、社会工程事件、邮件勒索、数据篡改、恶意代码	人为
		内部信息泄露、外部信息泄露、来自不可信源数据、软件篡改	人为、意外
技术失效	信息系统所依赖的软、硬件设备不可用	空调或供水系统故障	人为、意外
		失去电力供应	环境、人为、意外
		外部网络故障	人为、意外
		设备失效、设备故障、软件故障	意外
		信息系统饱和、信息系统可维护性破坏	人为、意外
未授权行为	超出权限设置或授权进行操作或者使用的行为	使用未授权的设备、软件的伪造复制数据、损坏数据的非法处理	人为
		使用假冒或盗版软件	人为、意外
功能损害	造成业务或系统运行的部分功能不可用或者损害	操作失误、维护错误	意外
		网络攻击、权限伪造、行为否认（抵）、媒体负面报道	人为
		权限滥用	人为、意外
		人员可用性破坏	环境、人为、意外
供应链失效	业务或系统所依赖的供应商、接口等不可用	供应商失效	人为、意外
		第三方运维问题、第三方平台故障、第三方接口故障	人为、意外

威胁主体依据人为和环境进行区分，人为的分为国家、组织团体和个人，环境的分为一般的自然灾害、较为严重的自然灾害和严重的自然灾害。威胁动机是指引导、激发人为威胁进行某种活动，对组织业务、资产产生影响的内部动力和原因。威胁动机可划分为恶意和非恶意，恶意包括攻击、破坏、窃取等，非恶意包括误操作、好奇心等。表 6–3 给出了一种威胁动机分类的参考。

威胁动机分类表 **表 6–3**

分类	动机
恶意	挑战、叛乱、地位、金钱利益、信息销毁、信息非法泄露、更改未授权的数据、勒索、摧毁、非法利用、复仇、政治利益、间谍、获取竞争优势等
非恶意	好奇心、自负、无意的错误和遗漏（例如，数据输入错误、编程错误）等

威胁时机可划分为普通时期、特殊时期和自然规律。

威胁频率应根据经验和有关的统计数据来进行判断，综合考虑以下四个方面，形成特定评估环境中各种威胁出现的频率：

1）以往安全事件报告中出现过的威胁及其频率统计。

2）实际环境中通过检测工具以及各种日志发现的威胁及其频率统计。

3）实际环境中监测发现的威胁及其频率统计。

4）近期公开发布的社会或特定行业威胁及其频率统计，以及发布威胁预警。

威胁的种类和资产决定了威胁的行为。表 6–4 给出了一种资产威胁种类、威胁行为关联分析的示例。

威胁种类、资产、威胁行为关联分析示例表　　表 6–4

资产	种类	威胁行为
硬件设备（如服务器、网络设备）	软、硬件故障	设备硬件故障，如服务器损害、网络设备故障
机房	物理环境影响	机房遭受地震、火灾等
信息系统	网络攻击	非授权访问网络资源、非授权访问系统资源等

目前，各行各业都在普及“智慧化”管理，物联网、大数据、云计算、人工智能等技术被广泛应用。加压调蓄设施的远程监控系统、热线客服系统等信息化管理系统的硬件、软件以及相关数据信息，也面临着网络信息安全风险，一旦受到破坏、更改、泄露，网络服务中断，将导致供水设备无法正常运行、日常管理工作的正常开展也将受到较大影响。网络攻击手段多种多样，但大多都是通过软件漏洞、物理漏洞、数据漏洞等进行攻击，威胁网络安全，来实现截获、窃取、破解用户信息、破坏用户系统的目的。

信息是企业的重要资源，是非常重要的“无形财富”，目前存在以下典型的信息安全问题亟须解决。

1）恶意代码防控风险

恶意代码利用信息共享、网络环境扩散等漏洞，影响越来越大。如果对恶意信息交换不加限制，将导致网络的 QoS 下降，甚至系统瘫痪不可用。

2）信息化建设不规范调控风险

网络安全建设缺乏规范操作，常常采取“亡羊补牢”之策，导致信息安全共享难度递增，也留下安全隐患。

3）信息产品安全自主控制风险

国内信息化技术严重依赖国外技术，从硬件到软件都不同程度地受制于人。许多关键信息产品长期依赖于国外，一旦出现特殊情况，后果将不堪设想。这些软件或多或少存在一些安全漏洞，使得恶意攻击者有机可乘。

4）系统复杂性和漏洞管理风险

多协议、多系统、多应用、多用户组成的网络环境，复杂性高，存在难以避免的安全漏洞。由于管理、软件工程难度等问题，新的漏洞不断地引入到网络环境中，所有这些漏洞都将可能成为攻击切入点，攻击者可以利用这些漏洞入侵系统，窃取信息。

5）防范响应滞后性风险

网络攻击者常常掌握主动权，而防守者被动应付。攻击者处于暗处，而被攻击目标则处于明处。以漏洞的传播及利用为例，攻击者往往先发现系统中存在的漏洞，然后开发出漏洞攻击工具，最后才是防守者提出漏洞安全对策。

6）口令安全设置风险

在一个网络系统中，每个网络服务或系统都要求不同的认证方式，用户需要记忆多个口令。按照安全原则，口令设置要求复杂且长度要足够长，但是口令复杂不易记住，因此，用户为了便于保管偏向选择简单的、重复使用的口令，攻击者只要猜测到某个用户的口令，就极有可能引发一系列口令泄露事件。

7）内、外网络隔离风险

由于网络攻击技术不断增强，恶意入侵内部网络的风险性也相应提高。网络入侵者可以渗透到内部网络系统，窃取数据或恶意破坏数据。同时，内部网络的用户因为安全意识薄弱，可能有意或无意地将敏感数据泄露出去。要想完全隔离开内、外网并不太现实，网络安全必须既要解决内、外网数据交换需求，又要能防止安全事件出现。

8）安全建设滞后风险

在信息化建设过程中，由于业务急需开通，做法常常是“业务优先，安全滞后”，使得安全建设缺乏规划和整体设计，留下安全隐患。安全建设只能是亡羊补牢，出了安全事件后才去做。

9）安全意识风险

目前，普遍存在“重产品、轻服务，重技术、轻管理，重业务、轻安全”的思想，“安全就是安装防火墙，安全就是安装杀毒软件”，人员整体信息安全意识不平衡，导致一些安全制度或安全流程流于形式。

10）安全管理策略风险

根据安全原则，一个系统应该设置多个人员来共同负责管理，但是受成本、技术等限制，一个管理员既要负责系统的配置，又要负责安全管理，安全设置和安全审计都是“一肩挑”。这种情况使得安全权限过于集中，一旦管理员的权限被人控制，极易导致安全失控。

2. 图档资料风险

图档资料管理存在的主要风险如下：

1）图纸等文件的传输渠道和行为无法管控，员工可以通过 QQ、微信、邮件等渠道随意传输文件，无法识别出是否含有敏感信息。

2）外发出去的文件，难以判断是否为合规文件，缺乏审批等管控手段。

3）CAD 图纸等文件被任意盗用、肆意传播，或被非法篡改。

4）发出去的图纸等文件，被随意截图、拷贝、拍照等，导致二次、三次泄密。

5）发生泄密事故后，难以查出泄密源头，难以追溯。

6）原始文件管理或使用不当，造成损坏或遗失。

7）资料中的关键信息被不法人员利用，蓄意破坏。

6.2 加压调蓄设施风险防范

根据风险识别的等级和后果，从加压调蓄设施现状和现有预防措施、应急人员配备情况、应急设施和物资的供应、保障制度等方面对风险防范和应急处置能力进行综合评估，根据不同的风险级别，采取分级预警和防范措施。

6.2.1 反恐怖防范管理

反恐怖重点目标的防范分为常态防范和非常态防范。常态防范级别按防范要求由低到高分为三级防范、二级防范、一级防范，防范级别应与目标等级相适应。三级重点目标对应常态三级防范，二级重点目标对应常态二级防范，一级重点目标对应常态一级防范。常态二级防范要求应在常态三级防范要求基础上执行，常态一级防范要求应在常态二级防范要求基础上执行，非常态防范要求应在常态防范要求基础上执行。

1. 总体防范要求

（1）重点目标管理单位（以下简称管理单位）在新建、改建、扩建重点目标时，安全防范系统应与主体工程同步规划、同步设计、同步建设、同步验收、同步运行。已建、在建的重点目标应按要求补充完善安全防范系统。

（2）管理单位应针对重点目标定期开展风险评估工作，综合运用人力防范、实体防范、电子防范等手段，按常态防范与非常态防范的不同要求，落实各项安全防范措施。

（3）管理单位应建立健全反恐怖防范管理档案和台账，包括重点目标的名称、地址或位置、目标等级、防范级别、企业负责人、重点目标负责人、保卫部门负责人，现有人力防范、实体防范、电子防范措施，平面布置图、结构图等。

（4）管理单位应根据公安机关的要求，提供重点目标的相关信息和重要动态。

（5）管理单位应建立反恐怖工作专项经费保障制度，将反恐怖防范涉及费用纳入企业预算、成本，保障反恐怖防范工作机制运转正常。

（6）管理单位应对重要岗位人员进行安全背景审查。

（7）管理单位应建立安全防范系统运行与维护的保障体系和长效机制，定期对系统进行维护、保养，及时排除故障，保持系统处于良好的运行状态。

（8）管理单位应制定反恐怖突发事件应急预案，并组织开展相关培训和定期演练。

（9）管理单位应与属地公安机关等有关部门和单位建立联防、联动、联治工作机制。

（10）管理单位应建立反恐怖防范工作与安全生产等有关工作信息的共享与联动机制。

（11）管理单位的网络与信息系统应合理划分安全区，明确安全保护等级，采取现行国家标准《信息安全技术　网络安全等级保护基本要求》GB/T 22239 中相应的安全保护等级所要求的防护措施。

（12）安全防范系统中涉及公民个人信息的应依法依规进行处理，包括收集、存储、使用、加工、传输、提供、公开、删除等。

2. 人力防范

加压调蓄设施管理单位应配备具有相应素质的人员，有组织地进行防范、处置等安全管理。

（1）成立安全防范工作机构，指定安全防范责任部门，落实职责分工，畅通工作机制。

（2）落实安全防范第一责任人，加压调蓄供水系统设施管理单位的主要负责人对本单位加压调蓄供水系统安全防范工作全面负责。

（3）建立加压调蓄供水系统泵房等重点部位巡查制度、严禁无关人员进入泵房和水箱（池）区域。对具备条件的设施管理单位，宜对加压调蓄供水系统泵房进行 24h 值守。

（4）反恐怖专职、兼职人员应保持 24h 通信畅通，保安严格履行警戒、巡查、登记、报告等职责，重要部位值班人员在正常工作巡视的同时应进行安全巡查。

（5）每月对本单位各反恐防范的部位、场所、防范工作情况进行 1 次检查，及时消除隐患。并设置维修维护人员，定期对技防、物防设施检查维护。

（6）供水行政主管单位协调重点单位与周边有关政府机构、公安机关建立联防机制，定期召开协调会议，每年组织一次联合演练。

3. 实体防范

加压调蓄设施管理单位利用建（构）筑物、屏障、器具、设备或其组合，延迟或阻止风险事件发生的实体防护手段。

（1）管理单位应具备实体防护设施，包括防盗安全门、钢制防护门、带锁盖板（人孔）、防护网、过滤网和网罩、警示（警戒）标志等。

（2）加压调蓄供水系统水池（箱）应采用下置式人孔、加锁等具有防投毒的安全措施。并实行双人双锁；通气孔应有防护装置，管腔内装过滤网；溢流管口、排空管口应设不锈钢网罩。

（3）加压调蓄供水系统与公共供水管网连接处须设置防止水倒流装置。

（4）加压调蓄供水系统设施水箱（池）附近和泵房内严禁堆放有毒有害、易燃易爆、易腐蚀及可能造成环境污染、影响供水安全的物品。

（5）应急处置队伍应配备应急处置工作适用的机械、车辆等装备。

4. 电子防范

加压调蓄设施管理单位利用传感、通信、计算机、信息处理及其控制、生物特征识别等技术，提高探测、延迟、反应能力的防护手段。主要包括视频安防监控系统、入侵报警系统、出入口控制系统、通信显示记录系统、电子巡查系统等。

（1）视频安防监控系统应符合《视频安防监控系统工程设计规范》GB 50395—2007 的相关要求，安装、使用还应符合下列要求：

1）关键区域监控不留死角。

2）能 24h 不间断记录监控的全过程。

3）关键区域和重点部位出入口的监控摄像头能清楚辨别出入人员的面部特征及机动车牌号。系统监视及回放图像的水平像素数应不小于 1280，垂直像素数应不小于 720，视频图像率应不小于 25fps。

4）系统应能与入侵和紧急报警系统、出入口控制系统联动。

5）监控中心（室）应具备 24h 不间断工作条件，配备经过专业培训的监控人员。

6）视频安防监控系统应具有时间、日期的显示、记录和调整功能，时间误差在 ±30s 以内。应采用硬盘录像机进行 24h 图像记录。

7）形成的监控影像资料、报警记录须留存 90d 备查，任何单位和个人不得删改或扩散。

8）系统应留有与公共安全视频图像信息共享交换平台联网的接口，信息传输交换控制协议应符合《公共安全视频监控联网系统信息传输、交换、控制技术要求》GB/T 28181—2022 的相关规定，联网信息安全应符合《公共安全视频监控联网信息安全技术要求》GB 35114—2017 的相关规定。

（2）应配备入侵报警系统，入侵报警系统应符合《入侵报警系统工程设计规范》GB 50394—2007 的相关规定。安装使用应符合下列要求：

1）入侵报警系统应由入侵探测器、紧急报警装置、传输网络、防盗报警控制器等组成。

2）入侵报警装置设防应全面，无盲区和死角，具备防拆、开路、短路报警功能。

3）系统应具备自检功能和故障报警、断电报警功能。报警发生时，监控中心（室）能够显示周界模拟地形图并以声、光信号显示报警的具体位置。

4）室外紧急报警装置应安装在隐蔽且便于操作的部位，室内紧急报警装置应安装在便于操作的部位，紧急报警装置应有防误触发措施。

5）系统应配备备用电源，保证断电后正常工作时间不小于 8h。

6）入侵报警系统应设置与视频安防监控系统联网的接口。

（3）泵房应配置出入口控制系统，安装和使用应符合下列要求：

1）识读式出入口控制系统由识读（显示）装置、传输装置管理控制器、记录设备、执行机构等组成；楼宇对讲系统由主机、若干分机、电源箱、传输线组成。

2）识别式系统的各类识别装置、执行机构应确保操作的有效性和可靠性，应有防尾随措施，对非法进入的行为应发出报警信号，同时系统应满足紧急逃生时人员疏散的相关要求。

3）识读式系统应具有人员的出入时间、地点、顺序等数据的设置、显示、记录、查询和打印功能，时间误差应在 10s 以内并有防篡改、防销毁功能。

4）系统的各类识读装置、对讲装置的安装高度应适宜（1.5m）。

5. 非常态防范

在重要会议、重大活动等重要时段以及获得涉恐怖袭击事件等预警信息或发生上述案事件时，相关单位临时性加强防范手段和措施，提升反恐怖防范能力，主要包括：

（1）重点目标管理单位应启动反恐应急响应机制，组织开展反恐怖动员，负责人应 24h 带班组织防范工作，在常态防范基础上加强保卫力量。

（2）周界主要出入口应设置警戒区域，限制人员、车辆进入。

（3）应加强对出入人员、车辆及所携带物品的安全检查。

（4）应加强对重点部位的执勤巡逻，缩短巡逻周期间隔。

（5）应加强重点目标的防护器具、救援器材、应急物资以及门、窗、锁、车辆阻挡装置等设施的有效性检查。

（6）应关闭部分周界出入口，减少周界出入口的开放数量。

（7）周界主要出入口的车辆阻挡装置应设置为阻截状态。

（8）应加强电子防范设施、通信设备的检查和维护，确保安全防范系统正常运行及通信设备的正常使用。

6.2.2　水质安全管理

1. 水箱清洗消毒

（1）水箱（池）应清洗消毒，每半年不应少于 1 次；根据水箱（池）的材质选择相应的消毒剂。水箱（池）清洗消毒后应对水质进行检测，检测项目应符合国家现行标准《二次供水设施卫生规范》GB 17051—1997、《二次供水工程技术规程》CJJ 140—2010 的有关规定，检测结果应符合现行国家标准《生活饮用水卫生标准》GB 5749—2022 的有关规定。

（2）水箱（池）投入或恢复使用时，内部表面不得使用任何改变供水味道、气味、颜色或可饮用性的材料内衬进行修理。

2. 环境卫生管理

（1）定期清理泵房，保持干燥、清洁、通风，确保设备运行环境处于符合规定的湿度和温度范围。

（2）泵房不应存放容易变质发霉的物品，泵房内不应设置或存放无关的设施和物品。

（3）泵房内的集水坑和排水沟定期清理消毒。

（4）泵房与外界相通的部位设置防蚊蝇、防鼠等措施。

3. 水质监测系统

（1）应设置水质在线监测设施，可在线监测余氯（总氯）、浑浊度、pH 等指标，具备条件时可增加监测温度、溶解氧、总有机碳（TOC）、高锰酸盐指数（以 O_2 计）等指标。

（2）水质监测应采用人工采样监测和在线监测相结合的方式。

（3）人工采样监测水质取样口不宜少于 2 个，宜分别在水箱进水总管和出水总管上设置取样口。采样指标、方法及频次应符合现行行业标准《城市供水水质标准》CJ/T 206—2005 的有关规定。

（4）具备水质安全预警、故障自动报警功能。

6.2.3　应急处置管理

1. 应急预案

（1）应制定加压调蓄设施突发事件综合应急预案和专项应急预案。根据各类突发事件状态下对设施、人员、交通等造成的直接和次生灾害影响，识别可能造成加压调蓄设施应急突发事件的影响因子，并且根据影响因子叠加的影响范围预估其可能造成的严重后果，综合评估风险后果和等级，根据影响范围和影响后果，将影响因子进行分类。

（2）制定并实施突发事件应急预案的演练，每年组织不少于 1 次。确保应急机构和人员熟知各类突发事件的应急处置流程、方案和措施。演练结束后，要及时总结评估，归档演练资料，并根据总结评估结果，研究提出整改措施，及时调整、修订应急预案内容。

（3）发生加压调蓄供水系统突发性事件时，加压调蓄供水系统运行管理单位应按照突发事件级别启动应急预案，并按程序履行大事报告制度。

2．应急响应

（1）接到供水突发性事件信息，应急处置办公室立即指挥相关部门，派人员前往现场初步确认是否属于供水突发事件和事件等级，并上报应急处置领导小组。

（2）供水突发事件一经确认，应急处置领导小组立即启动应急预案。并按响应级别向市指挥部办公室或市指挥部（市应急办）报告。

（3）接报供水突发事件后，须做到：

1）迅速派相关人员赶赴事件现场，负责维护现场秩序和证据收集工作；

2）迅速采取有效措施，组织抢救，防止事件扩大，控制次生灾害发生；

3）服从市指挥部统一部署和指挥，了解掌握事件情况，协调组织事件单位抢险救灾和调查处理等事宜，并及时报告事态趋势及状况。

（4）有效保护事件现场，因抢救人员、防止事件扩大、恢复生产以及疏通交通等原因，需要移动现场物件的，应当做好标志，采取拍照、摄像、绘图等方法详细记录事故现场原貌，妥善保存现场重要痕迹、物证。

（5）发生供水突发事件，在初步判定事件类型后，应急处置办公室尽快写出事件报告，按应急处置领导小组指令上报市指挥部办公室或市指挥部（市应急办），并视事件影响范围和程度请求市指挥部通报安监、公安、环保、卫生等相关部门。

3．应急抢修措施

（1）按照应急响应报告程序上报市指挥部办公室。

（2）做好应急响应期间城市供水水源、供水水质的监测。

（3）组织营救和救治受伤人员以及疏散、撤离、安置工作。

（4）组织相关部门单位迅速控制危险源，封锁危险场所，实行交通管制，维护社会治安。

（5）组织相关部门及单位迅速抢修被损坏的供水设施，短时间难以恢复的，组织实施临时过渡方案，尽快恢复供水。

（6）启用供水应急救援储备物资，必要时调用其他应急救援物资、设备、设施、工具。

（7）配合有关部门依法打击编造、传播有关供水突发事件事态发展或者应急处置工作虚假信息的行为。

（8）发现涉嫌危害供水安全的违法犯罪行为后，应当第一时间报警，并积极配合公安机关开展案件调查工作。

4. 应急供水措施

（1）加压调蓄供水系统水质受到污染时，应及时通告城市供水管理部门和卫生行政管理部门，封闭供水设施，封存有关供水设备及用品，切断污染源，并协助相关部门进行调查、处理，组织抢修。

（2）出现下列情况的，应采取应急措施供水：

1）计划停水或应急停水持续超过 12h；

2）应急停水正值用水高峰期；

3）重点保障用户需保障生活用水；

4）在同一供水区域，1 个月内已停水 2 次以上的；

5）预计恢复供水超时的。

（3）加压调蓄供水系统恢复运行前，应经检测合格后方可供水。

5. 后期处置

（1）善后处置

应急处置领导小组组织相关部门单位做好受灾人员的安抚、赔偿工作，尽快消除事件影响，维护社会稳定。

（2）调查评估

应急处置办公室组织参与处置的各部门及单位对应急预案的启动、决策、指挥和后勤保障等全过程进行评估，分析总结应急救援经验教训，提出改进意见和建议。总结报告应包括事故原因、发展过程及造成的后果分析和评价；采取的主要应急响应措施和汲取的经验教训等；检查突发事件应急预案是否存在缺陷，并提出改进措施；对规划设计、建设施工和运行管理等方面提出改进建议。例如，探索在建筑小区、楼宇的进水管道上安装可连接外部加压设备的应急供水预留接口，一旦既有加压调蓄设备出现问题处于“瘫痪”状态，短时间内无法及时修复的，可调用“移动式”供水设备，连接预留接口进行应急供水，满足基本用水需求。

（3）修复重建

应急结束后，在应急处置领导小组的领导下，相关部门及单位负责组织修复被损坏的供水设施，保证企业及居民正常生产生活用水。

6.2.4　运维抢修管理

1. 储水设备维护保养

（1）水箱日常巡检应符合下列要求：

1）检查水箱（池）房门锁、周边环境卫生，排水系统畅通，水箱壳体、检修孔完好。

2）检查埋地式生活饮用水储水池，周围10m以内严禁有垃圾堆放点等污染源；周围2m以内严禁有污染物。

3）无“跑、冒、滴、漏”现象。

4）目测水质无杂质，无异味、无漂浮物。

5）依据水箱的技术资料，水箱的水位面在规定范围内。

6）人孔盖、锁齐全，启闭灵活。

7）防虫网罩无堵塞、锈蚀、脱落、破损等情况。

8）内、外爬梯应牢固，无锈蚀、无开焊。

9）浮球控制阀（或遥控浮球阀），启闭灵活、性能可靠。液位计指示正确、性能良好。

（2）水箱定期维护保养应符合：检查水位，保持在有效容积之内，水位异常及时检修水位控制系统；每半年进行清洗、消毒，同时检修水位控制系统，并保持正常工作；清洗消毒时检查水箱内壁、拉筋，应光滑平整、无锈蚀，发现影响水质情况及时处理。

（3）压力水容器日常巡检应符合：罐体无“跑、冒、滴、漏”现象；检查罐体压力值，在正常使用范围内；压力不足时及时补气。

（4）压力水容器定期维护应符合：隔膜式气压罐应每年检测，气囊无破裂；每半年对压力水容器进行1次放空泄水。

2. 水泵机组维护保养

（1）水泵日常巡检应符合下列要求：

1）观察水泵振动和运行噪声情况，异常时应立即停机，启用备用泵，并对异常情况进行检查和处理。

2）巡视水泵油池油位，水泵油池油位应在正常范围内。

3）电动机轴承温升不得大于35℃，滚动轴承内极限温度不得高于75℃，滑动轴承温度不得高于70℃。

4）检查水泵轴头机械密封应无滴水现象。

5）检查水泵出水口压力表值应在正常范围内。

6）检查放气阀，及时排出空气。

7）检查压力表、电流表、电压表、温度计等，无异常情况，发现仪表显示数值有误或损坏时应及时更换。

8）检查水泵相连的各种附配件，无锈蚀、不漏油、不漏水、不漏电。

（2）水泵的定期维护应符合下列要求：

1）检查泵体运行，异常时应及时检查、处理。

2）补充轴承内的润滑脂，保证油位正常，并检查油质变化情况，按周期更换新油。

3）对水泵地脚螺栓和其他连接螺栓进行检查、紧固，消除运行中发生的缺陷和渗漏。

4）每半年对电机与水泵间联轴节进行 1 次检查，对联轴器进行校正，发现联轴节损伤，应及时更换。

5）每年更换填料或检修机械密封。

6）每年检查、修理平衡盘与平衡环的端面接触，以及各段间、叶轮轮毂、轴套、平衡盘轮毂、轴肩、紧固螺母的端面接触。

7）每年检查或修理轴瓦，调整泵轴线与泵体基础平面的平行度。

8）每年修理或更换叶轮等各主要零件，更换轴承垫片和其他易损件。

9）每年调整填料压盖的松紧度，填料密封每分钟滴水数应符合使用说明书要求。

10）每年根据水泵机械密封或填料磨损情况及时更换新机械密封或填料。

11）每年检查水泵基础及水泵减震装置，确保完好。

12）每年调整水泵水平度及水泵与电机的同心度。

13）每年对整机和辅机进行清洗，除锈、除水垢。

14）保养后水泵机械性能应符合《离心泵技术条件（Ⅲ类）》GB/T 5657—2013 的要求。

15）水泵保养时应把与泵体相连的阀门、压力表、管道等随泵同时保养。

（3）电机日常巡检应符合下列要求：

1）电机运转正常，无异常声响。

2）额定电流、电压指示值在正常范围内。

3）电机状态显示按钮正常显示。

4）电机表面触摸温度无异常。

（4）电机定期维护应符合下列要求。

1）电机每半年进行 1 次全面检查，目测电机外壳无锈蚀。遥测电机绝缘，相对相绝缘和相对地绝缘电阻应符合技术说明书的规定；采用专用仪器，检测电机接线端子和电机控制部分原件温升，温升值应符合产品技术说明书的规定。

2）电机的年度维护应进行如下检查：

①检查电机的滚动轴承，其工作面应光滑、清洁，无麻点、裂纹及锈蚀；

②轴承的滚动体与内、外圈接触良好，无松动，转动灵活无卡阻，其间隙符合规定；

③添加轴承润滑脂，填满其内部空隙的 2/3，同一轴承内严禁填入不同品种的润滑脂；

④试运转检查电机，三相电流应平衡，电机额定工作电流符合铭牌规定；

⑤解体检修后电机各项参数符合产品说明书中各技术参数要求。电机绕组温升不超过铭牌规定，电机热保护系统正常工作；

⑥解体保养后，电机的各项指标符合《中小型旋转电机通用安全要求》GB 14711—2013 相关要求；

⑦采用专用仪器，对接线端子温升进行测试，温升值符合产品技术说明书的规定。

（5）电机维修应符合下列要求：

1）电机的电流、电压出现异常时，及时查找原因并维修。

2）检测电机绝缘、接地电阻的摇表，每年进行校验。

3）专用仪器检测后，温升超标或相对较高的接线端子做适当的紧固处理。当温升值仍较高，须进行全面检查，发现损坏时及时更换电气元件。

4）检测电机三相电压，任意两相电压的差数不大于5%。电流不超过铭牌上的额定值，同时任意两相间的电流差值不大于额定电流的10%。

5）电机维修安装、接线完毕后，在试运行前，检查电动机电源进线和地线符合要求后方可试车。

6）泵组维修后，带负荷试运行24h正常后，方可投入正式运行。试运行各部位无异常，各部分电流、温度和振动等参数符合规定。

3. 电气系统维护保养

（1）控制系统日常巡检应符合下列要求：

1）信号灯正常显示。

2）配电盘上各种检测仪表正常显示。

3）配电盘通风状况良好，无堵塞。

4）配电控制盘无异常气味。

（2）控制系统定期维护应符合下列要求：

1）季节性保养宜安排在夏季或冬季换季之前。

2）检查电控柜的接地和接零性能，电机的绝缘电阻不小于0.5MΩ。

3）对电控柜和电控设备除尘清扫。

4）控制电路显示接插件应无松动、裂纹、破损及变形。

5）采用专业仪器，检查电器元件的接线端子，温升应在正常范围内。

6）检查电器元件触头，可靠，无卡阻现象。

7）检查电器元件端子，接线无松动。

8）检查全部接线端子，接地良好，无松动。

9）监测仪表应正确、清晰显示。

10）电控柜通风扇（如有）应正常运转，通风孔无堵塞。

11）空气断路器、交流接触器的主触头压力弹簧是否过热失效；其触头接触应良好，有电弧烧伤应磨光；动、静触头应对准，三相触头应同时闭合；分、合闸动作灵活可靠，电磁铁吸合无异常、错位现象；吸合线圈的绝缘和接头有无损伤或不牢固现象；清除灭弧罩的积尘、炭质及金属细末。

12）自动开关、磁力启动器热元件的连接处无过热，电流整定值与负荷相匹配。

13）电流互感器铁芯无异状，线圈无损伤。

14）校验空气断路器的分离脱扣器在线路电压为额定值 75%~105% 时，应能可靠工作，当电压低于额定值的 35% 时，失压脱扣器应能可靠释放。

15）校验交流接触器的吸引线圈，在线路电压为额定值 85%~105% 时，应能可靠工作，当电压低于额定值的 40% 时，应能可靠释放。

16）检查电器的辅助触头有无烧损现象，通过的负荷电流是否超过它的额定电流值。

17）二次回路的每一支路和断路器、隔离开关操动机构的电源回路等绝缘电阻均不应小于 1MΩ，在比较潮湿的地方，可不小于 0.5MΩ。

18）继电保护装置的检查、清扫、校验。

19）对于变频器应检查冷却风道是否畅通，风冷过滤器是否堵塞，影响冷却效果。如不畅通，应及时清理或停运变频器。

（3）控制系统维修应符合下列要求：

1）控制系统的维修或更换均应在断电情况下进行。

2）控制柜主进线开关更换时，所更换断路器的型号应与断路器保持一致，断路器的整定电流值应与原断路器保持一致。

3）控制系统继电保护元件发生异常时，应及时更换电器元件，所更换电器元件的规格、技术参数应与原元件一致。

4）控制柜电源指示灯如更换，所更换指示灯的规格、技术参数、颜色应与原指示灯保持一致。

5）采用专业仪器发现接线端子温升过高时，应对系统进行全面检查，触头松动时应进行紧固。

（4）变频器的日常维护。变频器在长期运行中，由于使用环境中温度、湿度、灰尘和振动等因素的影响，内部元件会发生变化或老化，因此需要对变频器进行日常维护，每 3 ~ 6 个月对变频器进行 1 次定期检查。主要应注意以下内容：

1）运行参数是否在规定范围内，电源电压是否正常。

2）变频器操作面板显示是否正常，仪表指示是否正确，是否有振动、振荡现象。

3）冷却风扇是否运转正常，有无异常声响。

4）变频器和电动机是否有异常噪声、异常振动及过热现象。

5）变频器及引出电缆是否过热、变色、变形、异味、有噪声等。

6）变频器的周围环境是否符合标准规范，温度和湿度是否正常。

7）输入、输出端子和铜排是否过热变色、变形，螺钉是否松动。

8）主回路的绝缘情况是否满足要求，控制回路端子螺钉是否松动。

9）电解电容是否膨胀、漏液。

10）用干燥的压缩空气吹去电路板、散热器风道上的粉尘。

11）长期不用的变频器，需进行充电“老化”，方法是用调压器慢慢升压至额定电压，无需带负载，时间 2h 以上，每年至少 1 次。

12）零部件有的需要定期更换，如冷却风机 3 年更换、直流侧电解电容 5 年更换、电路板上电容 7 年更换等。

4. 消毒设备维护保养

紫外线消毒设备的检修维护应符合：紫外线照射强度是否正常，及时清洗石英套管；累计使用时间是否达到限值，按要求更换灯管；紫外线套筒是否有渗漏和锈蚀；电气元件及线路是否正常。

臭氧消毒设备检修维护应包括：臭氧冷却水箱是否缺水；臭氧发生量是否正常，有无泄漏；曝气头是否通畅，曝气是否均匀；电气元件及线路是否正常。

5. 管路及附件维护保养

（1）管道、阀门日常巡检应符合要求：

1）检查管道、阀门无渗漏、无污损、无锈蚀，阀门启闭灵活，支（托）架、管卡等安装牢固无松动、无锈蚀。

2）检查各井口封闭严密。

3）检查管道应无滴漏，发生滴漏应及时维修或更换。

4）检查管道保温、防腐设施，保持完好。

5）对水箱、阀门等进行检查，保持完好，无漏水现象，水箱（池）液位控制装置完好。

6）对防虫网进行检查，保持完好，无脱落破损现象。

7）启闭阀门进行启闭动作一次，保持阀门启闭运转灵活。

8）对稳流补偿器进行排污。

9）清洗阀门前面过滤器，及时更换破损的过滤网，保障阀门启闭件（阀瓣）的清洁。

10）对阀门的传动装置进行加油。

（2）管道、阀门定期维护应符合下列要求：

1）对吸入口滤网、止回阀和管道阀门进行清理、检修。

2）对供水系统的设施和附件进行除锈刷漆。

3）比例减压阀应注意疏通和检查阀体上的通气小孔，每年应保养 1 次。

4）各类长期开启或长期关闭的阀门操作 1 次，保证启闭灵活；并调整、更换漏水阀门填料；保证阀门表面无油污、锈蚀。如使用电动（磁）阀门，每年应校验 1 次限位开关及手动与电动的联锁装置。

5）对泵房各类管道的渗漏、表面锈蚀等故障应及时修理；管道支（托）架、管卡等的安装应牢固无松动。

6）对泵房各类可曲挠橡胶接头进行强度测试，保证无老化、变形、开裂、损坏。

7）对水泵机组与电控柜之间的电源线进行保养，其绝缘电阻值应不小于 0.5MΩ。

8）对机组基础进行保养，保证基础水平，避震有效。

9）检测各类测量仪表，对检测不合格或超过使用期限的仪表进行更换。

10）对泵房内各类设备进行油漆修补，保证无锈蚀、渗漏。

11）在冬季到来前完成各类管道及附件的防冻保温检查及保养工作。

（3）管道、阀门维修应符合：管道及阀门维修后应符合《给水排水管道工程施工及验收规范》GB 50268—2008 和《建筑给水复合管道工程技术规程》CJJ/T 155—2011 的规定；维修过程中，接触饮用水的工具、器具、产品应符合《二次供水设施卫生规范》GB 17051—1997 的规定。

6. 维修抢修

（1）加压调蓄设施发生故障停水时，应通知用户，并符合下列规定：

1）因计划性的工程施工、设备维修等情况需要停水或降压供水的，运行管理单位应提前 24h 告知用户。

2）因设备故障或紧急抢修不能提前通知时，应在抢修的同时通知用户。

3）因受城市电网维修维护断电影响而停水时，应及时通知用户。

4）因水质污染或水质不符合《生活饮用水卫生标准》GB 5749—2022 需要停水时，应及时告知用户。

（2）加压调蓄设施发生故障，应组织抢修，及时恢复供水并符合规定：抢修材料应符合相关规定；抢修过程应严格遵守操作流程；应做好水质保护措施。

（3）加压调蓄供水系统设施维修维护施工过程中，应严格遵守相关操作流程，防止造成加压调蓄供水系统水质污染。

（4）当水箱（池）、管道等设施受到污染时，修复后应立即进行冲洗，并经现场检测水质余氯、浑浊度达标后，方能向用户供水。

（5）应对泵站发生的控制系统故障，可采用临时变频器单独架设电缆连接水泵，跳过原有控制系统，设定某一固定频率驱动水泵运行，临时恢复供水，缩短停水时间，同步对控制系统进行故障排查和修复。在临时应急保证供水选用变频器时，要考虑变频器容量与电机功率匹配问题，变频器容量序列与电机容量相等或大一级。在选用连接电缆时，要核算电机的功率和电缆是否匹配，应留有余量，防止因电缆过细而带来的安全隐患。

6.2.5 安全作业管理

1. 制度管理

（1）成立安全生产委员会及安全管理部门，构建安全管理体系，落实企业安全生产主体责任。

（2）制定安全生产管理办法、全员安全生产责任制和安全操作规程，明确各级各类人员职责和管理、操作程序。加强对各项动火、有限空间、维护保养检修、施工现场监护等管理，严格审批手续。

（3）在风险评估基础上，编制应急预案，及时对修订内容进行全员宣贯。

（4）建立健全风险分级管控和隐患排查治理双重预防机制，每年对风险隐患点进行识别更新，定期开展隐患排查工作，对每次排查内容、结果、整改情况进行有效记录，确保闭环管理。

（5）配备必要的应急救援设施，定期检查维护，保证其处于有效状态。

2. 人员管理

（1）加压调蓄供水系统设施的运行、维护与管理应由专门的机构和人员负责。住宅建筑加压调蓄供水系统设施宜由供水企业实施专业化管理。人员应满足下列要求：

1）直接从事加压调蓄设施运行维护的人员必须取得体检合格证后方可上岗工作，并每年进行 1 次健康检查。

2）现患传染性及其他有碍饮用水卫生的疾病，以及病原携带者，不应直接从事运行维护工作。

3）特种作业操作人员经培训合格后持证上岗。

4）主要负责人或安全管理人员经培训考核合格上岗。

（2）做好新员工“三级”安全教育、转岗员工培训教育、消防培训、日常安全培训教育等工作。

（3）向从业人员告知作业岗位、场所危险因素和险情处置要点以及日常防范措施，每年至少组织 1 次全员安全生产知识考核。

（4）加强防护用品、消防器材使用方法的学习，掌握各类器材的性能，正确使用各类器材，提高员工自我安全防范意识，避免因使用不当造成意外伤害事故。

（5）积极开展和加强安全文化建设，提高从业人员的安全意识和遵章守纪的自觉性，消除“三违”行为。

（6）为从业人员提供符合职业健康要求的工作环境和条件，配备与职业健康保护相适应的设施、工具和劳动防护用品。

3. 作业管理

（1）抢修现场及其影响范围应根据作业对象和环境状况，采取安全防护和环境保护措施。

（2）抢修施工现场应设安全员。下井作业、高空作业、起吊作业、涉电作业等应设专人监护。

（3）施工现场应设置施工告示牌、交通指示牌、安全标志牌和施工围挡等。

（4）作业现场的材料、机具、设备等应放置有序，减少对交通和周边设施的影响。

（5）抢修作业临时用电应符合现行行业标准《施工现场临时用电安全技术规范》JGJ 46—2005 的有关规定。

（6）夜间和阴暗空间作业应设置照明设施，并按规定设置警示灯光信号。

（7）雨期和夏冬季抢修，应采取防雨、防雷、防暑和防冻等安全措施。

（8）现场作业人员应穿戴安全帽、工作服、反光背心、绝缘鞋等劳动防护用品，并做好安全防护措施。

（9）地埋管道抢修前，与地下管线产权或管理单位确认漏点附近地下管线分布情况，动土作业前向燃气、电力、道路等相关部门报备。

（10）安全规范使用机具、设备，做好日常养护和管理。

（11）当连续抢修作业时，应安排抢修人员轮换休息。

（12）抢修现场应使用低噪声设备，动土作业应采取防尘措施。

（13）有限空间作业时，应做好通风措施。

（14）抢修作业时，不得随意抛掷施工材料、废土和其他杂物，泥浆不得随意排放。

（15）抢修完工后，应及时拆除临时施工设施，并清理场地。

（16）抢修车辆内的器具、材料规范存放，新件与旧件分开，车内卫生保持清洁。抢修车辆做好日常保养，有问题车辆不得上路行驶。

6.2.6　网络信息管理

网络信息安全风险管理的目标是在确保安全合规的前提下，平衡组织发展与信息安全之间的关系。通过全面识别风险、科学评价风险、合理处置风险和持续监视风险，将风险控制到可接受程度。促进业务安全、持续、稳定运行，提升组织数字化应用水平，增强可持续发展能力。遵循分级管理、全面管理、动态调整、科学合理等管理原则，建立健全信息安全风险管理保障机制、保障措施，并在资产识别、威胁识别、脆弱性识别、已有措施有效性评价、风险分析与评价、风险处置、风险监测预警和风险信息共享等风险管理能力的基础上，执行语境建立、风险评估、风险处置、批准留存、监视与评审和沟通与咨询等风险管理过程，以实现信息安全风险管理目标。

1. 网络安全等级保护

等级保护对象是指网络安全等级保护工作中的对象，通常是指由计算机或其他信息终端及相关设备组成的按照一定规则和程序对信息进行收集、存储、传输、交换、处理的系统，主要包括基础信息网络、云计算平台 / 系统、大数据应用 / 平台 / 资源、物联网（IoT）、工业控制系统和采用移动互联技术的系统等。

根据等级保护对象在国家安全、经济建设、社会生活中的重要程度，以及一旦遭到破坏、丧失功能或者数据被篡改、泄露、丢失、损毁后，对国家安全、社会秩序、公共利益以及公民、法人和其他组织的合法权益的侵害程度等因素，等级保护对象的安全保护等级由低到高被划分为五个安全保护等级，不同级别的等级保护对象应具备的基本安全保护能力见表 6–5。

网络安全保护等级　　表 6–5

等级	影响程度	基本安全保护能力
第一级	等级保护对象受到破坏后，会对相关公民、法人和其他组织的合法权益造成损害，但不危害国家安全、社会秩序和公共利益	应能够防护免受来自个人的、拥有很少资源的威胁源发起的恶意攻击、一般的自然灾难，以及其他相当危害程度的威胁所造成的关键资源损害，在自身遭到损害后，能够恢复部分功能
第二级	等级保护对象受到破坏后，会对相关公民、法人和其他组织的合法权益造成严重损害或特别严重损害，或者对社会秩序和公共利益造成危害，但不危害国家安全	应能够防护免受来自外部小型组织的、拥有少量资源的威胁源发起的恶意攻击、一般的自然灾难，以及其他相当危害程度的威胁所造成的重要资源损害，能够发现重要的安全漏洞和处置安全事件，在自身遭到损害后，能够在一段时间内恢复部分功能
第三级	等级保护对象受到破坏后，会对社会秩序和公共利益造成特别严重危害，或者对国家安全造成危害	应能够在统一安全策略下防护免受来自外部有组织的团体、拥有较为丰富资源的威胁源发起的恶意攻击、较为严重的自然灾难，以及其他相当危害程度的威胁所造成的主要资源损害，能够及时发现、监测攻击行为和处置安全事件，在自身遭到损害后，能够较快恢复绝大部分功能
第四级	等级保护对象受到破坏后，会对社会秩序和公共利益造成特别严重危害，或者对国家安全造成严重危害	应能够在统一安全策略下防护免受来自国家级别的、敌对组织的、拥有丰富资源的威胁源发起的恶意攻击、严重的自然灾难，以及其他相当危害程度的威胁所造成的资源损害，能够及时发现、监测发现攻击行为和安全事件，在自身遭到损害后，能够迅速恢复所有功能，达到第五级安全保护能力
第五级	等级保护对象受到破坏后，会对国家安全造成特别严重危害	—

网络安全等级保护的核心是保证不同安全保护等级的对象具有相适应的安全保护能力。采取各种安全措施时，还应综合考虑整体安全保护能力。

（1）构建纵深的防御体系

在采取由点到面的各种安全措施时，在整体上还应保证各种安全措施的组合从外到内构成一个纵深的安全防御体系，保证等级保护对象整体的安全保护能力。应从通信网络、网络边界、局域网络内部、各种业务应用平台等各个层次落实本标准中提到的各种安全措施，形成纵深防御体系。

（2）采取互补的安全措施

在将各种安全措施落实到特定等级保护对象中时，应考虑各个安全措施之间的互补性，关注各个安全措施在层面内、层面间和功能间产生的连接、交互、依赖、协调、协同等相互关联关系，保证各个安全措施共同综合作用于等级保护对象上，使得等级保护对象的整体安全保护能力得到保证。

（3）保证一致的安全强度

在实现各个层面安全功能时，应保证各个层面安全功能实现强度的一致性，应防止某个层面安全功能的减弱导致整体安全保护能力在这个安全功能上削弱。例如，要实现双因子身份鉴别，则应在各个层面的身份鉴别上均实现双因子身份鉴别；要实现基于标记的访问控制，则应保证在各个层面均实现基于标记的访问控制，并保证标记数据在整个等级保护对象内部流动时标记的唯一性等。

（4）建立统一的支撑平台

为了保证等级保护对象的整体安全防护能力，应建立基于密码技术的统一支撑平台，支持高强度身份鉴别、访问控制、数据完整性、数据保密性等安全功能的实现。

（5）进行集中的安全管理

为了保证分散于各个层面的安全功能在统一策略的指导下实现，各个安全措施在可控情况下发挥各自的作用，应建立集中的管理中心，集中管理等级保护对象中的各个安全控制组件，支持统一安全管理。

2. 信息安全防护技术

（1）信息环境安全保障技术

1）支持用户标识和用户鉴别，身份标识具有唯一性，身份鉴别信息具有复杂度并定期更换；采用口令、密码技术、生物技术等两种或两种以上的组合机制进行用户身份鉴别；支持建立云租户账号体系，实现主体对虚拟机、云数据库、云网络、云存储等客体的访问授权；采用密码技术支持的鉴别机制实现感知层网关和感知设备之间的双向身份鉴别；对感知设备和感知层网关进行统一入网标识管理和维护，并确保在整个生存周期设备标识的唯一性。

2）由授权主体配置访问控制策略，规定主体对客体的访问规则；访问控制主体的粒度为用户级，客体的粒度为文件或数据库表级和（或）记录或字段级；对重要主体和客体设置安全标记，并控制主体对有安全标记信息资源的访问；根据安全策略，控制移动终端接入访问外设，并记录日志；通过制定安全策略，实现对感知设备的访问控制；感知设备和其他设备通信时，根据安全策略对其他设备进行权限检查。

3）启用安全审计功能，审计覆盖到每个用户；审计记录包括安全事件的主体、客体、时间、类型和结果等内容；对审计记录进行保护，定期备份，避免受到未预期的删除、修改或覆盖等；对审计进程进行保护，防止未经授权的中断；支持对云服务商和云租户远程管理时执行的特权命令进行审计；支持租户对与本租户相关资源的审计。

4）可基于可信根对计算设备（包括移动终端）的系统引导程序、系统程序、重要配置参数和应用程序等进行可信验证，并在应用程序的关键执行环节进行动态可信验证，在检测到其可信性受到破坏后进行报警，并将验证结果形成审计记录送至安全管理中心。

5）采用密码等技术支持的完整性校验机制，检验存储和处理的用户数据的完整性，在其受到破坏时能对重要数据进行恢复。

6）采用密码等技术支持的保密性保护机制，对在安全计算环境中存储和处理的用户数据进行保密性保护；提供云计算环境加密服务，加密密钥由租户自行管理，保证虚拟机在迁移过程中重要数据的保密性。

7）通过主动免疫可信计算检验机制及时识别入侵和病毒行为，并将其有效阻断；能检测到虚拟机对宿主主机物理资源的异常访问；支持对云租户进行行为监控，对云租户发起的恶意攻击或恶意对外连接进行检测和警告。

8）提供重要数据的本地数据备份与恢复功能；根据安全保护等级提供异地备份功能以及重要数据处理系统的热冗余高可用性；云计算环境采取冗余架构或分布式架构设计，支持数据多副本存储方式；支持通用接口确保云租户业务系统及数据可移植性。

（2）区域边界安全保障技术

1）保证跨越边界的访问和数据流通过边界设备提供的受控接口进行通信；实现不同租户间虚拟网络资源之间的隔离，并避免网络资源过量占用；提供开发接口或开放性安全服务，允许云租户接入第三方安全产品或在云平台选择第三方安全服务。

2）在安全区域边界设置自主和强制访问控制机制，对进出安全区域边界的数据信息进行控制，阻止非授权访问；建立租户私有网络，实现不同租户之间的安全隔离；允许云租户设置不同虚拟机之间的访问控制策略；保证当虚拟机迁移时，访问控制策略随其迁移；对接入系统的移动终端，采取基于SIM卡、证书等信息的强认证措施；能根据数据的时间戳为数据流提供明确的允许/拒绝访问的能力；能根据通信协议特性，控制不规范数据包的出入。

3）在安全区域边界设置审计机制；根据云服务商和云租户的职责划分，实现各自控制部分的审计；为安全审计数据的汇集提供接口，并可供第三方审计。

4）在区域边界设置探测器，探测非法外联和入侵行为，并及时报告安全管理中心；移动终端区域边界检测设备监控范围完整覆盖移动终端办公区，并具备无线路由器设备位置检测功能，对于非法无线路由器设备接入进行报警和阻断。

5）在安全区域边界设置准入控制机制，能够对设备进行认证，保证合法设备接入，拒绝恶意设备接入；能够对接入的感知设备进行健康性检查。

（3）通信网络安全保障技术

1）在安全通信网络设置审计机制，由安全管理中心集中管理；保证云服务商对云租户通信网络的访问操作可被租户审计。

2）采用由密码技术支持的保密性保护机制，以实现通信网络数据传输保密性保护；支持云租户远程通信数据保密性保护。

3）通信节点采用具有网络可信连接保护功能的系统软件或可信根支撑的信息技术产品，在设备连接网络时，对源和目标平台身份、执行程序及其关键执行环节的执行资源进行可信验证；实现基于密码算法的可信网络连接机制，确保接入通信网络的设备真实可信，防止设备的非法接入。

4）采用接入认证等技术建立异构网络的接入认证系统，保障控制信息的安全传输；根据各接入网的工作职能、重要性和所涉及信息的重要程度等因素，划分不同的子网或网段，并采取相应的防护措施。

（4）应用安全保障技术

1）应用安全覆盖身份鉴别、访问控制、安全控制、通信完整性、通信保密性、抗抵赖、软件容错、资源控制等部分的内容。

2）制定安全开发管理规范，以保证应用系统开发过程得到相应的控制，从而保障系统从开发到生产运行的全过程的安全管控，需要注意代码安全开发，防范不安全的代码给系统带来的安全风险；加强内存管理，防止驻留在内存中的剩余信息被他人非授权获取。

3）应用系统建立统一的账号、认证、授权和审计系统，实施严格的身份管理、安全认证与访问权限控制，提供用户访问记录，访问可溯。

4）应用程序进行可信执行保护，构建从操作系统到上层应用的信任链，以实现系统运行过程中可执行程序的完整性检验，防范恶意代码等攻击，并在检测到其完整性受到破坏时采取措施恢复。

5）应用系统上线前，对其进行全面的安全评估，并进行安全加固；遵循安全最小化原则，关闭未使用的服务组件和端口；采用专业安全工具对应用系统进行定期评估；在补丁更新前，对补丁与现有系统的兼容性进行测试。

6）应用系统访问控制支持结合安全管理策略，对账号口令、登录策略进行控制，支持设置用户登录方式及对系统文件的访问权限；对远程访问控制进行限制，限制匿名用户的访问权限，支持设置单一用户并发连接次数、连接超时限制等，采用最小授权原则，分别授予不同用户各自所需的最小权限。

（5）大数据安全保障技术

1）保证大数据平台不承载高于其安全保护等级的大数据应用；提供信息分类分级安全管理功能，提供大数据应用，针对不同类别级别的数据采取不同的安全保护措施。

2）大数据平台对数据采集终端、导入服务组件、导出终端、导出服务组件的使用实施身份鉴别；并能对不同客户的大数据应用实施标识和鉴别。

3）大数据平台为大数据应用提供管控其计算和存储资源使用状况的能力；能屏蔽计算、内存、存储资源故障，保障业务正常运行。

4）大数据平台提供静态脱敏和去标识化的工具或服务组件技术；对其提供辅助工具或服务组件实施有效管理。

5）对外提供的大数据平台，平台或第三方只有在大数据应用授权下才可以对大数据应用的数据资源进行访问、使用和管理。

6）对数据二次应用严格安全管理，对数据转移导出进行严格控制；针对外部系统有固定的数据需求时，建立具有严格安全审批控制互动接口；大数据对外服务时，要将整个服务过程中涉及的数据生产、加工、消费链路部署在提供方可监控的环境中，并对外部合作方的数据使用进行监控审计；根据具体的保护策略对合作方所访问数据的行为进行数字水印保护，以便对信息泄露的行为进行追踪；对外服务过程中，针对外部合作方制定严格的安全控制、安全管理和安全审计的管理制度。

7）建立数字资产安全管理策略，对数据全生命周期的操作规范、保护措施、管理人员职责等进行规定，包括并不限于数据采集、存储、处理、应用、流动、销毁等过程；具备一种可用技术，能保证全面和有效地定位云计算数据、擦除 / 销毁数据，并保证数据已被完全消除或使其无法恢复。

3. 风险管理保障机制

（1）领导负责制

依据国家和行业相关要求，结合加压调蓄设施的特点和管理要求，明确领导负责信息安全风险管理工作。具体工作包括但不限于：

1）明确信息安全风险管理主要目标、基本要求、工作任务和保护措施。

2）建立和落实信息安全风险管理责任制，把信息安全风险管理工作纳入重要议事日程，明确工作机构和职责，加大人力、财力、物力的支持和保障力度。

3）领导组织信息安全保护和重大风险处置工作，牵头解决重要问题。

4）统筹推动组织信息安全风险管理工作与组织业务发展相融合。

（2）统筹协调机制

明确信息安全风险管理工作的责任部门和统筹协调职责。具体工作如下：

1）牵头组织信息安全风险管理，建立健全风险管理制度体系，拟定年度信息安全风险管理计划，协调各相关部门和人员按职责参与风险管理工作。

2）组织推动信息安全风险管理的风险评估、风险处置、批准留存、监视与评审、沟通与咨询等工作。

3）组织开展信息安全宣传教育，采取多种方式提升组织人员的信息安全意识和网络安全能力。

4）牵头开展组织信息安全风险信息通报、报送、报告工作。

5）统筹落实专家咨询和重大风险会商机制。

6）统筹落实信息安全风险管理资源保障。

（3）专家咨询机制

根据信息安全风险管理的需要组建风险管理专家库，为信息安全风险管理工作提供技术咨询。具体工作包括但不限于：

1）对信息安全风险管理制度的合理性和实用性进行论证和审定，对存在的不足和需要改进的管理制度提出修订建议。

2）对信息安全风险处置方案、处置措施和应急方案等进行评审、论证和审定，并提出改进建议。

3）对信息安全重大风险进行研判，提出应对和改进建议。

（4）重大风险会商机制

通过明确重大风险会商的参与人员、会商召集、会商决议内容、会商决议处置跟踪、重大风险解除等相关工作以建立重大风险会商机制。具体工作包括但不限于：

1）参与会商人员包括风险管理主要责任人、组织内各部门的主要负责人，必要时也可邀请利益相关方负责人和专家参与会商；若需要向主管、监管部门汇报时，可邀请主管、监管部门参与会商。

2）会商活动对重大风险的类别、预警级别、预警范围、起始时间、可能影响范围、警示事项、应采取的措施和时限要求，以及该项重大风险处置责任人、处置原则和方案、处置资源配套等做出决议。

3）会商决议及时发布到相关责任人。

4）重大风险处置结束后，再次进行会商确定是否解除风险，判断可以解除的，及时通告相关人员解除风险。

5）明确会商活动纪要和结果存档保存的时间，以便后续审计、查阅。

4. 风险管理保障措施

（1）人员保障

通过配备人员、开展培训等工作，满足信息安全风险管理工作针对不同岗位、不同能力的相关需求，具体人员保障措施主要包括但不限于：

1）根据信息安全风险管理需求设置不同的岗位和技能要求，配备足够的人员开展工作。

2）加强内部信息安全风险管理相关专业人才队伍建设，建立健全人才发现、培养、选拔和任用机制。

3）通过不同的培训方式让组织内部全体员工了解并认同组织的信息安全风险管理目标和原则，提升信息安全风险管理意识。

4）根据组织需求和组织技术能力现状，可引入外部服务单位协助组织开展日常风险管理活动。

5）组建内部和外部相融合的专家库资源。

（2）制度保障

建立符合组织信息安全风险管理需求的制度体系是组织信息安全风险管理活动开展的有效保障，主要内容包括但不限于：

1）阐明机构信息安全风险管理工作的总体目标、范围、原则、框架和要求等。

2）明确信息安全风险管理活动中各类人员的岗位和职责。

3）明确信息安全风险管理活动所需的操作规程。

4）形成和保存信息安全风险管理所产生的信息文档。

5）明确信息安全风险管理工作的绩效评价和奖惩。

（3）经费保障

组织内部为信息安全风险管理活动提供必要的资金保障，各类经费主要包括但不限于：

1）风险处置类经费，为消减、转移、规避风险所采取的安全措施需花费的经费。如购买网络安全保险、网络层安全防护设备、主机层安全防护设备、应用层安全防护设备、数据层安全防护设备等。

2）人员教育培训经费，包括信息安全风险意识培训、风险管理人员技能提升与资格认证、演练竞赛等相关经费等。

3）工具采购类经费，为开展威胁识别、脆弱性识别、风险监测预警等活动所需工具采购经费。如采购威胁情报、态势感知系统、漏扫描系统、渗透测试工具等。

4）风险管理相关的服务经费，包括但不限于：风险评估、渗透测试、漏洞扫描等服务的经费。

（4）工具保障

通过配备信息安全风险管理相关工具，以保证信息安全风险管理工作的开展，提升风险管理的效果。主要工具包括但不限于：

1）风险管理类，基于标准的风险评估和管理工具，基于知识的风险评估和管理工具，基于模型的风险评估和管理工具等。

2）风险检查评估类，检查列表和基线检查工具、脆弱性扫描工具、渗透性测试工具、代码审计工具、移动应用安全测试工具、工业控制系统安全测试工具，机房检测工具等。

3）风险防护类，防火墙、网络入侵检测系统、web 应用防火墙、防病毒等。

4）专业机构发布的漏洞与威胁统计数据、评估指标库、知识库、漏洞库、算法库、模型库等。

5. 安全风险处置

（1）风险处置方式

风险处置方式主要包括风险规避、风险转移、风险消减和风险接受。

1）风险规避：可能的情况下停止有风险的活动，消除风险源头或通过不使用存在风险的资产避免风险的发生。

2）风险转移：通过将面临风险的资产或其价值转移到更安全的地方，或者转移给能有效管理特定风险的另一方，来改变风险发生的可能或风险发生的后果，也可采用购买保险、分包合作的方式分担风险。

3）风险消减：通过对面临风险的资产采取保护措施来降低风险，使残余风险被评估时能达到可接受的级别。可以从构成风险的 5 个方面（即威胁源、威胁行为、脆弱性、资产和影响）采取保护措施来降低风险。

4）风险接受：在明显满足组织发展战略和业务安全发展的条件下，有意识地、客观地选择对风险不采取进一步的处置措施，接受风险可能带来的结果。

（2）风险处置实施

1）准备风险处置措施。依据组织的使命，并遵循国家、地区或行业的相关法律、法规、政策和标准的规定，依据风险评估报告，按照风险处置计划，选择对应的风险处置措施，编制风险处置措施列表。

2）成本效益和残余风险分析。针对风险处置目标，结合组织实际情况，依据最佳收益原则选择适当的处置方案。依据组织的风险评估准则对可接受的、不予处置的残余风险进行分析。对于成本效益分析可以采用定量分析和定性分析两种方法。对于定量分析首先需要确定各资产价值，为各个风险输入资产价值，确定资产面临的损坏程度，之后估计发生的可能性，进而将损失价值与发生概率相乘计算出预期损失。由于评估无形资产的主观性本质，没有量化风险的精确算法，宜根据组织情况明确成本和效益的一到两个关键值，并设立期望值，进而选择可行方案。

3）处置措施风险分析及制定应急计划。对每项处置措施实施可能带来的风险进行分析，确认是否会因为处置措施不当或其他原因引入新的风险。制定应急计划，对仍会残留的风险和可能继发的风险，以及主动接受的风险和不可预见的风险进行技术和人员储备。

4）确定风险处置方式和措施。在完成成本效益分析和残余风险分析后，对每项风险选定一种或者几种处置措施，完成最终的风险处置措施列表。

5）编制风险处置方案。依据组织的使命和相关规定，结合风险处置依据和目标、范围和方式、处置措施、成本效益分析、残余风险分析以及风险处置团队分工，编制风险处置方案。

6）风险处置措施测试。风险处置措施测试是在风险处置措施正式实施前，验证风险处置措施是否符合风险处置目标，判断措施的实施是否会引入新的风险，同时检验应急计划是否有效。

6. 完善保密制度

（1）管理手段：建立健全企业信息安全管理制度，与员工签订保密协议，防止数据泄密。重要资料实行专人管理，完善借阅制度，严禁非相关人员查阅。关键核心信息资料实行“双人双锁”专人管理。

（2）技术手段：采用加密数据、限制外来移动存储设备、管控上网行为等技术手段防止信息泄露。

1）数据加密

采用先进的加密算法对数据进行加密，通过高强度的透明加密保证文档无论在何时何地都能得到有效保护，确保数据在传输和存储过程中的安全性。

2）权限控制

明确、细化权限控制，根据岗位和部门设置不同权限，确保数据不被无关人员访问。同时对网络和外部设备等可能的泄密渠道加以控制，防止文档外流。

3）文件保护

对文件内容进行安全管控，防止用户通过剪切板、截录屏等途径进行泄密，并提供文件外发管控、文件自动备份、文件拷贝限制等功能，多方位防止重要文件被盗取、丢失等问题发生。

4）行为管控

对企业的计算机、宽带、打印、外围设备等资源进行管控，与此同时，规范员工的内网行为，使员工活动在公司合规范围内进行，并提供完整的文档操作审计，帮助管理员发现网内安全的危险趋向，及时做出预防。

第7章 城市供水安全新技术

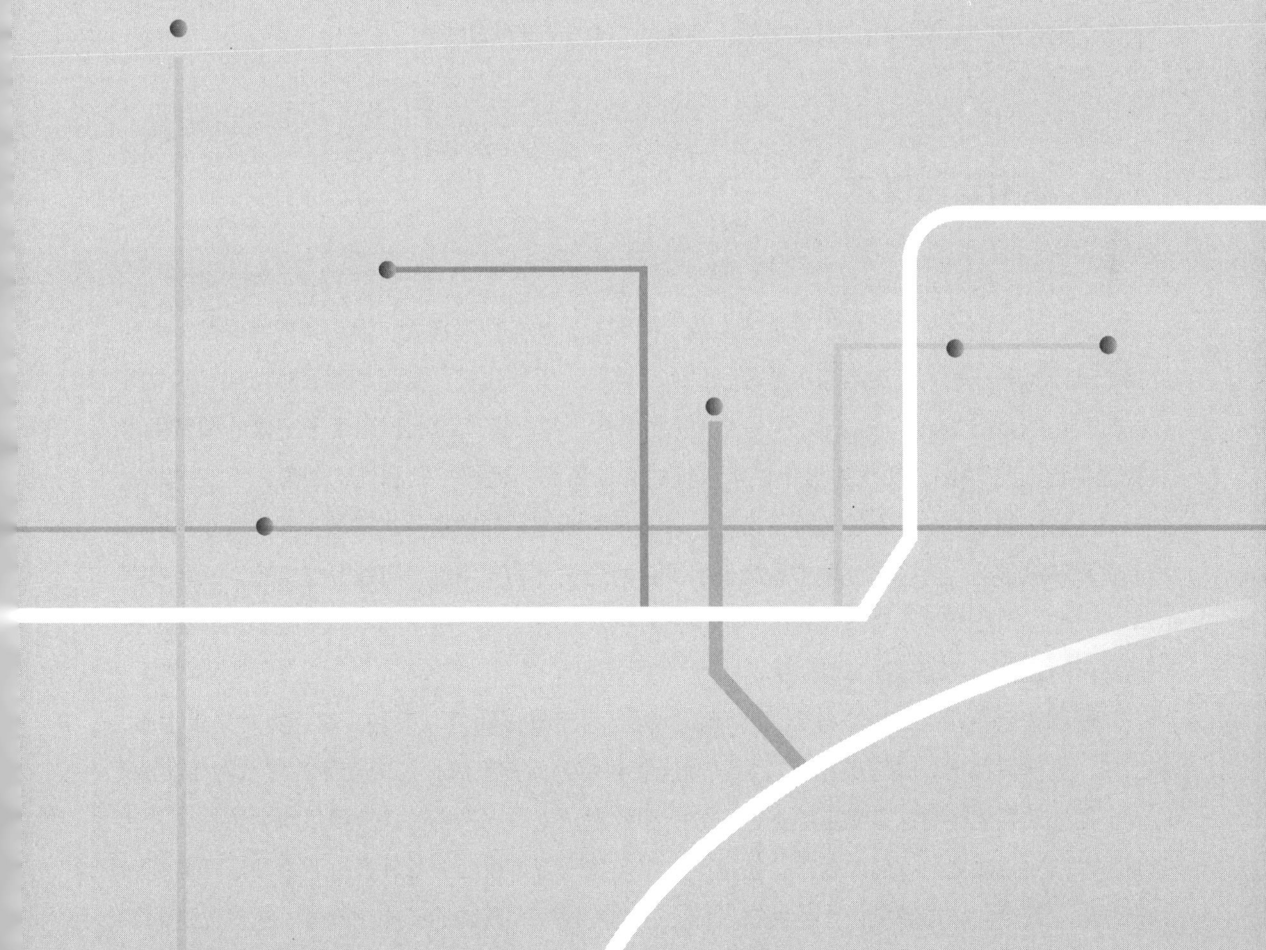

城市供水系统的安全运行对于保障居民生活和城市运行至关重要。新技术的应用为城市供水系统的安全运行提供了强有力的支持和保障。通过引入智能监测系统、在线水质监测设备等先进技术，可以实现对水质的实时监测和预警，及时发现水质异常情况，采取相应的措施进行处理，保障供水水质的安全。新技术在供水管网管理和维护方面发挥了重要作用。采用远程监控系统、无人机巡检等技术，可以实现对供水管网的全面监控和及时巡查，发现管网漏损、破损等问题，及时修复，提高了供水管网的稳定性和安全性。在供水设施管理和运行优化方面也发挥了积极作用。采用物联网技术、大数据分析等手段，可以实现对供水设施的智能化管理和优化调度，提高了供水设施的运行效率和稳定性，降低了运行成本，为城市供水系统的安全运行提供了有力支持。城市供水安全新技术在水质监测、管网管理和设施运行等方面发挥了重要作用，为城市供水系统的安全运行保驾护航。

7.1 城市智慧供水

城市智慧供水是一种基于先进信息技术的创新型水务管理模式，通过集成物联网、大数据、云计算等技术，打造集原水监控、供水厂监控、管网监控、加压调蓄设施监控、独立分区计量（District Metering Area，DMA）漏损管控、营收管理和综合调度于一体的智慧供水管理平台（图 7-1），实现对城市供水系统的智能监测、远程控制和优化管理，旨在提高城市供水系统的效率、可靠性和可持续性，以满足不断增长的城市用水需求，同时减少水资源浪费和环境影响。为了保证城市智慧供水平台的先进性和实用性，可以通过实验，采用机器学习、神经网络算法、边缘计算等新技术，对供水系统全过程进行模拟和实践应用，提高智慧应用的效果，实现辅助智慧决策。

城市智慧供水系统中，各个供水环节都配备了传感器和监测设备，能够实时采集水质、水压、流量等数据。这些数据通过物联网连接到中央监控系统，形成全面的供水网络监测。大数据技术则能够对这些海量数据进行分析和挖掘，为供水系统的决策提供科学依据。云计算技术则支持数据的存储和管理，使得城市水务管理者可以随时随地通过互联网远程监控和操作供水系统。城市智慧供水的关键目标之一是实现供水系统的智能化运维。通过先进的算

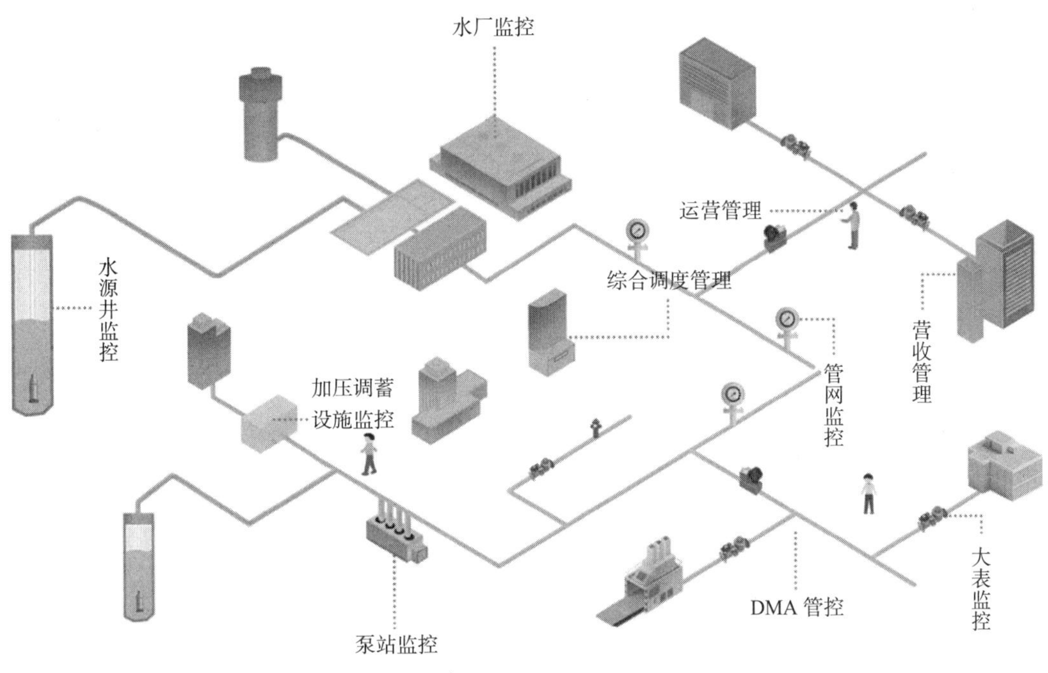

图 7-1　城市智慧供水管理平台

法和人工智能技术，系统能够预测供水管网的漏损、设备的故障，并提供最优的供水方案。这不仅提高了供水系统的可靠性，还减少了因管道破裂等问题带来的损失。

城市智慧供水还注重用户参与和信息透明。通过智能水表、在线支付等手段，用户可以实时监测自己的用水情况，了解水费信息，并通过智能家居系统实现用水设备的远程控制，促使用户更加理性地使用水资源。城市智慧供水以科技手段提升城市供水管理的智能性、效率性和可持续性，为解决日益严峻的水资源管理和供水难题提供了一种创新的解决途径。

长沙饮水工程项目通过构建水锤检测与智慧调控系统，攻克了人工调度向智能调度转变从而解决大型引调水工程的关键工程技术难题，实现了智慧调水目标。智慧水源调度系统一改传统输水系统安全防护方式，通过建设安全监测与评估系统，实现对设备运行异常、管道结垢等问题的预测、告警和维护。水锤检测与智慧调控系统平台功能强大，通过嵌入瞬态水力模型可实现实时监测和在线瞬态仿真，采用智能控制算法，可定制调度方案和调度策略，提升调度效率。该工程建设的余压发电机组，代替了减压耗能设备，促进了资源的有效利用和社会可持续化发展。

武汉某供水厂的智慧水务云平台，是一个可以进行自主学习的智能系统。利用该平台可进行工艺精准控制，实现对水中消毒副产物、供水的泵送压力、水管渗漏的控制。通过优化运行模式，智慧供水厂可最大限度降低设备能耗，按照武汉金口水厂目前日供水 50 万 m^3 计算，每年可节电约 159 万 kWh，约减少 124.8 万 kg 碳排放量，相当于种树 1.6 万棵。

武汉市二次供水某集控管理平台利用模块化边缘网关系统，实现了基于边缘智能联动的泵房无人化值守，大大降低了人工成本，扫清了企业精细化运维管理过程中的障碍，在提升企业二次供水管理水平的同时，降本增效，保障了用水安全和用水质量。

广州南沙某供水厂通过构建智慧管控平台，实现了从厂内生产工艺环节到送水、中途加压泵站和二次供水设施的一体化监控，覆盖制水、供水、用水全链条。“AI 模型 + 边缘计算”“动态水力模型”等数字化技术已成功应用于混凝剂的智能投加、出厂水压的智能调节以及管网的漏损管控中。

7.2 水质指纹污染溯源技术

水质指纹污染溯源技术是一种利用水体中的特定污染物组成和分布模式，通过化学、物理、生物等多方面的手段，对水体进行详细分析和监测，以确定污染源头和污染物来源、性质及扩散规律的技术。这一技术的核心理念是不同污染源、不同地区的水体会呈现出独特的污染指纹，通过对这些指纹的提取和解读，可以精确识别水体受到的污染影响。通过水质指纹污染溯源技术，能够建立城市供水系统全链条的安全保障体系，包括在感知层，水源地水体、重要断面、管网等放置溯源仪，在应用层配套区域水污染预警溯源系统。

水质指纹污染溯源技术主要包括多种化学分析手段，如质谱、色谱、光谱等，同时结合 GIS 等技术，实现对水体的高精度、高分辨率监测。通过对水体中有机物、无机物、微生物等成分的综合分析，可以建立起水质指纹库，其中包括来自不同污染源的标志性污染物。这项技术在污染源追踪、水质评估、环境保护等方面具有广泛的应用前景。首先，通过识别水体中的指纹，可以追溯到污染源头，帮助环境监管部门更加精准地进行排污源管理。其次，对水体进行全面综合的指纹分析，有助于评估水体的整体质量和健康状况，为水资源的保护和合理利用提供科学依据。最后，通过建立水质指纹库，可以为未来的水质监测和溯源提供有力支持，促进环境科学领域的发展。水质指纹污染溯源技术的发展为解决水环境问题提供了一种先进、高效的手段，有望在水质监管、污染源管控等方面发挥重要作用。

水质指纹污染溯源技术由清华大学环境学院所提出，该研究团队自主研发了污染预警溯源仪，截至 2023 年已稳定运行超过 14 年，在我国 25 个省级行政区成功应用，是水质污染精细监管的有力新工具。江苏太湖水源地和运河跨界断面等安装了污染预警溯源仪，用来支撑苏州市生态环境管理污染源识别等难题及未来发展需求。例如深圳某工业园区应用污染预警溯源仪发现企业存在的偷排现象，对可疑偷排暗管内水样进行指纹比对，确定偷排企业，相关管理部门吊销企业的排污许可，并开出了深圳市第一张千万级环保罚单。水质指纹污染溯源技术在快速分辨出治理重点和污染责任主体并实现预警—溯源—应急—执法高效联动中起到了重要作用。

7.3 供水设备管理物联网技术

对于供水企业而言，安全管理是否到位直接影响出厂水水质的安全性。供水生产环节的常规化巡检是保障供水的重要手段，但传统水务仍存在一系列问题：管理模式老化，不能及时掌握系统运行状态及变化；管理水平较低，运行数据留存、查询不便，对水质的各项参数也不能及时掌控等；监测数据的可视化呈现较弱，不利于系统管理人员对数据进行分析。随着国家和企业对供水监管信息化需求的提高，我国供水行业开始步入自动化、智能化阶段。新兴的物联网技术可以对现有的水质设备监测数据、生产设备数据等进行采集、处理、分析及可视化，并结合软件工程技术通过建模实现水质安全预测、人员管理、设备生命周期管理、工单管理、信息管理等。基于物联网的供水监管系统是新型信息技术赋能下的水务数字化转型，也是支撑传统水务行业突破短板、高质量发展的必然路径与核心要务。

物联网技术采用感知技术获取物体、环境的各种参数信息，通过无线通信技术汇总到信息通信网络上，并传输到后端进行数据分析挖掘处理，提取有价值的信息给决策层，并通过一定的机制、措施，实现对现实世界的智慧控制。物联网的核心就是将物体在网络上进行“连接”，物联网未来就是人工智慧生命感知决策行动系统，可以融合区块链、人工智能、可穿戴设备、增强现实（AR）、人体增强、机器人、自动驾驶、无人机等技术，实现智能交互、智能信息呈现并可随时采取行动。

基于物联网的供水监管系统将使用物联网框架，对数据进行采集和传输，利用通信技术实现数据的实时监控，并运用软件工程技术开发供水监管系统的服务端和终端，实现在传统水务生产管理平台的基础上对整个业务流程进行升级和改造，并且在开发的过程中立足于当前供水厂和企业共同面临的新问题、新需求，以实际用户体验为导向进行创新和开发。基于物联网的供水监管系统将全面解决“信息孤岛”、数据同步等实际问题。随着基于物联网的供水监管系统的全面推广，为智慧水务行业的可持续发展带来新的力量。

7.3.1 供水厂数据采集与监控系统

数据采集与监控（Supervisory Control And Data Acquisition，SCADA）系统的应用是当前自来水控制行业发展最显著的特点。伴随着计算机技术的日益成熟，当前供水厂 SCADA

系统能够将供水单位管辖下的水源井水泵、水处理设备、加压泵以及供水管网等重要供水单元纳入全方位的监控、调度和管理，实现了供水流程透明化和生产数据共享化。SCADA 系统实现了工业自动化技术与计算机控制技术、数据采集监控与自动化运行的有机结合，提高了供水厂生产效率，确保了水质安全稳定，减少了人力成本的投入，真正实现低损耗高效率的安全供水，满足新时代自动化生产要求，获得了更好的经济效益与社会效益。

SCADA 系统是以计算机技术为核心的过程控制自动化系统，该系统可以对自动化过程进行相应的数据采集与监视，并通过上位机的软件反馈信号进行现场设备控制与调试。SCADA 系统将多种通信控制传输技术结合起来，采用客户机－服务器结构或浏览器－web 服务器－数据库服务器软件架构。SCADA 系统从定义上可分为两部分，一部分是位于中控室的上位机监控软件，主要负责现场数据的监视与控制，另一部分是位于现场监控站的数据采集单元以及通信系统，因此供水厂 SCADA 系统具有对水处理现场数据采集、传输与监控，以及对现场水处理工艺控制系统进行远程操控的功能。

供水厂 SCADA 系统具有分散控制、集中管理的特点。在供水厂中控室可实现对水处理环节的监视与控制，而各个环节的水处理车间通过可编程控制器（Programmable Controller，PC/PLC）来实现现场工艺流程的控制。为了保证供水厂的安全生产，通常情况下控制系统分为三种模式：现场手动控制、现场监控控制和上位机监控控制。手动控制优先级最高，上位机监控控制最低。根据供水厂特点，SCADA 系统主要可以分为现场设备的控制与数据采集和中控室监视与控制两大部分。中控室监控是核心部分，是信息处理的中枢环节。中控室计算机通过对水处理环节进行数据收集，能够实时查看供水厂水质处理现状，掌握供水厂情况。计算机每隔一定时间对各自动化系统进行轮训并收集和存储数据，每天可以根据运行数据进行报表打印，查看供水厂具体情况。并可以设置检测数据超限报警等功能。

上海供水 SCADA 系统结构主要由远程控制终端、控制中心和通信网络三大部分组成。其中远程控制终端由供水厂、泵站、管网监测点等相关终端子系统组成（如供水厂 PLC 系统、泵站 RTU 系统等）。远程控制终端是一种远程执行终端，主要负责现场各类数据（如终端运行状态信息、开关量、模拟量值、各类事件、故障信息等）的采集和对控制中心命令的执行，控制中心是远程控制终端的管理调度者。控制中心通过主信道或备用信道与远程控制终端进行数据传输和交换。控制中心主要通过服务器组建网络平台，实现远程终端数据的获取及控制。并对原始数据的堆积、整合、报警管理进行一系列综合处理。

SCADA 平台通常需要结合地理信息系统（Geographic Information System，GIS）提供的供水管网地理位置信息，指导供水管网管理工作。国内许多供水企业已经建立了地理信息系统，例如，基于 ArcGIS 的北京市区配水管网地理信息管理系统、基于 MapGIS 的上海自来水管网养护管理系统等。地理信息系统在供水管网管理中，具有以下表现：1）管网资产管理应用，将各种管线等基础设施信息保存于数据库中，实现固定资产的图形化管理；

2）通过 GIS 系统内的数字高程模型，对管网水压的分布进行模拟，通过二维、三维图形展示出来，为完善调度提供理论基础，实现调度技术优化；3）管网养护管理应用，GIS 系统可提供管网分布信息并进行动态更新，提高管网维护和管理工作的效率和质量；4）故障分析，通过 GIS 系统内建立的管网水力模型、管阀搜索等进行故障分析，快速抢修。

根据水处理环节的基本流程以及供水厂实际情况，供水厂 SCADA 系统一般采用上位机 + PLC 的结构。上位机不仅具有监视作用，还具有对整个系统的诊断与预报等功能。PLC 通过数据反馈与现场控制实现监视与自动控制。

PLC 集散控制系统可以自动监测各控制单元的流量、压力、温度、轴温、pH、余氯、浊度、液位、电压、电流、功率、电机绝缘度等参数，同时监测各工艺过程的运行工况。能将监测参数传输至中控室，在中控室可及时发现被测工艺参数的超限情况，并以声、光、语音形式进行报警。同时通过信息的上载、下载，在中控室实现对工艺参数的修正和现场设备运行状态的适时控制，将现场 PLC 监控单元与中控室组成一个有机的监测监控体系。

PLC 技术能够将供水厂各工艺单元的控制装置相连接，共同组成供水厂的自动控制系统，包括提升泵房中离心泵及真空泵的启停自动控制；自动加氯（包括滤前和滤后）、投药的自动控制；混合池机械搅拌启停自动控制；絮凝池和澄清池的自动排泥；滤池反冲洗的自动控制；送水泵房水泵电机机组的启停自动控制（包括变频调速自动控制）等。同时能够监测各单元运行工况和相关参数，实现故障自动报警并采取必要的处理措施。现场各单元设备的运行参数和运行状态通过 PLC 采用串行通信传输方式与中央控制室（以下简称中控室）构成有线通信网络，组成一个由中控室工业控制微机对各环节工况进行集中管理分散控制的集散型自动监测监控管理系统。

1. 提升泵房（一级泵房）PLC 控制单元

主要监测项目：原水 pH、流量、温度、浊度、前加氯余氯，离心泵的出水压力、真空度、电机温度、轴温、工作电压、电流，吸水井液位等。

主要控制功能：根据工艺流程要求和各运行参数的监测数据控制各水泵机组和真空泵的启动和停止，保证运行工艺流程的顺利执行；监测前述各运行参数，一旦发现问题，及时进行报警并采取相应措施；监测各机组电机的工作电压、电流及备用机组电机的绝缘度（启动前），以保证工艺程序的顺利进行。可按时间设置（设定值允许变更）自动定时进行水泵电机机组的切换，执行中控室发来的各种指令，如新参数的设定与执行、控制方式的切换等。

2. 混合井、絮凝沉淀池 PLC 控制单元

主要监测项目：混合井电机的工作电流、电压、电机温度、搅拌机轴瓦温度、有功功率和无功功率、混合池液位等，絮凝池排泥阀开关状态、絮凝池液位等，沉淀池泥位、出水浊度、液位、排泥机运行 / 停止状态、排泥机手 / 自动状态、故障情况、排泥机行程限位等，并将原水浊度参数纳入本控制单元。

主要控制功能：控制单元主要控制混合井搅拌机的启动和停止、絮凝池电动排泥阀的启动和停止、沉淀池机械刮泥排泥机的启动和停止，以实现各工艺流程的自动控制。

3. 自动加氯、加药系统 PLC 控制单元

加氯系统主要监测项目：氯瓶重量、氯气投加量、漏氯报警情况、加氯机开启 / 关停状态、加氯机手 / 自动状态、加氯机故障情况、氯路切换及电动球阀工作状态、空瓶信号检测、蒸发器开启 / 关停状态、蒸发器故障状态，储气罐压力等。

主要控制功能：前加氯根据流量比例投加，后加氯根据流量比例检测，余氯协同控制；当接到“空瓶”信号后，自动进行气路切换并提示换瓶；当氯气泄漏时，打开排气扇并启动氯气吸收装置；加氯机备用切换；根据生产需要远程 / 就地启停蒸发器。

加药系统主要监测项目：溶解池和溶液池液位，计量泵开启 / 关停状态、手 / 自动状态、冲程检测、频率检测、故障检测，搅拌器开启 / 关停状态、故障情况，稀释水阀开关状态，进 / 出液阀开关状态，搅拌程序控制等。

主要控制功能：根据流动电流，浊度和流量补偿控制计量泵冲程及设置变频装置频率；当溶液池发出“空池”信号时，打开需冲溶的溶液池进液阀；当液位达到冲溶液位后，关闭进液阀门，同时打开稀释水阀和搅拌机进行搅拌；当液位达到上限后，关闭稀释水阀，并延时关闭搅拌机；该池得到加药指令后，打开该池出液阀；当液位降到下限时，发出“空池”信号并计算累计加药量。

4. 滤池 PLC 控制系统

以均质滤料滤池为例。主要监测项目：每个滤池的水位连续检测及显示、水头损失检测、浑水阀、清水阀、反冲洗阀、排污阀、反冲气阀、排气阀等设备工作状态和故障状态，手 / 自动状态，清水阀阀门开度、开关限位等。

主要控制功能：均质滤料滤池控制系统用于滤池、反冲洗泵房和鼓风机房的工艺运行控制和监测，主要功能是实现气水反冲洗工艺流程（且具有手动控制功能）的自动控制；执行中控室发来的各种指令，以及运行参数的设定和修改等；通过对各运行参数的监测，一旦发现异常情况或出现故障，及时发出报警信息并采取相应措施，并将信息立即传输至中控室。

5. 送水泵房（二级泵房）PLC 控制单元

主要监测项目：清水池 pH、液位、浊度、余氯，出厂水阀开度、流量、报警信息，水泵电机电压、电流、温度、频率等。

主要控制功能：系统用于送水泵房的工艺运行控制和监测，主要功能是根据工艺流程要求和各运行参数的监测数据，在 PLC 和变频器的控制调节下实现送水泵房水泵机组的启停和变频调速恒压供水（具有手动控制功能）的自动控制。

6. PLC 中控室

中控室主要由工控机、大屏幕显示屏、打印机、语音设备、通信驱动与管理组件等组成。

中控室的主要功能。对各控制单元内各 I/O 点的运行工况进行实时监测，并自动保存监测数据，用户可以根据需要在线修改监测时间间隔；对各生产现场运行参数和工况的监视以图形或表格形式显示，做到自由选择，切换方便；对保存的数据按照用户的要求进行数据分析，采用多种图表予以显示，并可打印输出；可在线查询、检索、保存监测数据及各种报警记录；根据操作员的权限实现对有关控制点的强行控制和工作参数的设定等；对各控制单元的运行状况进行监视，一旦失去联系立即告警；实时响应各控制单元发来的告警信息，用语音发布告警内容，以图形方式显示告警部位，并自动存储所有告警信息。

在 SCADA 系统中，自动化仪表与设备负责信息感知和采集，是实现万物互联的基础。自动化仪表与设备主要包括：

（1）过程参数检测仪表。分为水质参数和工作参数在线检测仪表。水质参数在线检测仪表包括水温、浊度、pH、电导率、溶解氧等在线测量装置，工作参数在线检测仪表包括压力、液位、流量等仪表。

（2）过程控制仪表。以微电脑为核心的各种控制器，如微机控制系统、可编程序控制器、微电脑专用调节器等；常规的调节控制仪表包括电动、气动单元组合仪表等。

（3）调节控制的执行设备，包括水泵、电磁阀、调节阀以及变频调速器等。

（4）其他机电设备。如交流接触器、继电器、记录仪等。

近年来，多传感器高度集成化的多参数水质分析仪开始应用于供水行业中。根据不同的应用领域和监测目标，多参数水质分析仪可以采用不同的主机和探头搭配。一般而言，一台多参数水质分析仪的主机可以测量 10 种参数，带有自清洗功能，且感应器可自由拆卸。多参数水质分析仪的所有监测传感器直接安装在主机上，与主机主板通信，主机主板处理来自各个传感器的原始电压、电流值并将其进行模数转换，转换后的数据通过数字输出（RS232、RS485 或 SDI12 等数字接口）传输到外部手持终端、电脑及其他数据采集装置。对于不同的监测参数，仪器有不同的测量原理，一般而言，多参数水质分析仪的传感器分为常规传感器和特殊传感器。其中，常规传感器包括：温度传感器、溶解氧传感器、pH 传感器、ORP（氧化还原电位）传感器、浊度传感器、电导率（盐度、总溶解固体、电阻）传感器、深度传感器、流量传感器、压力传感器等；特殊传感器包括：氨离子传感器、硝酸根离子传感器、氯离子传感器等。

昆明通用水务自来水有限公司应用 SCADA 系统将供水厂、泵站、管网、水质等与生产相关的全要素数据进行集中采集、上传、存储、分析、展示，实现了指令下发 – 过程监管 –

结果反馈 – 数据分析为一体的生产组织闭环管理，使生产过程趋于透明化。借助该系统，供水企业能够持续全面监控从水源到供水厂、供水厂到管网等各环节，为保障城市供水提供有效支持。

广西桂林市东江水厂 SCADA 系统的现场控制及本地自动化层采用西门子 300 系列 PLC 控制器，结合触摸屏、数据采集模块、工业光电交换机等自动化设备，集中采集数据并对设备进行独立控制。控制系统包括取水泵站、加氯加药间、一期滤池子站、二期滤池子站、送水泵站 5 个 PLC 子站。

7.3.2 数字孪生技术

由于物联网技术的蓬勃发展，数字孪生技术近年来得到了广泛的关注。数字孪生指物理资产、过程和系统的动态数字副本，在虚拟三维场景中对真实世界进行数字化投影，全面监控它们的整个生命周期，实现对历史情况的追溯、现实情况的投射，以及对未来和假定情况的仿真。数字孪生技术的核心是实现实时多源数据采集的物联网技术。它集成了人工智能和软件分析来创建数字仿真模型，这些模型可以随物理模型一起动态更新和变化。此外，数字孪生采用了现代数据可视化方案，如虚拟现实（VR）和增强现实（AR），可以提供更多的说明性和用户友好的视图。因此，与传统的监控系统相比，数字孪生提供了更多传感方式，更具时效性，集成了更智能的数据分析和更友好的显示与交互，可以更好地理解和预测机器和系统的性能，优化业务操作。数字孪生技术在保障城市供水安全具有多方面的应用价值。它可以通过虚拟仿真与现实世界供水系统的实时数据对接，帮助运营者全面监控供水网络的运行状态，包括流量、压力、质量等关键指标，从而及时发现潜在问题并进行预防性维护。其次，可以用于模拟不同条件下的供水系统响应，如自然灾害或设备故障，帮助制定应急预案和优化调度方案。数字孪生技术还能支持供水系统的规划和设计，通过仿真分析不同方案的可行性和成本效益，提高决策的科学性和精准度。总体上数字孪生技术在提升城市供水系统的可靠性、效率和安全性方面发挥着关键作用。

1. 数字供水厂

数字供水厂作为数字孪生应用的基础，采用现场激光扫描、拍照和查阅图纸等技术，完成供水厂内设施及重点构筑物的三维建模和渲染等基础工作。在此基础上，数字供水厂模块提供以下功能：（1）数字供水厂模块提供供水厂内设施及重点构筑物的全方位展示，支持用户使用鼠标进行旋转和缩放等操作；（2）用户通过点击构筑物，可以对构筑物内部进行单体细致浏览；（3）系统提供构筑物的详细信息，包括长、宽、高和建筑材料等；（4）用户通过点击设备，可以查看设备的详细信息，包括台账、当前运行数据和运维记录等；（5）为了使用户在庞大的三维虚拟场景中快速、直观地掌握厂内生产运行情况，系统实时与自动化控制系统进行数据对接，并根据设备实际运行情况对设备外观进行不同颜色的边框绘制，从而反映实际运行情况。

2. 漫游导览

数字孪生系统提供用户沉浸式全景漫游和供水厂介绍导航两大功能。(1)全景漫游：用户通过键盘或者手柄操作虚拟人物，可以在供水厂场景中进行仿真走动漫游。通过该方式，用户可以进行池面、泵房、配电间及加药间的浏览，并且在靠近设备时会收到设备自动弹出的关键信息；(2)介绍导航：系统播放预设线路并介绍参观路线，向参观者介绍供水厂情况。

3. 厂内管线

根据管线的不同用途，如水管、气管、药管和电力管线等，数字孪生系统在管线专题场景中用不同的颜色进行区分，并可按照分类控制对应管线的显示与隐藏。同时，为了便于展示和介绍，系统在鼠标移动到管线上方时增加动态箭头效果，展现管道内介质的流动方向。管线颜色的选择遵循现场颜色标识规范。为了获得更加直观、明晰的展现效果，对场景中的地面和墙面进行透明处理。

4. 工艺巡检

工艺巡检以厂内工艺构筑单体为单元进行虚拟环境中的巡检。系统在每个工艺构筑单体中根据预设的点位供用户漫游，并在关键区域展示所在区域的各类数据，包括重要的仪器仪表数据、设备台账及实时运行情况等；同时，结合安防视频的接口，系统自动显示所在位置的摄像头视频信息，达到虚实结合的效果。在虚拟场景中，当用户选中重要的提升泵组，则在信息平台和安防系统中与之关联的信号点位和监控视频会同步展示。

5. 安防视频

在三维虚拟场景中，系统除了展现构筑物和重要设备之外，也将视频摄像头在虚拟场景中进行展现，使用户实时获取视频图像流。摄像头的引入起到虚实结合的效果，拉近系统和现场环境的距离。同时，摄像头与视角范围内的重要设备和关键安全区域相关联，起到针对性的联动和互动效果。

数字孪生系统的实现需要通过数据分类、数据编制和数据收集来建立数据基础。首先要将厂内数据分成静态数据和动态数据，静态数据主要包括厂内构筑物、管线、设备等相对固定的信息。动态数据主要指生产运行、设备维护和安全生产管理过程中产生的数据。其次进行数据关系梳理，统一编码，确保数据关系匹配，避免“数据孤岛”的出现。最后，系统需要针对数据来源和内容进行不同方式的数据收集。在此基础上，数字孪生系统对接涉及生产自控、安全生产、周边安防数据的供水厂基础系统，确保供水厂安全生产，为工作人员提供新的生产管理工具。然而，数字孪生技术在工业物联网中实现实时性、准确性、可伸缩性和互操作性等要求还存在诸多挑战，在提高数据抗攻击能力和信息精确度、创新信号处理方法、提高网络和计算架构适配性等方面仍需进一步提高。

天津市某供水数字孪生平台于 2023 年年底建成，是天津市引江配套工程首个数字孪生项目。该项目利用数据底板、模型平台和知识平台三大系统，实现工程整体数字化运行。其中数据底板依据水工建筑物和引江输水管道数据模型，为平台运行提供数据支持及数据共享服务；模型平台基于宝坻引江供水泵站运行数据完成水量调度运行模型建设，为泵站高效智能调度、经济性运营以及仿真预警提供决策支持；知识平台通过预报调度方案库和业务规则库，实现供水调度方案、应急预案、机电运行规程、法律法规等信息统一管理，为工程运行中可能发生的各类事故提供最优应急预案，以降低事故风险及损失。

上海市黄浦区某供水厂近年来积极推进数字化转型和智慧供水建设，成为上海水务行业首家数字孪生供水厂。数字孪生供水厂运用了 BIM、Unity3D 等技术，该系统融合三维仿真、数据交互、运行模拟、仿真控制等要素，通过对真实供水厂的数字映射，实现运行的模拟、监控、诊断、预测和控制，消除运行过程中的不确定性。

7.4　管网监测与漏损管控技术

城市供水系统是一个复杂的系统，尤其是其子系统的管网系统，不仅在铺设、运行上复杂，而且在信息量、现状参数等方面呈现出很强的动态性。管网运行过程中，城市管网与其输送的水会构成一个复杂的生物化学反应系统，由此引发的管网水质变差问题不容忽视；从供水厂到用户经过管网的输配过程，还可能由于管材、渗漏、停留时间等原因造成水质的二次污染；供水管网作为地下承压的管道，遇到压力不均匀或外部荷载变化，或由于管网腐蚀造成管道局部脆弱，会出现管网渗漏或管网爆管情况。因此有必要深入了解管网的运行状况，合理控制和调节供水设施的运行状态，在保证供水水质和水量的同时减少漏失量。过去人工与经验式的管理方式，已越来越不能适应城市供水事业的迅猛发展，必须采用现代化的管理手段，对城市供水管网系统进行高效的精细管理。而借助于计算机控制技术和优化理论，加强城市供水系统综合数字信息建设，实现城市供水管网工作状态的在线监测和优化调度，是达到这一目标的重要措施。

7.4.1　管网在线监测技术

城市给水管网水质在线监测系统可以对管网水质实施 24h 实时连续监测，并进行大数据分析，为决策者提供早期的报警信息，指导生产、调度与抢修工作，确保城市给水管网的安全输配，进一步提升供水企业管理和服务水平，推动城市智慧水务建设。

城市供水管网在线监测系统是一种基于计算机、通信、控制、传感器技术，以数据采集和管理为主要任务的网络系统。供水管网在线监测系统一般分为三部分。(1)仪器测定：包括在线监测点以及相应的监测仪器，负责对管网压力、流量及水质参数的在线测定，这是整个在线监测系统的基础，它对数据的准确性、系统运行的稳定性具有决定性的影响作用。该部分设备主要包括在线监测仪表、管网监测点数据采集 RTU、调制解调器和管网监测点数传设备。(2)网络传输：即信号传输系统，将测到的数据传送至远程控制中心。由于监测点分布比较分散，数据传输一般通过无线的方式来进行，稳定性至关重要。数据上行至控制中心以及控制中心的指令下行至监测仪器，都必须经过传输单元来实现。(3)调度监控中心：调度监控中心是整个系统的核心，系统的各项功能都要经过它来得到最终实现。调度监控中心不仅确保数据正常采集，还结合相应的专业软件和工具对接收到的数据进行分析和管理。

城市供水管网的水质管理一直是大中型城市精细化供水管理的重要一环，因此供水水质是管网在线监测系统的主要监测内容。供水管网主要存在三大水质隐患。(1)管道物理破损或人为污染等引发的入侵式水质污染。(2)供水流向、原水理化指标改变造成管道内部生物膜变化引发的生化水质污染。(3)管道服役年限过长、管材选择不当、内防腐施工问题造成内壁腐蚀产生铁锈的内源式水质污染。管网水质检测须测定浊度、余氯、细菌、大肠杆菌、色度、铁、锰这七项指标。

监测点的选取是在线监测系统的核心。水质监测点监测管网水质是以管网中部分部位的水质反映局部管网水质，结合水质模型推算出整个管网水质总体状况，从而实现监测管网水质的目的。管网水质监测点的选择应满足布置经济性、反应信息全面性和应急响应精准性原则，还要考虑面积均匀分布、兼顾起点末梢、兼顾市政管网与小区管网、便于布置施工、设置代表性点和易水质恶化点等。因此，经济合理确定在线水质监测点布置密度，优化布置在线水质监测点并进行标准化运维管理，智慧化分析水质数据是确保管网水质稳定、应急响应水质污染事件的关键。

随着计算机和 GIS 技术的发展以及供水企业需求的不断增加，GIS 从日常资料管理、统计查询的基本功能逐步向更深层次的应用方向发展，并且呈现应用范围扩大化、与专业模型结合、与其他系统广泛集成、可定制、移动化的发展趋势，最终实现管网动态和静态数据管理、管网监测数据在线发布、管网维修养护、预测管网泄漏、管网事故应急处理等全过程、一体化的管网精细管理格局。

7.4.2　管网漏损管控技术

在供水管网中，管网漏水是普遍存在的现象，它不仅造成水资源流失，影响供水企业的经济效益，造成管网水质污染，影响供水安全，同时也给管线所在道路及其附近的建筑物、构筑物等公用设施带来安全隐患。管网的漏损率已成为衡量供水企业现代化管理水平的重要指标。供水管网漏损的控制工作十分重要，世界各国都非常重视供水管网的漏损控制工作，并将漏损控制作为重要的研究方向。国内外关注的供水管网漏损问题，一方面集中在硬件的方法上（给水管网漏损检测技术、方法、仪器设备开发和生产），另一方面则聚焦在以软件为主的管网检测定位方法研究。

1. 基于硬件的泄漏检测技术

以硬件为基础的泄漏检测技术主要有：声学检测技术、光纤传感方法、磁感应法、探地雷达法、管内机器人。

声学检测技术：管网输水时，水与泄漏处管壁发生摩擦，产生一种特殊弹性应力波沿着管壁向着两端传播，形成声发射现象。通过现代技术手段获得声发射信号，使用信号处理技术对声发射信号进行分析，从而获取损裂大小、位置和裂纹等信息。

光纤传感方法：该方法以光纤作为传感系统，将光纤电缆安装在整个管道上测量温度。当管道发生泄漏时，管道附近产生局部温度差异，经短间隔扫描可获得光纤温度曲线，以获得管道泄漏点。该方法可准确定位泄漏位置，但仅适用于输送比地面温度高或低的流体，且成本昂贵。王大伟等人利用时域反射计光纤传感技术进行供水管道泄漏识别，此方法根据湍流噪声的混沌特性，引入近似熵复杂度对时域信号进行度量，更好地体现信号随机性的大小，将改进近似熵作为二维平面的两个参数输入，并在该平面设置阈值范围来识别泄漏信号，结果表明该方法对供水管道泄漏识别准确率达到 96.7%。

磁感应法：该方法是通过传感器上的线圈实现磁感应通信。有研究采用基于磁感应的无线传感网络来监测地下管道泄漏，利用安装在管道内部的传感器获取流体压力、流速和泄漏引起的声振动，由外部的传感器测量出地下管道周围的温度、湿度以及周围土壤的特性，通过分析这两种传感器收集的参数进行实时泄漏检测和定位，但实时监测需要传感器数量多，故成本较高。

探地雷达法：探地雷达通过发射和接收电磁波，并计算两种电磁波间的时间延迟估算目标物的位置和深度。在管道泄漏方面，它勘测的目标物体分为两类：（1）从管道高速喷出的泄漏水流冲击周围介质而形成的介质空穴；（2）管道漏水造成周围介质电性质的变化。这是由于电磁波途经介质时，会受到介质电性质和形状的干扰，波形发生相应改变。因此，可依据电磁波特性的改变分析出目标物的外形、深度等特点。该方法准确、高效、无需挖掘，但每天检测的管道长度受限，需要大量人员参与，且数据分析复杂，实时性差。

内检测机器人：内检测机器人配备有多参数传感器、摄像、定位等装置，可在不影响管道正常运营的情况下发现管道内部的微小泄漏、管道破损、管道瘤、气包、管内杂质沉积与锈蚀等各种异常现象，并能够将检测情况同步传送到地面控制单元中，及时发现管道安全隐患，为管道安全运营提供科学指导，减少管道安全事故发生。

2. 基于软件的泄漏检测技术

基于软件的泄漏检测技术是基于压力、流量、声信号、用户需求进行分析，从而进行泄漏检测与定位，大部分是在稳态下进行的。基于软件的泄漏检测技术可以分为基于模型、基于数据、数据模型混合三类。这三类技术的发展趋势大致为：基于模型的技术首先发展起来，随后机器学习和数据挖掘算法的兴起促进了基于模型、数据模型混合技术的发展，现如今对水力模型提出了适应不同泄漏情景的更高要求，推动了只需要无泄漏数据和供水管网拓扑信息的纯数据技术研究。

（1）基于模型的软件泄漏检测技术

该类方法在仿真软件中使用一个水力模型，作为配水管网水力行为的代表，比较输入的真实水力数据和模拟信息，完成泄漏定位任务。建模和模拟软件工具的发展推动了该类方法的研究。根据如何使用水力模型，分为逆问题法、基于灵敏度法、基于贝叶斯策略、基于模糊逻辑等方法。

逆问题法：网络水力模型最初是为了解决在给定一组网络参数、需求和初始条件的情况下，计算网络所有要素的流量和压力的直接问题。相反，逆水力问题是指从网络元件中的流量和压力值推导出网络参数、需求或初始条件。显然，逆问题法可能没有唯一的解，因此需要在参数校准过程中不断优化。

基于灵敏度法：最早由 Pudar 和 Liggett 引入故障灵敏度矩阵（FSM）的概念来确定泄漏测量地点。FSM 通过水力模拟获得并存储了每个可能的泄漏对网络节点的影响，并通过水力模拟得到。该概念不断发展，演化出基于压力敏感性分析的各种模型。

基于贝叶斯策略：一种基于贝叶斯方法的泄漏定位和估计方案由 Poulakis 等人首次提出，该方法结合水力模拟器，用于更新参数为泄漏位置和尺寸的水力模型。该方法将流量和压力测量值与模型估计值进行比较，使用概率密度函数测量不同模型的合理性从而量化参数集的不确定性。根据泄漏大小参数寻求概率密度函数最大化，利用遗传算法优化获得泄漏位置。该方法考虑了不确定性、传感器位置和类型、单个或多次泄漏等的几种情况。结果较为可靠，但仅限于一定的泄漏流阈值。

基于模糊逻辑方法：模糊逻辑的概念也被用来推导出泄漏管理策略。有研究提出了一种生成突发特征矩阵、使用基于汉明距离作为测量表达式的模糊相似比、利用水力模拟定位泄漏的方法。该方法比较不同模拟场景，得到多个模糊相似矩阵并产生相似度序列号，将相似度序列号与阈值比较，序列号最小的管道为泄漏突发位置。该方法在真实管网中取得了良好效果。

（2）基于数据的软件泄漏检测技术

由于校准模型的激增，基于纯数据的方法逐渐发展起来，有效地减少了对适用性较差的水力模型的依赖。这类方法处理监控设备的测量值，挖掘信息以解决泄漏检测 / 定位问题。

因此，不需要水力模型，减少了难获取节点数据的使用。基于数据的方法主要利用统计分析法、学习技巧（如在线学习、无监督学习）、地质统计学技术等。

（3）数据模型混合的软件泄漏检测技术

这类方法是为了减少水力模型在应用中的缺陷，例如数学模型选取和校准困难，模型难以匹配配水管网的复杂性，建模误差（需求不确定性、测量噪声），可被简化为离线模型，推动机器学习应用。

人工神经网络（ANN）：人工神经网络运算模型由大量的节点相互连接构成。每个节点代表一种特定的输出函数，称为激活函数。网络输出则取决于网络的结构、网络的连接方式、权重和激活函数使用。人工神经网络利用传感器的压力和流量等数据，在水力模拟中的不同泄漏场景和无泄漏场景进行开发和训练。人工神经网络具有强大的数据分析能力，可适用于大型供水管道控制，目前 BP 神经网络，LSTM 神经网络及卷积神经网络已经逐渐被应用到城市供水管网领域中。

支持向量机法（SVM）：支持向量机的基本原理是给定多组样本数据，通过非线性映射将输入数据空间映射到高维特征空间，并在此特征空间中进行线性逼近，从而将原始空间的非线性函数估计问题转化为高维空间中的线性函数估计问题。支持向量机法将传感器收集的数据进行训练，预测泄漏大小和位置。

深度学习（DL）：深度学习是一种基于人工神经网络的机器学习算法，利用大量数据训练多层神经网络模型，实现对复杂问题的高效处理。有研究提出了一种基于 ResNet 的泄漏定位方案，该方案基于数据集生成、训练、分类和回归四个阶段。水力模型对每种可能的泄漏情况生成水力信息，将所选传感器的数据输入到 ResNet 网络。经过训练后，分类过程将输出每个管道成为泄漏源的概率，使用回归过程确定最可能的泄漏位置。最新研究提出使用人工智能算法和水力关系来检测和定位泄漏并识别漏损量，该方法通过获取管网中每个接头上的流量传感器数据，利用决策树、近邻算法、随机森林和贝叶斯网络构建预测模型，并根据管道拓扑结构定位泄漏及其压力。

（4）卫星探漏技术

指采用目标区域长波段雷达卫星的大范围全极化影像数据，经滤波降噪等技术处理后，从中提取出介电常数信息来分析土壤含水量，据此解译出区域内供水管道疑似泄漏点范围的漏水检测技术。卫星探漏技术引入漏损检测后，逐步实现了由以人工检漏为主的传统方式向基于数据分析的现代化方式转变，工作效率显著提升。

当前，管道泄漏检测与定位技术研究呈现多学科交叉、研究方向不断更新，研究更加精细、内容更加全面的发展趋势。未来管道泄漏检测技术将不断融合硬件创新与软件优化，实现供水管网动态化监测与精准化、智能化管理，为供水安全保驾护航。同时管网在线监测技术与管网检漏技术当前也呈现一体化、集约化的发展趋势，结合管网模型、地理信息系统

（GIS）、数据采集监控系统（SCADA）、漏损爆管监测预警、漏损统计与分析评估、分区调压、智能分区（DMA）等技术的漏损智能监控集成平台的建立已是大势所趋。

上海某水务供水公司为进一步守护管网安全，保障供水安全，在老旧供水管网改造的基础上进行了大规模的管网预警系统推广。该系统由管网动态评估系统、管网态势感知系统、DMA 报警系统、管道漏损监听仪和泄漏监测仪构成。其中管网动态评估系统通过对管网运行过程中的关键参数进行实时监测，从管道结构安全的角度对管网风险进行评估和预警。管网态势感知系统可对管网压力、瞬时流量、水质等运行指标进行量化分析和可视化展示，系统还可进行自主学习，生成未来的动态报警阈值，从而更准确地预判区域管网异常事件。管道漏损监听仪和 DMA 报警系统能够对市政供水管网进行实时检测和报警，以确保第一时间发现管道上的漏水点，减少供水管网因漏水而引发的爆管事件。

绍兴市某公司拥有基于供水管网 GIS 系统、调度 SCADA 系统、DMA 分区计量、管线巡检、水力模型等信息系统的供水智慧管网系统。该系统的应用基本消除了由于管网压力调节不合理引起的人为爆管等事故，同时在管网漏损控制方面也成效显著，管网漏损率由 2000 年的 21.07% 控制到目前的 5% 以下，每年减少管网漏损水量近 1000 万 m^3。

上海某漏损控制示范区的管网漏损控制系统由包含 DMAs、安信电磁水表的硬件工程和 ThinkWater® 漏损控制系统的软件工程构成。通过 ThinkWater® 漏损控制系统辅助 DMAs 建设，漏失水量大幅降低。运用 ThinkWater® 漏损控制系统基于物联网和互联网进行数据挖掘和大数据分析，结合企业多项降漏举措，产销差下降了 20%，运行两年来降低漏损水量超过 500 多万立方米。

7.5　突发状况下移动式应急供水设备

突发情况发生后的首要任务是确保饮用水的安全供应，这对解决群众用水需求，防止水中疾病传播至关重要。因此需要迅速采取全方位应急措施，为受影响地区提供清洁的饮用水。桶装水和应急送水是常用的应急供水策略，但面对运输问题、水源问题、水质量问题等突发状况层出，以及提高应急管理水平的要求，建立全方位多层次的应急供水方案和应急水处理技术体系势在必行。

7.5.1　应急技术的选择标准

应急饮用水供应是应急处理中最具挑战性的一项，且没有万能的方案。由于突发情况不同，每一次的应急方案都应考虑应急特性、水源水质以及技术水平等方面，因地制宜地选择最佳应急方案。应急技术的选择第一步需考虑当地条件：

（1）是否通路：这意味着使用可移动水处理设备的可能性，如果道路不通，就无法运输可移动水处理设备。

（2）气象条件：太阳辐射强度、风速和替代能源的可用性。当无法从电网获取电能，需配备发电机或利用当地可再生能源。若出现恶劣天气，还需考虑物资是否充足，是否影响应急供水设备运转等问题。

（3）能源供应：需要考虑是否能从电网获取电能，是否需要应急发电装置，是否可利用当地可再生能源。

（4）可用水源质量：浊度、盐度、污染水平。水源质量决定了浊度、病原体、嗅味、有害化学物质的处理程度，从而针对性地选择适用的应急水处理技术。

（5）预期干预水平：它决定了选择多大处理能力的水处理技术。

除此之外，应急水处理技术评价标准还应包括部署速度与难易程度、处理水量和水质、技术性能可靠性、是否需要维护、运营成本、系统复杂性、所需的操作技能和人员配备、群众接受度。还要根据群众需求和当地的情况，来调整其相对重要性。例如，在紧急阶段，部署难度和速度、技术稳定性、群众接受度和处理量可能比其他因素更重要。

7.5.2 应急供水设备

应急供水设备主要涉及水处理的过滤、消毒阶段，主要分为非膜技术和膜技术。非膜技术根据设备技术类型分为：

（1）物理应急供水设备：生物沙滤器、压力式过滤器（砂压式和硅藻土涂层式）、新型过滤器。

（2）化学应急供水设备：加入混凝剂（明矾或天然混凝剂）的模块化澄清器、含氯片剂、混合消毒粉、吸附剂（粉状、颗粒状活性炭）。

（3）基于热或光的应急供水设备：煮沸、巴氏杀菌（消毒炉、太阳能热水器）、日光消毒法、紫外消毒、太阳能蒸馏。

除上述技术之外，非膜技术也在朝向一体化、集成式的方向发展，出现了各种集成装置，以面对不同的应急供水需求。

膜技术是应急供水设备的重要分支。膜分离技术的主要原理是利用不同材质的膜，外加动力，实现水中物质的分离。在应急供水中，膜技术可以一步生产清洁饮用水，占地面积小，可模块化、可扩大化，便于运输。因此，基于膜的应急水处理技术可以应用于紧急情况的所有阶段和任何干预水平。但膜分离技术易受到膜污染的困扰，通常比传统的水处理技术有更高的能量需求。目前，随着膜制备技术的发展，一些膜技术系统在抗污染能力、膜通量、便携度、可伸缩性、低成本等方面越来越具有优势，为膜技术应用于应急供水奠定了坚实基础。膜技术主要有微滤膜、超滤膜、纳滤膜、反渗透膜和正向渗透。

（1）微滤膜：目前使用最广的小规模微滤膜系统是陶瓷过滤器（CF）。陶瓷过滤器可以通过燃烧黏土和可燃物等混合物，燃烧后产生毛孔，陶瓷过滤器可去除大肠杆菌和部分病毒，但水吞吐量低是陶瓷过滤器的主要缺点，有研究表明可加装自行车动力系统提高吞吐量。

（2）超滤膜：超滤膜（UF）系统是救灾中常用的应急供水设备，它可有效降低水的浊度，过滤掉细菌和病毒。目前国外已生产出便携式稻草状的超滤膜，原水被稻草状管内的超滤膜吸入，从而产生干净的水。为了提高产水效率和便携程度，国外研发团队研发出了可由自行车运输和驱动的移动超滤膜系统以及安装在消防车上的可移动模块式超滤膜系统，扩大了超滤膜的应用场景。

（3）纳滤：纳滤膜（NF）孔径在几个纳米，用于将相对分子质量较小的物质，如无机盐、多价离子，以及葡萄糖、蔗糖等小分子溶解性有机物，从溶剂中分离出来，其分离性能介于反渗透和超滤之间。

（4）反渗透：反渗透法（RO）。一般来说，反渗透膜对包括放射性核素在内的各种污染物都有很高的排斥作用。然而，由于反渗透系统耗能高且突发状况下无法保证电力供应，常常需要发电机发电提供能源，反渗透只有在没有淡水供应或水质不确定的情况下才会使用。目前也有相关研究研发出太阳能光伏板反渗透系统、风能泵驱动的反渗透系统，解决了反渗透系统的能源供应问题。

（5）正向渗透：正向渗透（FO）是一种新型的水处理技术，它可以在没有施加压力的情况下，对多种污染物实现等同于反渗透效果的排斥作用。当前滤袋形式的 FO 技术已经进入市场，它由填充了浓缩糖基汲取液的双内衬 FO 膜组成，更换新的提取液后可重复使用。袋外部为受污染的水，而内室由于渗透压差作用被允许通过 FO 膜扩散的水填充。由于过滤袋具有紧急净化少量微咸水的潜力，已成功用于海地地震中的救灾以及军事应用。

目前应用较多的移动应急供水设备为移动式应急净水车，其具有较强的原水适应性，能够处理高浊度水、苦咸水、微污染水、高藻水等多种水体，为我国突发洪涝灾害等应急状况下的供水安全提供了重要保障。2021 年河南百年特大暴雨造成洪水肆虐，多地区无法正常供水供电，某公司调集应急供水车赶赴灾区驰援。应急供水车为该公司自主研发，基于“超滤－纳滤”双膜技术，可截留 99.99% 的细菌和病毒，并能进一步去除微量有机物，为灾区人民提供了安全有保障的饮用水。该装备作为移动类应急净水设备，兼具机动、灵活、产水量大、自动运行性高、反应速度快、出水便捷等优点，除了外挂水龙头，还可以生产袋制水和瓶装水。

2023年7月，北京市遭遇历史罕见特大暴雨。暴雨导致门头沟、房山等地区的供水设施出现不同程度的损坏，多个村庄的供水受到影响。在此次供水抢修工作中，由北京某公司自主研发的移动式一体化应急供水设备解决了村民们用水的问题。这台移动式一体化应急供水设备专门用于应对突发事件，其中的过滤单元采取浸没式超滤膜工艺，产水能力为 $10m^3/h$，一天能产水 $240m^3$，可满足5000人一天所需饮用水量。

第8章 城市供水典型法规标准

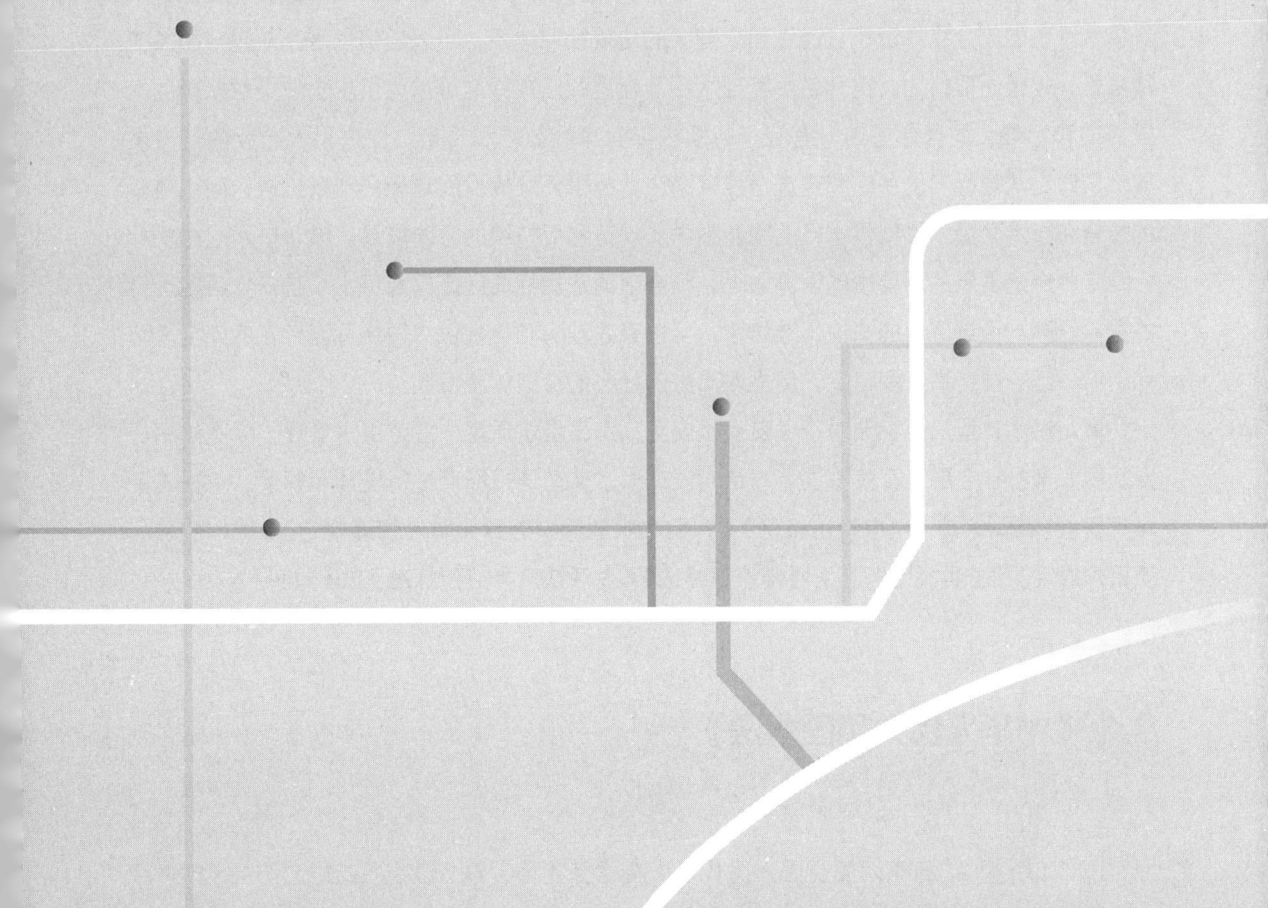

城市供水系统是保障居民生活安全和健康的重要基础设施，法规标准是规范和指导城市供水安全的重要依据。城市供水法规标准的整理能够明确供水质量的要求和标准，规范供水设施设备的建设和运行，从而保障城市供水的安全性和稳定性。合理规划和制定法规标准能够有效避免供水系统可能存在的安全隐患，减少供水事故的发生，确保居民饮水安全。通过对城市供水法规标准进行梳理和解读，可以明确规定供水水质的监测要求和质量标准，强化对水源、水处理、管网等环节的监管和管理，加强对水质问题的预防和控制，从而有效提高供水质量。合理的法规标准可以引导供水企业进行技术创新和设备更新，提升供水处理技术水平，保障供水水质符合国家和地方的标准要求。有助于规范供水管理行为，明确供水企业的责任和义务，规范供水设施设备的建设、维护和管理，加强对供水企业的监督和检查，确保供水系统的安全可靠运行。通过建立健全的法规标准体系，可以促使供水企业遵守相关法律法规，规范企业行为，提升供水管理水平。合理的法规标准可以为供水企业提供明确的发展方向和标准化的操作指南，有利于行业内部竞争的公平和规范，促进供水行业的健康发展。同时，法规标准的制定和实施也能够为企业提供更好的发展环境和市场机遇，吸引更多的投资和技术力量，推动供水行业朝着科学、规范和可持续的方向发展。城市供水是维护社会稳定和经济发展的重要基础设施之一，而合理的法规标准则是保障供水系统安全稳定运行的重要保障。通过健全的法规标准体系，可以有效预防和化解供水领域可能存在的安全风险和纠纷，维护社会秩序和稳定，促进城市经济社会的持续健康发展。

城市供水典型法规标准对于保障供水安全、提高供水质量、规范供水管理、促进供水行业发展和维护社会稳定至关重要。本章对城市供水典型法规标准进行梳理和解读，包括《中华人民共和国水法》《城市供水条例》《饮用水水源保护区污染防治管理规定》《城市供水水质管理规定》《生活饮用水卫生监督管理办法》《生活饮用水卫生标准》GB 5749。

8.1 《中华人民共和国水法》

1988 年 1 月 21 日第六届全国人民代表大会常务委员会第 24 次会议通过，1988 年 1 月 21 日中华人民共和国主席令第 61 号公布。2002 年 8 月 29 日第九届全国人民代表大会常务委员会第二十九次会议第一次修订，根据2009年8月27日第十一届全国人民代表大会常务委员会第十次会议通过的《全国人民代表大会常务委员会关于修改部分法律的决定》修改，根据2016年7月2日第十二届全国人民代表大会常务委员会第二十一次会议通过的《全国人民代表大会常务委员会关于修改〈中华人民共和国节约能源法〉等六部法律的决定》修改。

8.1.1　关联城市供水的主要内容

第二章　水资源规划

第十四条　国家制定全国水资源战略规划。

开发、利用、节约、保护水资源和防治水害，应当按照流域、区域统一制定规划。规划分为流域规划和区域规划。流域规划包括流域综合规划和流域专业规划；区域规划包括区域综合规划和区域专业规划。

前款所称综合规划，是指根据经济社会发展需要和水资源开发利用现状编制的开发、利用、节约、保护水资源和防治水害的总体部署。前款所称专业规划，是指防洪、治涝、灌溉、航运、供水、水力发电、竹木流放、渔业、水资源保护、水土保持、防沙治沙、节约用水等规划。

第三章　水资源开发利用

第二十六条　国家鼓励开发、利用水能资源。在水能丰富的河流，应当有计划地进行多目标梯级开发。

建设水力发电站，应当保护生态环境，兼顾防洪、供水、灌溉、航运、竹木流放和渔业等方面的需要。

第三十五条　从事工程建设，占用农业灌溉水源、灌排工程设施，或者对原有灌溉用水、供水水源有不利影响的，建设单位应当采取相应的补救措施；造成损失的，依法给予补偿。

第五章　水资源配置和节约使用

第五十二条　城市人民政府应当因地制宜采取有效措施，推广节水型生活用水器具，降低城市供水管网漏失率，提高生活用水效率；加强城市污水集中处理，鼓励使用再生水，提高污水再生利用率。

第五十三条　新建、扩建、改建建设项目，应当制订节水措施方案，配套建设节水设施。节水设施应当与主体工程同时设计、同时施工、同时投产。

供水企业和自建供水设施的单位应当加强供水设施的维护管理，减少水的漏失。

第五十五条　使用水工程供应的水，应当按照国家规定向供水单位缴纳水费。供水价格应当按照补偿成本、合理收益、优质优价、公平负担的原则确定。具体办法由省级以上人民政府价格主管部门会同同级水行政主管部门或者其他供水行政主管部门依据职权制定。

8.1.2 《中华人民共和国水法》解读

《中华人民共和国水法》全文共八章八十二条，包括总则、水资源规划、水资源开发利用、水资源、水域和水工程的保护、水资源配置和节约使用、水事纠纷处理与执法监督检查、法律责任和附则。

《中华人民共和国水法》在“水资源规划”一章中，把供水规划和节约用水规划置于重要地位。在表述水资源综合规划和专业规划的关系时，明确要求凡制定各类水的规划，都应当与城市总体规划和环境保护规划相协调。制定各类规划，必须进行综合科学考察和调查评价。制定综合规划，主管部门要会同有关部门共同进行。

关于水资源的配置和利用，为了加强对水资源开发、利用的宏观管理，合理配置水资源，规范水资源的分配行为，保障城市供水，使社会经济的发展与水资源状况相适应，《中华人民共和国水法》第二十一条规定：开发、利用水资源，应当首先满足城乡居民生活用水，并兼顾农业、工业、生态环境用水以及航运等需要。第二十三条规定：地方各级人民政府应当结合本地区水资源的实际情况，按照地表水与地下水统一调度开发、开源与节流相结合、节流优先和污水处理再利用的原则，合理组织开发、综合利用水资源。国民经济和社会发展以及城市总体规划的编制、重大建设项目的布局，应当与当地水资源条件和防洪要求相适应，并进行科学论证；在水资源不足的地区，应当对城市规模和建设耗水量大的工业、农业和服务业项目加以限制。实施这一规定对于保障城市的合理供水，特别是保障城乡人民的生活用水供应，是十分有利的。

关于节约用水，针对目前全社会节水意识薄弱，水价偏低、用水浪费严重，水的重复利用率较低等问题，《中华人民共和国水法》第八条规定：国家厉行节约用水，大力推行节约用水的措施，推广节约用水新技术、新工艺，发展节水型工业、农业和服务业，建立节水型社会。各级人民政府应当采取措施，加强对节约用水的管理，建立节约用水技术开发推广体系，培育和发展节约用水产业。单位和个人有节约用水的义务。第四十七条规定：国家对用水实行总量控制和定额管理相结合的制度。用水应当计量，并按照经批准的用水计划用水。用水实行计量收费和超定额累进加价制度。第五十一条规定：工业用水应当采用先进技术、工艺和设备，增加循环用水次数，提高水的重复利用率。国家逐步淘汰落后的、耗水量高的工艺、设备和产品。第五十二条规定：城市人民政府应当因地制宜采取有效措施，推广节水型生活用水器具，降低城市供水管网漏失率，提高生活用水效率，加强城市污水集中处理，鼓励使用再生水，提高污水再生利用率。

关于水资源的保护，针对目前水污染严重，湖泊富营养化日益突出，地下水过度超采，一些河流枯竭，严重影响城市供水等问题，《中华人民共和国水法》也作了系统的规定。

8.2 《城市供水条例》

《城市供水条例》于 1994 年 7 月 19 日中华人民共和国国务院令第 158 号发布；根据 2018 年 3 月 19 日中华人民共和国国务院令第 698 号《国务院关于修改和废止部分行政法规的决定》第一次修订；根据 2020 年 3 月 27 日中华人民共和国国务院令第 726 号《国务院关于修改和废止部分行政法规的决定》第二次修订。《城市供水条例（修订征求意见稿）》2022 年 11 月 30 日发布。《城市供水条例》的发布和实施有助于进一步规范城市供水工作、强化城市供水安全保障。

8.2.1 关联城市供水的主要内容

第一章　总则

第一条　为了加强城市供水管理，发展城市供水事业，保障城市生活、生产用水和其他各项建设用水，制定本条例。

第二条　本条例所称城市供水，是指城市公共供水和自建设施供水。

本条例所称城市公共供水，是指城市自来水供水企业以公共供水管道及其附属设施向单位和居民的生活、生产和其他各项建设提供用水。

本条例所称自建设施供水，是指城市的用水单位以其自行建设的供水管道及其附属设施主要向本单位的生活、生产和其他各项建设提供用水。

第三条　从事城市供水工作和使用城市供水，必须遵守本条例。

第四条　城市供水工作实行开发水源和计划用水、节约用水相结合的原则。

第五条　县级以上人民政府应当将发展城市供水事业纳入国民经济和社会发展计划。

第六条　国家实行有利于城市供水事业发展的政策，鼓励城市供水科学技术研究，推广先进技术，提高城市供水的现代化水平。

第七条　国务院城市建设行政主管部门主管全国城市供水工作。

省、自治区人民政府城市建设行政主管部门主管本行政区域内的城市供水工作。

县级以上城市人民政府确定的城市供水行政主管部门（以下简称城市供水行政主管部门）主管本行政区域内的城市供水工作。

第八条　对在城市供水工作中作出显著成绩的单位和个人，给予奖励。

第二章　城市供水水源

第九条　县级以上城市人民政府应当组织城市规划行政主管部门、水行政主管部门、城市供水行政主管部门和地质矿产行政主管部门等共同编制城市供水水源开发利用规划，作为城市供水发展规划的组成部分，纳入城市总体规划。

第十条　编制城市供水水源开发利用规划，应当从城市发展的需要出发，并与水资源统筹规划和水长期供求计划相协调。

第十一条　编制城市供水水源开发利用规划，应当根据当地情况，合理安排利用地表水和地下水。

第十二条　编制城市供水水源开发利用规划，应当优先保证城市生活用水，统筹兼顾工业用水和其他各项建设用水。

第十三条　县级以上地方人民政府环境保护部门应当会同城市供水行政主管部门、水行政主管部门和卫生行政主管部门等共同划定饮用水水源保护区，经本级人民政府批准后公布；划定跨省、市、县的饮用水水源保护区，应当由有关人民政府共同商定并经其共同的上级人民政府批准后公布。

第十四条　在饮用水水源保护区内，禁止一切污染水质的活动。

第三章　城市供水工程建设

第十五条　城市供水工程的建设，应当按照城市供水发展规划及其年度建设计划进行。

第十六条　城市供水工程的设计、施工，应当委托持有相应资质证书的设计、施工单位承担，并遵守国家有关技术标准和规范。禁止无证或者超越资质证书规定的经营范围承担城市供水工程的设计、施工任务。

第十七条　城市供水工程竣工后，应当按照国家规定组织验收；未经验收或者验收不合格的，不得投入使用。

第十八条　城市新建、扩建、改建工程项目需要增加用水的，其工程项目总概算应当包括供水工程建设投资；需要增加城市公共供水量的，应当将其供水工程建设投资交付城市供水行政主管部门，由其统一组织城市公共供水工程建设。

第四章　城市供水经营

第十九条　城市自来水供水企业和自建设施对外供水的企业，经工商行政管理机关登记注册后，方可从事经营活动。

第二十条　城市自来水供水企业和自建设施对外供水的企业，应当建立、健全水质检测制度，确保城市供水的水质符合国家规定的饮用水卫生标准。

第二十一条　城市自来水供水企业和自建设施对外供水的企业，应当按照国家有关规定设置管网测压点，做好水压监测工作，确保供水管网的压力符合国家规定的标准。

禁止在城市公共供水管道上直接装泵抽水。

第二十二条　城市自来水供水企业和自建设施对外供水的企业应当保持不间断供水。由于工程施工、设备维修等原因确需停止供水的，应当经城市供水行政主管部门批准并提前24小时通知用水单位和个人；因发生灾害或者紧急事故，不能提前通知的，应当在抢修的同时通知用水单位和个人，尽快恢复正常供水，并报告城市供水行政主管部门。

第二十三条　城市自来水供水企业和自建设施对外供水的企业应当实行职工持证上岗制度。具体办法由国务院城市建设行政主管部门会同人事部门等制定。

第二十四条　用水单位和个人应当按照规定的计量标准和水价标准按时缴纳水费。

第二十五条　禁止盗用或者转供城市公共供水。

第二十六条　城市供水价格应当按照生活用水保本微利、生产和经营用水合理计价的原则制定。

城市供水价格制定办法，由省、自治区、直辖市人民政府规定。

第五章　城市供水设施维护

第二十七条　城市自来水供水企业和自建设施供水的企业对其管理的城市供水的专用水库、引水渠道、取水口、泵站、井群、输（配）水管网、进户总水表、净（配）水厂、公用水站等设施，应当定期检查维修，确保安全运行。

第二十八条　用水单位自行建设的与城市公共供水管道连接的户外管道及其附属设施，必须经城市自来水供水企业验收合格并交其统一管理后，方可使用。

第二十九条　在规定的城市公共供水管道及其附属设施的地面和地下的安全保护范围内，禁止挖坑取土或者修建建筑物、构筑物等危害供水设施安全的活动。

第三十条　因工程建设确需改装、拆除或者迁移城市公共供水设施的，建设单位应当报经县级以上人民政府城市规划行政主管部门和城市供水行政主管部门批准，并采取相应的补救措施。

第三十一条　涉及城市公共供水设施的建设工程开工前，建设单位或者施工单位应当向城市自来水供水企业查明地下供水管网情况。施工影响城市公共供水设施安全的，建设单位或者施工单位应当与城市自来水供水企业商定相应的保护措施，由施工单位负责实施。

第三十二条　禁止擅自将自建设施供水管网系统与城市公共供水管网系统连接；因特殊情况确需连接的，必须经城市自来水供水企业同意，并在管道连接处采取必要的防护措施。

禁止产生或者使用有毒有害物质的单位将其生产用水管网系统与城市公共供水管网系统直接连接。

第六章　罚则

第三十三条　城市自来水供水企业或者自建设施对外供水的企业有下列行为之一的，由城市供水行政主管部门责令改正，可以处以罚款；情节严重的，报经县级以上人民政府批准，可以责令停业整顿；对负有直接责任的主管人员和其他直接责任人员，其所在单位或者上级机关可以给予行政处分：

（一）供水水质、水压不符合国家规定标准的；

（二）擅自停止供水或者未履行停水通知义务的；

（三）未按照规定检修供水设施或者在供水设施发生故障后未及时抢修的。

第三十四条　违反本条例规定，有下列行为之一的，由城市供水行政主管部门责令停止违法行为，可以处以罚款；对负有直接责任的主管人员和其他直接责任人员，其所在单位或者上级机关可以给予行政处分：

（一）无证或者超越资质证书规定的经营范围进行城市供水工程的设计或者施工的；

（二）未按国家规定的技术标准和规范进行城市供水工程的设计或者施工的；

（三）违反城市供水发展规划及其年度建设计划兴建城市供水工程的。

第三十五条　违反本条例规定，有下列行为之一的，由城市供水行政主管部门或者其授权的单位责令限期改正，可以处以罚款：

（一）盗用或者转供城市公共供水的；

（二）在规定的城市公共供水管道及其附属设施的安全保护范围内进行危害供水设施安全活动的；

（三）擅自将自建设施供水管网系统与城市公共供水管网系统连接的；

（四）产生或者使用有毒有害物质的单位将其生产用水管网系统与城市公共供水管网系统直接连接的；

（五）在公共供水管道上直接装泵抽水的；

（六）擅自拆除、改装或者迁移城市公共供水设施的。

有前款第（一）项、第（三）项、第（四）项、第（五）项、第（六）项所列行为之一，情节严重的，经县级以上人民政府批准，还可以在一定时间内停止供水。

第三十六条　建设工程施工危害城市公共供水设施的，由城市供水行政主管部门责令停止危害活动；造成损失的，由责任方依法赔偿损失；对负有直接责任的主管人员和其他直接责任人员，其所在单位或者上级机关可以给予行政处分。

第三十七条　城市供水行政主管部门的工作人员玩忽职守、滥用职权、徇私舞弊的，由其所在单位或者上级机关给予行政处分；构成犯罪的，依法追究刑事责任。

第七章　附则

第三十八条　本条例第三十三条、第三十四条、第三十五条规定的罚款数额由省、自治区、直辖市人民政府规定。

第三十九条　本条例自 1994 年 10 月 1 日起施行。

8.2.2 《城市供水条例》解读

《城市供水条例》从目的、概念、适用范围、定位与原则、管理体制，以及城市供水水源、供水工程建设、供水经营、供水设施维护和罚则等方面进行明确。随着经济社会的发展，城市供水领域出现了一些新变化、新情况、新问题，随着社会的进步，人民群众的用水权利意识不断增强，对供水质量和服务水平提出了更高要求，此外，在城市供水领域形成了一些较为成熟的经验、做法。

2020 年第二次修订《城市供水条例》相对于 1994 年发布的《城市供水条例》，删除了第三十五条第一款第一项；第二款修改为：有前款第（一）项、第（三）项、第（四）项、第（五）项、第（六）项所列行为之一，情节严重的，经县级以上人民政府批准，还可以在一定时间内停止供水。对未按规定缴纳水费的用水户，不再由城市供水行政主管部门给予罚款或停水。这进一步强调了供、用水的民事法律关系，删除了不必要的行政干预。此修正突出了供水企业的市政公共属性，停止供水只有在符合对供水安全造成影响的几种情况下，且必须报县级以上人民政府批准后方可实施。水费回收与供水企业的发展密切相关，水费回收率是供水企业管理实力的体现，《城市供水条例》将水费的征收清晰界定为企业与用户之间的行为后，也是对供水企业水费征收管理的考验。修订后的《城市供水条例》更加强调了供水安全运营。

修订后的《城市供水条例》为城市供水领域的管理和规范提供了法律依据，明确了政府、企业和居民在城市供水中的权利和义务，有助于构建更加健全和完善的城市供水管理体系。加强了对城市供水安全的监管和保障。通过规定水源地保护、供水设施建设、水质监测等方面的要求，强化了对供水系统各环节的管理和监督，提高了供水水质的安全可靠性，保障了居民的饮水安全，推动了城市供水设施的建设和改造。《城市供水条例》明确了城市供水设施的建设、改造和维护责任，为城市供水设施的更新升级提供了政策支持和法律保障，有助于促进供水设施的现代化和智能化发展。修订后的《城市供水条例》还强调了城市供水的节水和环保意识。通过规定水资源的合理利用、供水设施的节水技术应用和环境保护等内容，促进了城市供水系统的可持续发展，为推动绿色低碳城市建设提供了有力支持。

8.3 《饮用水水源保护区污染防治管理规定》

《饮用水水源保护区污染防治管理规定》于 1989 年 7 月 10 日由国家环境保护局、卫生部、建设部、水利部、地矿部颁布并实施，根据 2010 年 12 月 22 日《关于废止、修改部分环保部门规章和规范性文件的决定》修正。

8.3.1 关联城市供水的主要内容

第一章 总则

第一条 为保障人民身体健康和经济建设发展，必须保护好饮用水水源。根据《中华人民共和国水污染防治法》特制定本规定。

第二条 本规定适用于全国所有集中式供水的饮用水地表水源和地下水源的污染防治管理。

第三条 按照不同的水质标准和防护要求分级划分饮用水水源保护区。饮用水水源保护区一般划分为一级保护区和二级保护区，必要时可增设准保护区。各级保护区应有明确的地理界线。

第四条 饮用水水源各级保护区及准保护区均应规定明确的水质标准并限期达标。

第五条 饮用水水源保护区的设置和污染防治应纳入当地的经济和社会发展规划和水污染防治规划。跨地区的饮用水水源保护区的设置和污染治理应纳入有关流域、区域、城市的经济和社会发展规划和水污染防治规划。

第六条 跨地区的河流、湖泊、水库、输水渠道，其上游地区不得影响下游饮用水水源保护区对水质标准的要求。

第二章 饮用水地表水源保护区的划分和防护

第七条 饮用水地表水源保护区包括一定的水域和陆域，其范围应按照不同水域特点进行水质定量预测并考虑当地具体条件加以确定，保证在规划设计的水文条件和污染负荷下，供应规划水量时，保护区的水质能满足相应的标准。

第八条 在饮用水地表水源取水口附近划定一定的水域和陆域作为饮用水地表水源一级保护区。一级保护区的水质标准不得低于国家规定的《地表水环境质量标准》Ⅱ类标准，并须符合国家规定的《生活饮用水卫生标准》的要求。

第九条 在饮用水地表水源一级保护区外划定一定水域和陆域作为饮用水地表水源二级保护区。二级保护区的水质标准不得低于国家规定的《地表水环境质量标准》Ⅲ类标准，应保证一级保护区的水质能满足规定的标准。

第十条 根据需要可在饮用水地表水源二级保护区外划定一定的水域及陆域作为饮用水地表水源准保护区。准保护区的水质标准应保证二级保护区的水质能满足规定的标准。

第十一条 饮用水地表水源各级保护区及准保护区内均必须遵守下列规定：

一、禁止一切破坏水环境生态平衡的活动以及破坏水源林、护岸林、与水源保护相关植被的活动。

二、禁止向水域倾倒工业废渣、城市垃圾、粪便及其他废弃物。

三、运输有毒有害物质、油类、粪便的船舶和车辆一般不准进入保护区，必须进入者应事先申请并经有关部门批准、登记并设置防渗、防溢、防漏设施。

四、禁止使用剧毒和高残留农药，不得滥用化肥，不得使用炸药、毒品捕杀鱼类。

第十二条　饮用水地表水源各级保护区及准保护区内必须分别遵守下列规定：

一、一级保护区内

禁止新建、扩建与供水设施和保护水源无关的建设项目；

禁止向水域排放污水，已设置的排污口必须拆除；

不得设置与供水需要无关的码头，禁止停靠船舶；

禁止堆置和存放工业废渣、城市垃圾、粪便和其他废弃物；

禁止设置油库；

禁止从事种植、放养畜禽和网箱养殖活动；

禁止可能污染水源的旅游活动和其他活动。

二、二级保护区内

禁止新建、改建、扩建排放污染物的建设项目；

原有排污口依法拆除或者关闭；

禁止设立装卸垃圾、粪便、油类和有毒物品的码头。

三、准保护区内

禁止新建、扩建对水体污染严重的建设项目；改建建设项目，不得增加排污量。

第三章　饮用水地下水源保护区的划分和防护

第十三条　饮用水地下水源保护区应根据饮用水水源地所处的地理位置、水文地质条件、供水的数量、开采方式和污染源的分布划定。

第十四条　饮用水地下水源保护区的水质均应达到国家规定的《生活饮用水卫生标准》的要求。

各级地下水源保护区的范围应根据当地的水文地质条件确定，并保证开采规划水量时能达到所要求的水质标准。

第十五条　饮用水地下水源一级保护区位于开采井的周围，其作用是保证集水有一定滞后时间，以防止一般病原菌的污染。直接影响开采井水质的补给区地段，必要时也可划为一级保护区。

第十六条　饮用水地下水源二级保护区位于饮用水地下水源一级保护区外，其作用是保证集水有足够的滞后时间，以防止病原菌以外的其它污染。

第十七条　饮用水地下水源准保护区位于饮用水地下水源二级保护区外的主要补给区，其作用是保护水源地的补给水源水量和水质。

第十八条　饮用水地下水源各级保护区及准保护区内均必须遵守下列规定：

一、禁止利用渗坑、渗井、裂隙、溶洞等排放污水和其它有害废弃物。

二、禁止利用透水层孔隙、裂隙、溶洞及废弃矿坑储存石油、天然气、放射性物质、有毒有害化工原料、农药等。

三、实行人工回灌地下水时不得污染当地地下水源。

第十九条 饮用水地下水源各级保护区及准保护区内必须遵守下列规定:

一、一级保护区内

禁止建设与取水设施无关的建筑物;

禁止从事农牧业活动;

禁止倾倒、堆放工业废渣及城市垃圾、粪便和其它有害废弃物;

禁止输送污水的渠道、管道及输油管道通过本区;

禁止建设油库;

禁止建立墓地。

二、二级保护区内

(一)对于潜水含水层地下水水源地

禁止建设化工、电镀、皮革、造纸、制浆、冶炼、放射性、印染、染料、炼焦、炼油及其它有严重污染的企业,已建成的要限期治理,转产或搬迁;

禁止设置城市垃圾、粪便和易溶、有毒有害废弃物堆放场和转运站,已有的上述场站要限期搬迁;

禁止利用未经净化的污水灌溉农田,已有的污灌农田要限期改用清水灌溉;

化工原料、矿物油类及有毒有害矿产品的堆放场所必须有防雨、防渗措施。

(二)对于承压含水层地下水水源地

禁止承压水和潜水的混合开采,作好潜水的止水措施。

三、准保护区内

禁止建设城市垃圾、粪便和易溶、有毒有害废弃物的堆放场站,因特殊需要设立转运站的,必须经有关部门批准,并采取防渗漏措施;

当补给源为地表水体时,该地表水体水质不应低于《地表水环境质量标准》Ⅲ类标准;

不得使用不符合《农田灌溉水质标准》的污水进行灌溉,合理使用化肥;

保护水源林,禁止毁林开荒,禁止非更新砍伐水源林。

第四章 饮用水水源保护区污染防治的监督管理

第二十条 各级人民政府的环境保护部门会同有关部门作好饮用水水源保护区的污染防治工作并根据当地人民政府的要求制定和颁布地方饮用水水源保护区污染防治管理规定。

第二十一条 饮用水水源保护区的划定,由有关市、县人民政府提出划定方案,报省、自治区、直辖市人民政府批准;跨市、县饮用水水源保护区的划定,由有关市、县人民政府协商提出划定方案,报省、自治区、直辖市人民政府批准;协商不成的,由省、自治区、直辖市人民政府环境保护主管部门会同同级水行政、国土资源、卫生、建设等部门提出划定方案，征求同级有关部门的意见后，报省、自治区、直辖市人民政府批准。

跨省、自治区、直辖市的饮用水水源保护区，由有关省、自治区、直辖市人民政府商有关流域管理机构划定；协商不成的，由国务院环境保护主管部门会同同级水行政、国土资源、卫生、建设等部门提出划定方案，征求国务院有关部门的意见后，报国务院批准。

国务院和省、自治区、直辖市人民政府可以根据保护饮用水水源的实际需要，调整饮用水水源保护区的范围，确保饮用水安全。

第二十二条　环境保护、水利、地质矿产、卫生、建设等部门应结合各自的职责，对饮用水水源保护区污染防治实施监督管理。

第二十三条　因突发性事故造成或可能造成饮用水水源污染时，事故责任者应立即采取措施消除污染并报告当地城市供水、卫生防疫、环境保护、水利、地质矿产等部门和本单位主管部门。由环境保护部门根据当地人民政府的要求组织有关部门调查处理，必要时经当地人民政府批准后采取强制性措施以减轻损失。

第五章　奖励与惩罚

第二十四条　对执行本规定保护饮用水水源有显著成绩和贡献的单位或个人给予表扬和奖励。奖励办法由市级以上（含市级）环境保护部门制定，报经当地人民政府批准实施。

第二十五条　对违反本规定的单位或个人，应根据《中华人民共和国水污染防治法》及其实施细则的有关规定进行处罚。

第六章　附则

第二十六条　本规定由国家环境保护部门负责解释。

第二十七条　本规定自公布之日起实施。

8.3.2 《饮用水水源保护区污染防治管理规定》解读

为保障人民身体健康和经济建设发展，必须保护好饮用水水源。根据《中华人民共和国水污染防治法》制定了《饮用水水源保护区污染防治管理规定》，该规定共六章二十七条，主要内容包括总则、饮用水地表水源保护区的划分和防护、饮用水地下水源保护区的划分和防护、饮用水水源保护区污染防治的监督管理、奖励与惩罚、附则。

第一条至第六条为总则内容，交代了本管理规定的制定目的、适用范围；提出水源地保护区的划分依据、水质标准规定；饮用水水源保护区的设置和污染防治应纳入经济和社会发展规划和水污染防治规划。第七条至第十九条明确了饮用水地表水源保护区、地下水源保护区的划定原则、水质标准，水源地各级保护区的管理规定。第二十条至第二十三条明确了各级人民政府饮用水水源保护区划定的审批程序；对水源污染突发事故的响应和处理作出要求。第二十四条、第二十五条指出，对个人和单位的表扬和奖励办法由市级以上（含市级）环境保护部门制定，报经当地人民政府批准实施；处罚则依据《中华人民共和国水污染防治法》及其实施细则进行。

地下水和地表水水源保护区的防护是保障水源水质安全，保障城市供水安全的基础。饮用水地下水源保护区的水质均应达到国家规定的《生活饮用水卫生标准》GB 5749—2022 的要求。饮用水地下水源保护区一般包括一级保护区、二级保护区、准保护区。对不同等级保护区有不同的保护条例。

加强饮用水水源保护区污染防治的监督管理。饮用水水源保护区的污染防治要做到因地制宜，由各级地方政府根据当地的实际情况制定和颁布地方饮用水水源保护区污染防治管理规定。国务院和省、自治区、直辖市人民政府可以根据保护饮用水水源的实际需要，调整饮用水水源保护区的范围，确保饮用水安全。饮用水水源保护区污染防治的监督管理工作需要环境保护、水利、地质矿产、卫生、建设等部门统筹合作。如遇到供水突发性事故，相关责任者应立即采取措施消除污染并报告当地城市供水部门和本单位主管部门。由环境保护部门根据当地人民政府的要求组织有关部门调查处理，必要时经当地人民政府批准后采取强制性措施以减轻损失。

8.4 《城市供水水质管理规定》

《城市供水水质管理规定》于 2006 年 12 月 26 日经建设部第 113 次常务会议讨论通过，自 2007 年 5 月 1 日起施行。《城市供水水质管理规定》是各地制定城市水质管理规定、加强供水水质管理、保障供水安全的重要依据，为城市水质管理和城市供水水质安全提供了制度保障。

8.4.1 关联城市供水的主要内容

第一条　为加强城市供水水质管理，保障城市供水水质安全，根据《中华人民共和国产品质量法》和《城市供水条例》等有关法律、行政法规，制定本规定。

第二条　从事城市供水活动，对城市供水水质实施监督管理，适用本规定。

第三条　本规定所称城市供水水质，是指城市公共供水及自建设施供水（包括二次供水、深度净化处理水）的水质。

第四条　国务院建设主管部门负责全国城市供水水质监督管理工作。省、自治区人民政府建设主管部门负责本行政区域内的城市供水水质监督管理工作。直辖市、市、县人民政府确定的城市供水主管部门负责本行政区域内的城市供水水质监督管理工作。涉及生活饮用水的卫生监督管理，由县级以上人民政府建设、卫生主管部门按照《生活饮用水卫生监督管理办法》（建设部、卫生部令第53号）的规定分工负责。

第六条 城市供水水质监测体系由国家和地方两级城市供水水质监测网络组成。

国家城市供水水质监测网，由建设部城市供水水质监测中心和直辖市、省会城市及计划单列市等经过国家质量技术监督部门资质认定的城市供水水质监测站（以下简称国家站）组成，业务上接受国务院建设主管部门指导。建设部城市供水水质监测中心为国家城市供水水质监测网中心站，承担国务院建设主管部门委托的有关工作。

地方城市供水水质监测网（以下简称地方网），由设在直辖市、省会城市、计划单列市等的国家站和其他城市经过省级以上质量技术监督部门资质认定的城市供水水质监测站（以下简称地方站）组成，业务上接受所在地省、自治区建设主管部门或者直辖市人民政府城市供水主管部门指导。

省、自治区建设主管部门和直辖市人民政府城市供水主管部门应当根据本行政区域的特点、水质检测机构的能力和水质监测任务的需要，确定地方网中心站。

第七条 城市供水单位对其供应的水的质量负责，其中，经二次供水到达用户的，二次供水的水质由二次供水管理单位负责。城市供水水质应当符合国家有关标准的规定。

第八条 城市供水原水水质应当符合生活饮用水水源水质标准。城市供水单位应当做好原水水质检测工作。发现原水水质不符合生活饮用水水源水质标准时，应当及时采取相应措施，并报告所在地直辖市、市、县人民政府城市供水、水利、环境保护和卫生主管部门。

第九条 城市供水单位所用的净水剂及与制水有关的材料等，应当符合国家有关标准。净水剂及与制水有关的材料等实施生产许可证管理的，城市供水单位应当选用获证企业的产品。城市供水单位所用的净水剂及与制水有关的材料等，在使用前应当按照国家有关质量标准进行检验；未经检验或者检验不合格的，不得投入使用。

第十条 城市供水设备、管网应当符合保障水质安全的要求。用于城市供水的新设备、新管网或者经改造的原有设备、管网，应当严格进行清洗消毒，经质量技术监督部门资质认定的水质检测机构检验合格后，方可投入使用。

第十一条 城市供水单位应当履行以下义务：

（一）编制供水安全计划并报所在地直辖市、市、县人民政府城市供水主管部门备案；

（二）按照有关规定，对其管理的供水设施定期巡查和维修保养；

（三）建立健全水质检测机构和检测制度，提高水质检测能力；

（四）按照国家规定的检测项目、检测频率和有关标准、方法，定期检测原水、出厂水、管网水的水质；

（五）做好各项检测分析资料和水质报表存档工作；

（六）定期向所在地直辖市、市、县人民政府城市供水主管部门如实报告供水水质检测数据；

（七）按照所在地直辖市、市、县人民政府城市供水主管部门的要求公布有关水质信息；

（八）接受公众关于城市供水水质信息的查询。

第十二条　城市供水单位上报的水质检测数据，应当是经质量技术监督部门资质认定的水质检测机构检测的数据。水质检测机构应当依照国家有关规定，客观、公正地出具检验结果。水质检测数据按以下程序报送：

（一）城市供水单位将水质检测数据报所在地市、县人民政府城市供水主管部门审核后，报送地方网中心站汇总；

（二）地方网中心站将汇总、分析后的报表和报告送省、自治区建设主管部门或者直辖市人民政府城市供水主管部门审核后，报送建设部城市供水水质监测中心；

（三）建设部城市供水水质监测中心汇总、分析地方网中心站上报的报表和报告，形成水质报告，报送国务院建设主管部门。

第十三条　城市供水单位从事生产和水质检测的人员，应当经专业培训合格，持证上岗；但是，仅向本单位提供用水的自建设施供水单位除外。

第十四条　二次供水管理单位，应当建立水质管理制度，配备专（兼）职人员，加强水质管理，定期进行水质检测并对各类储水设施清洗消毒（每半年不得少于一次）。不具备相应水质检测能力的，应当委托经质量技术监督部门资质认定的水质检测机构进行检测。

第十五条　国务院建设主管部门，省、自治区建设主管部门以及直辖市、市、县人民政府城市供水主管部门［以下简称建设（城市供水）主管部门］应当建立健全城市供水水质检查和督察制度，对本规定的执行情况进行监督检查。

第十六条　建设（城市供水）主管部门实施监督检查时，可以采取以下措施：

（一）进入现场实施检查；

（二）对供水水质进行抽样检测；

（三）查阅、复制相关报表、数据、原始记录等文件和资料；

（四）要求被检查的单位就有关问题做出说明；

（五）纠正违反有关法律、法规和本办法规定的行为。

第十七条　实施监督检查，不得妨碍被检查单位正常的生产经营活动。建设（城市供水）主管部门及其工作人员对知悉的被检查单位的商业秘密负有保密义务。

第十八条　建设（城市供水）主管部门依法实施监督检查，有关单位和个人不得拒绝或者阻挠。被检查单位应当接受监督检查和督察，并提供工作方便。

第十九条　建设（城市供水）主管部门实施现场检查时应当做好检查记录，并在取得抽检水样检测报告十五日内，向被检查单位出具检查意见书。发现供水水质不合格或存在安全隐患的，建设（城市供水）主管部门应当责令被检查单位限期改正。

第二十条 建设（城市供水）主管部门实施监督检查，应当委托城市供水水质监测网监测站或者其他经质量技术监督部门资质认定的水质检测机构进行水质检测。

第二十一条 被检查单位对监督检查结果有异议的，可以自收到监督检查意见书之日起十五日内向实施监督检查的机关申请复查。

第二十二条 县级以上地方人民政府建设（城市供水）主管部门应当将监督检查情况及有关问题的处理结果，报上一级建设（城市供水）主管部门，并向社会公布城市供水水质监督检查年度报告。

第二十三条 任何单位和个人发现违反本规定行为的，有权向建设（城市供水）主管部门举报。

第二十四条 建设（城市供水）主管部门应当会同有关部门制定城市供水水质突发事件应急预案，经同级人民政府批准后组织实施。城市供水单位应当依据所在地城市供水水质突发事件应急预案，制定相应的突发事件应急预案，报所在地直辖市、市、县人民政府城市供水主管部门备案，并定期组织演练。

第二十五条 城市供水水质突发事件应急预案应当包括以下内容：

（一）突发事件的应急管理工作机制；

（二）突发事件的监测与预警；

（三）突发事件信息的收集、分析、报告、通报制度；

（四）突发事件应急处理技术和监测机构及其任务；

（五）突发事件的分级和应急处理工作方案；

（六）突发事件预防与处理措施；

（七）应急供水设施、设备及其他物资和技术的储备与调度；

（八）突发事件应急处理专业队伍的建设和培训。

第二十六条 任何单位和个人发现城市供水水质安全事故或者安全隐患后，应当立即向有关城市供水单位、二次供水管理单位或者所在地直辖市、市、县人民政府城市供水主管部门报告。城市供水单位、二次供水管理单位接到安全事故或者安全隐患报告的，应当立即向所在地直辖市、市、县人民政府城市供水主管部门和其他有关部门报告。直辖市、市、县人民政府城市供水主管部门接到安全事故或者安全隐患报告的，应当按照有关规定，向同级人民政府报告，并通知有关城市供水单位、二次供水管理单位。

第二十七条 发现城市供水水质安全隐患或者安全事故后，直辖市、市、县人民政府城市供水主管部门应当会同有关部门立即启动城市供水水质突发事件应急预案，采取措施防止事故发生或者扩大，并保障有关单位和个人的用水；有关城市供水单位、二次供水管理单位应当立即组织人员查明情况，组织抢险抢修。城市供水单位发现供水水质不能达到标准，确需停止供水的，应当报经所在地直辖市、市、县人民政府城市供水主管部门批准，并提前24小时通知用水单位和个人；因发生灾害或者紧急事故，不能提前通知的，应当在采取应急措施的同时，通知用水单位和个人，并向所在地直辖市、市、县人民政府城市供水主管部门报告。

第二十八条 发生城市供水水质安全事故后，直辖市、市、县人民政府城市供水主管部门应当会同有关部门立即派员前往现场，进行调查和取证。调查取证应当全面、客观、公正。调查期间，有关单位和个人应当予以配合，如实提供有关情况和证据，不得谎报或者隐匿、毁灭证据，阻挠、妨碍事故原因的调查和取证。

第二十九条 违反本规定，有下列行为之一的，由直辖市、市、县人民政府城市供水主管部门给予警告，并处以3万元的罚款：

（一）供水水质达不到国家有关标准规定的；

（二）城市供水单位、二次供水管理单位未按规定进行水质检测或者委托检测的；

（三）对于实施生产许可证管理的净水剂及与制水有关的材料等，选用未获证企业产品的；

（四）城市供水单位使用未经检验或者检验不合格的净水剂及有关制水材料的；

（五）城市供水单位使用未经检验或者检验不合格的城市供水设备、管网的；

（六）二次供水管理单位，未按规定对各类储水设施进行清洗消毒的；

（七）城市供水单位、二次供水管理单位隐瞒、缓报、谎报水质突发事件或者水质信息的；

（八）违反本规定，有危害城市供水水质安全的其他行为的。

第三十条 违反本规定，有下列行为之一的，由直辖市、市、县人民政府城市供水主管部门给予警告，并处以5000元以上2万元以下的罚款：

（一）城市供水单位未制定城市供水水质突发事件应急预案的；

（二）城市供水单位未按规定上报水质报表的。

第三十一条 建设（城市供水）主管部门不履行本规定职责、玩忽职守、滥用职权、徇私舞弊的，对负有责任的主管人员和其他直接责任人员依法给予处分；构成犯罪的，依法追究刑事责任。

第三十二条 因城市供水单位原因导致供水水质不符合国家有关标准，给用户造成损失的，应当依法承担赔偿责任。

8.4.2 《城市供水水质管理规定》解读

《城市供水水质管理规定》共三十三条，《城市供水水质管理规定》要求城市供水主管部门加强城市供水水质检测能力建设，建立健全城市供水水质监督检查制度，提高城市供水水质突发事件应急处理能力，同时明确了供水单位的责任和义务，并明确了相关违法行为的惩罚措施，为守护人民群众“一口放心水”提供有力法治保障。

8.5 《生活饮用水卫生监督管理办法》

《生活饮用水卫生监督管理办法》经建设部、卫生部批准发布，自 1997 年 1 月 1 日起施行。2016 年 4 月住房城乡建设部、国家卫生计生委对《生活饮用水卫生监督管理办法》（原建设部、原卫生部令第 53 号）进行修改，于 2016 年 6 月 1 日起施行。《生活饮用水卫生监督管理办法》对生活饮用水卫生监督管理进行了详细规范，为地方政府制定生活饮用水卫生监督管理办法提供制度支撑，为人民群众饮用水卫生安全提供有力法治保障。

8.5.1 关联城市供水的主要内容

第一章　总则

第一条　为保证生活饮用水（以下简称饮用水）卫生安全，保障人体健康，根据《中华人民共和国传染病防治法》及《城市供水条例》的有关规定，制定本办法。

第二条　本办法适用于集中式供水、二次供水单位（以下简称供水单位）和涉及饮用水卫生安全的产品的卫生监督管理。凡在中华人民共和国领域内的任何单位和个人均应遵守本办法。

第三条　国务院卫生计生主管部门主管全国饮用水卫生监督工作。县级以上地方人民政府卫生计生主管部门主管本行政区域内饮用水卫生监督工作。国务院住房城乡建设主管部门主管全国城市饮用水卫生管理工作。县级以上地方人民政府住房城乡建设主管部门主管本行政区域内城镇饮用水卫生管理工作。

第四条　国家对供水单位和涉及饮用水卫生安全的产品实行卫生许可制度。

第五条　国家鼓励有益于饮用水卫生安全的新产品、新技术、新工艺的研制开发和推广应用。

第二章 卫生管理

第六条 供水单位供应的饮用水必须符合国家生活饮用水卫生标准。

第七条 集中式供水单位取得工商行政管理部门颁发的营业执照后，还应当取得县级以上地方人民政府卫生计生主管部门颁发的卫生许可证，方可供水。

第八条 供水单位新建、改建、扩建的饮用水供水工程项目，应当符合卫生要求，选址和设计审查、竣工验收必须有建设、卫生行政主管部门参加。新建、改建、扩建的城市公共饮用水供水工程项目由住房城乡建设主管部门负责组织选址、设计审查和竣工验收，卫生计生主管部门参加。

第九条 供水单位应建立饮用水卫生管理规章制度，配备专职或兼职人员，负责饮用水卫生管理工作。

第十条 集中式供水单位必须有水质净化消毒设施及必要的水质检验仪器、设备和人员，对水质进行日常性检验，并向当地人民政府卫生计生主管部门和住房城乡建设主管部门报送检测资料。城市自来水供水企业和自建设施对外供水的企业，其生产管理制度的建立和执行、人员上岗的资格和水质日常检测工作由城市住房城乡建设主管部门负责管理。

第十一条 直接从事供、管水的人员必须取得体检合格证后方可上岗工作，并每年进行一次健康检查。凡患有痢疾、伤寒、病毒性肝炎、活动性肺结核、化脓性或渗出性皮肤病及其他有碍饮用水卫生的疾病的和病原携带者，不得直接从事供、管水工作。直接从事供、管水的人员，未经卫生知识培训不得上岗工作。

第十二条 生产涉及饮用水卫生安全的产品的单位和个人，必须按规定向政府卫生计生主管部门申请办理产品卫生许可批准文件，取得批准文件后，方可生产和销售。任何单位和个人不得生产、销售、使用无批准文件的前款产品。

第十三条 饮用水水源地必须设置水源保护区。保护区内严禁修建任何可能危害水源水质卫生的设施及一切有碍水源水质卫生的行为。

第十四条 二次供水设施选址、设计、施工及所用材料，应保证不使饮用水水质受到污染，并有利于清洗和消毒。各类蓄水设施要加强卫生防护，定期清洗和消毒。具体管理办法由省、自治区、直辖市根据本地区情况另行规定。

第十五条 当饮用水被污染，可能危及人体健康时，有关单位或责任人应立即采取措施，消除污染，并向当地人民政府卫生计生主管部门和住房城乡建设主管部门报告。

第三章 卫生监督

第十六条 县级以上人民政府卫生计生主管部门负责本行政区域内饮用水卫生监督监测工作。

第十八条 医疗单位发现因饮用水污染出现的介水传染病或化学中毒病例时，应及时向当地人民政府卫生计生主管部门和卫生防疫机构报告。

第十九条　县级以上地方人民政府卫生计生主管部门负责本行政区域内饮用水污染事故对人体健康影响的调查。当发现饮用水污染危及人体健康，须停止使用时，对二次供水单位应责令其立即停止供水；对集中式供水单位应当会同城市住房城乡建设主管部门报同级人民政府批准后停止供水。

第二十条　供水单位卫生许可证由县级以上人民政府卫生计生主管部门按照本办法第十六条规定的管理范围发放，有效期四年，有效期满前六个月重新提出申请换发新证。

第二十一条　涉及饮用水卫生安全的产品，应当按照有关规定进行卫生安全性评价，符合卫生标准和卫生规范要求。利用新材料、新工艺和新化学物质生产的涉及饮用水卫生安全产品应当取得国务院卫生计生主管部门颁发的卫生许可批准文件；除利用新材料、新工艺和新化学物质外生产的其他涉及饮用水卫生安全产品应当取得省级人民政府卫生计生主管部门颁发的卫生许可批准文件。涉及饮用水卫生安全产品的卫生许可批准文件的有效期为四年。

第二十二条　凡取得卫生许可证的单位或个人，以及取得卫生许可批准文件的饮用水卫生安全的产品，经日常监督检查，发现已不符合卫生许可证颁发条件或不符合卫生许可批准文件颁发要求的，原批准机关有权收回有关证件或批准文件。

第四章　罚则

第二十五条　集中式供水单位安排未取得体检合格证的人员从事直接供、管水工作或安排患有有碍饮用水卫生疾病的或病原携带者从事直接供、管水工作的，县级以上地方人民政府卫生计生主管部门应当责令限期改进，并可对供水单位处以 20 元以上 1000 元以下的罚款。

第二十六条　违反本办法规定，有下列情形之一的，县级以上地方人民政府卫生计生主管部门应当责令限期改进，并可处以 20 元以上 5000 元以下的罚款：

（一）在饮用水水源保护区修建危害水源水质卫生的设施或进行有碍水源水质卫生的作业的；

（二）新建、改建、扩建的饮用水供水项目未经卫生计生主管部门参加选址、设计审查和竣工验收而擅自供水的；

（三）供水单位未取得卫生许可证而擅自供水的；

（四）供水单位供应的饮用水不符合国家规定的生活饮用水卫生标准的；

第二十七条　违反本办法规定，生产或者销售无卫生许可批准文件的涉及饮用水卫生安全的产品的，县级以上地方人民政府卫生计生主管部门应当责令改进，并可处以违法所得 3 倍以下的罚款，但最高不超过 30000 元，或处以 500 元以上 10000 元以下的罚款。

第二十八条　城市自来水供水企业和自建设施对外供水的企业，有下列行为之一的，由住房城乡建设主管部门责令限期改进，并可处以违法所得 3 倍以下的罚款，但最高不超过 30000 元，没有违法所得的可处以 10000 元以下罚款：

（一）新建、改建、扩建的饮用水供水工程项目未经住房城乡建设主管部门设计审查和竣工验收而擅自建设并投入使用的；

（二）未按规定进行日常性水质检验工作的。

8.5.2 《生活饮用水卫生监督管理办法》解读

《生活饮用水卫生监督管理办法》全文共五章三十一条，对卫生管理、卫生监督、惩戒措施等方面内容作出了规定，明确了政府各部门的管理监督责任，对集中式供水、二次供水单位和涉及饮用水卫生安全产品的单位进行了明确要求，规范生活饮用水的生产经营行为，强化了供水单位主体责任，全方位保障人民群众饮用水安全。

8.6 《生活饮用水卫生标准》

1956 年 12 月 1 日我国颁布《饮用水水质标准》(草案)，并历经多次修订。2015 年起，国务院陆续印发《深化标准化工作改革方案》，实施修订后的《中华人民共和国标准化法》。在这一深化标准化改革的背景下，《生活饮用水卫生标准》GB 5749—2006 于 2018 年 3 月 21 日启动了修订工作。《生活饮用水卫生标准》GB 5749—2022 由国家市场监督管理总局和国家标准化管理委员会于 2022 年 3 月 15 日发布，由中华人民共和国国家卫生健康委员会提出并作为归口单位，于 2023 年 4 月 1 日开始实施。

8.6.1 关联城市供水的主要内容

《生活饮用水卫生标准》关联城市供水的主要内容如下：

4 生活饮用水水质要求

4.1 生活饮用水水质应符合下列基本要求，保证用户饮用安全：

a）生活饮用水中不应含有病原微生物；

b）生活饮用水中化学物质不应危害人体健康；

c）生活饮用水中放射性物质不应危害人体健康；

d）生活饮用水的感官性状良好；

e）生活饮用水应经消毒处理。

4.2 生活饮用水水质应符合表 1 和表 3 要求。出厂水和末梢水中消毒剂限值、消毒剂余量均应符合表 2 要求。

生活饮用水水质常规指标及限值 表 1

序号	指标	限值
一、微生物指标		
1	总大肠菌群 /（MPN/100mL 或 CFU/100mL）[a]	不应检出
2	大肠埃希氏菌 /（MPN/100mL 或 CFU/100mL）[a]	不应检出
3	菌落总数 /（MPN/mL 或 CFU/mL）[b]	100
二、毒理指标		
4	砷 /（mg/L）	0.01
5	镉 /（mg/L）	0.005
6	铬（六价）/（mg/L）	0.05
7	铅 /（mg/L）	0.01
8	汞 /（mg/L）	0.001
9	氰化物 /（mg/L）	0.05
10	氟化物 /（mg/L）[b]	1.0
11	硝酸盐（以 N 计）/（mg/L）[b]	10
12	三氯甲烷 /（mg/L）[c]	0.06
13	一氯二溴甲烷 /（mg/L）[c]	0.1
14	二氯一溴甲烷 /（mg/L）[c]	0.06
15	三溴甲烷 /（mg/L）[c]	0.1
16	三卤甲烷（三氯甲烷、一氯二溴甲烷、二氯一溴甲烷、三溴甲烷的总和）[c]	该类化合物中各种化合物的实测浓度与其各自限值的比值之和不超过 1
17	二氯乙酸 /（mg/L）[c]	0.05
18	三氯乙酸 /（mg/L）[c]	0.1
19	溴酸盐 /（mg/L）[c]	0.01
20	亚氯酸盐 /（mg/L）[c]	0.7
21	氯酸盐 /（mg/L）[c]	0.7
三、感官性状和一般化学指标[d]		
22	色度（铂钴色度单位）/ 度	15
23	浑浊度（散射浑浊度单位）/NTU[b]	1
24	臭和味	无异臭、异味

续表

序号	指标	限值
三、感官性状和一般化学指标[d]		
25	肉眼可见物	无
26	pH	不小于 6.5 且不大于 8.5
27	铝 /（mg/L）	0.2
28	铁 /（mg/L）	0.3
29	锰 /（mg/L）	0.1
30	铜 /（mg/L）	1.0
31	锌 /（mg/L）	1.0
32	氯化物 /（mg/L）	250
33	硫酸盐 /（mg/L）	250
34	溶解性总固体 /（mg/L）	1000
35	总硬度（以 $CaCO_3$ 计）/（mg/L）	450
36	高锰酸盐指数（以 O_2 计）/（mg/L）	3
37	氨（以 N 计）/（mg/L）	0.5
四、放射性指标[e]		
38	总 α 放射性 /（Bq/L）	0.5（指导值）
39	总 β 放射性 /（Bq/L）	1（指导值）

[a] MPN 表示最可能数；CFU 表示菌落形成单位。当水样检出总大肠菌群时，应进一步检验大肠埃希氏菌；当水样未检出总大肠菌群时，不必检验大肠埃希氏菌。

[b] 小型集中式供水和分散式供水因水源与净水技术受限时，菌落总数指标限值按 500MPN/mL 或 500CFU/mL 执行，氟化物指标限值按 1.2mg/L 执行，硝酸盐（以 N 计）指标限值按 20mg/L 执行，浑浊度指标限值按 3NTU 执行。

[c] 水处理工艺流程中预氧化或消毒方式：

——采用液氯、次氯酸钙及氯胺时，应测定三氯甲烷、一氯二溴甲烷、二氯一溴甲烷、三溴甲烷、三卤甲烷、二氯乙酸、三氯乙酸；

——采用次氯酸钠时，应测定三氯甲烷、一氯二溴甲烷、二氯一溴甲烷、三溴甲烷、三卤甲烷、二氯乙酸、三氯乙酸、氯酸盐；

——采用臭氧时，应测定溴酸盐；

——采用二氧化氯时，应测定亚氯酸盐；

——采用二氧化氯与氯混合消毒剂发生器时，应测定亚氯酸盐、氯酸盐、三氯甲烷、一氯二溴甲烷、二氯一溴甲烷、三溴甲烷、三卤甲烷、二氯乙酸、三氯乙酸；

——当原水中含有上述污染物，可能导致出厂水和末梢水的超标风险时，无论采用何种预氧化或消毒方式，都应对其进行测定。

[d] 当发生影响水质的突发公共事件时，经风险评估，感官性状和一般化学指标可暂时适当放宽。

[e] 放射性指标超过指导值（总 β 放射性扣除 ^{40}K 后仍然大于 1Bq/L），应进行核素分析和评价，判定能否饮用。

生活饮用水消毒剂常规指标及要求　　表 2

序号	指标	与水接触时间 /min	出厂水和末梢水限值 /（mg/L）	出厂水余量 /（mg/L）	末梢水余量 /（mg/L）
40	游离氯[a, d]	≥ 30	≤ 2	≥ 0.3	≥ 0.05
41	总氯[b]	≥ 120	≤ 3	≥ 0.5	≥ 0.05
42	臭氧[c]	≥ 12	≤ 0.3	—	≥ 0.02 如采用其他协同消毒方式，消毒剂限值及余量应满足相应要求
43	二氧化氯[d]	≥ 30	≤ 0.8	≥ 0.1	≥ 0.02

[a] 采用液氯、次氯酸钠、次氯酸钙消毒方式时，应测定游离氯。

[b] 采用氯胺消毒方式时，应测定总氯。

[c] 采用臭氧消毒方式时，应测定臭氧。

[d] 采用二氧化氯消毒方式时，应测定二氧化氯；采用二氧化氯与氯混合消毒剂发生器消毒方式时，应测定二氧化氯和游离氯。两项指标均应满足限值要求，至少一项指标应满足余量要求。

生活饮用水水质扩展指标及限值　　表 3

序号	指标	限值
一、微生物指标		
44	贾第鞭毛虫 /（个 /10L）	＜ 1
45	隐孢子虫 /（个 /10L）	＜ 1
二、毒理指标		
46	锑 /（mg/L）	0.005
47	钡 /（mg/L）	0.7
48	铍 /（mg/L）	0.002
49	硼 /（mg/L）	1.0
50	钼 /（mg/L）	0.07
51	镍 /（mg/L）	0.02
52	银 /（mg/L）	0.05
53	铊 /（mg/L）	0.0001
54	硒 /（mg/L）	0.01
55	高氯酸盐 /（mg/L）	0.07
56	二氯甲烷 /（mg/L）	0.02
57	1, 2- 二氯乙烷 /（mg/L）	0.03
58	四氯化碳 /（mg/L）	0.002
59	氯乙烯 /（mg/L）	0.001
60	1, 1- 二氯乙烯 /（mg/L）	0.03
61	1, 2- 二氯乙烯（总量）/（mg/L）	0.05
62	三氯乙烯 /（mg/L）	0.02

续表

序号	指标	限值
二、毒理指标		
63	四氯乙烯 / (mg/L)	0.04
64	六氯丁二烯 / (mg/L)	0.0006
65	苯 / (mg/L)	0.01
66	甲苯 / (mg/L)	0.7
67	二甲苯(总量) / (mg/L)	0.5
68	苯乙烯 / (mg/L)	0.02
69	氯苯 / (mg/L)	0.3
70	1, 4- 二氯苯 / (mg/L)	0.3
71	三氯苯(总量) / (mg/L)	0.02
72	六氯苯 / (mg/L)	0.001
73	七氯 / (mg/L)	0.0004
74	马拉硫磷 / (mg/L)	0.25
75	乐果 / (mg/L)	0.006
76	灭草松 / (mg/L)	0.3
77	百菌清 / (mg/L)	0.01
78	呋喃丹 / (mg/L)	0.007
79	毒死蜱 / (mg/L)	0.03
80	草甘膦 / (mg/L)	0.7
81	敌敌畏 / (mg/L)	0.001
82	莠去津 / (mg/L)	0.002
83	溴氰菊酯 / (mg/L)	0.02
84	2, 4- 滴 / (mg/L)	0.03
85	乙草胺 / (mg/L)	0.02
86	五氯酚 / (mg/L)	0.009
87	2, 4, 6- 三氯酚 / (mg/L)	0.2
88	苯并(a)芘 / (mg/L)	0.00001
89	邻苯二甲酸二(2- 乙基己基)酯 / (mg/L)	0.008
90	丙烯酰胺 / (mg/L)	0.0005

续表

序号	指标	限值
二、毒理指标		
91	环氧氯丙烷 /（mg/L）	0.0004
92	微囊藻毒素 –LR（藻类暴发情况发生时）/（mg/L）	0.001
三、感官性状和一般化学指标[a]		
93	钠 /（mg/L）	200
94	挥发酚类（以苯酚计）/（mg/L）	0.002
95	阴离子合成洗涤剂 /（mg/L）	0.3
96	2- 甲基异莰醇 /（mg/L）	0.00001
97	土臭素 /（mg/L）	0.00001

[a] 当发生影响水质的突发公共事件时，经风险评估，感官性状和一般化学指标可暂时适当放宽。

5　生活饮用水水源水质要求

5.1　采用地表水为生活饮用水水源时，水源水质应符合 GB 3838 要求。

5.2　采用地下水为生活饮用水水源时，水源水质应符合 GB/T 14848—2017 中第 4 章的要求。

5.3　水源水质不能满足 5.1 或 5.2 要求，不宜作为生活饮用水水源。但限于条件限制需加以利用时，应采用相应的净水工艺进行处理，处理后的水质应满足本文件要求。

6　集中式供水单位卫生要求

集中式供水单位卫生要求应符合《生活饮用水集中式供水单位卫生规范》规定。

7　二次供水卫生要求

二次供水的设施和处理要求应符合 GB 17051 规定。

8　涉及饮用水卫生安全的产品卫生要求

8.1　处理生活饮用水采用的絮凝、助凝、消毒、氧化、吸附、pH 调节、防锈、阻垢等化学处理剂不应污染生活饮用水，应符合 GB/T 17218—1998 中第 3 章的规定；消毒剂和消毒设备应符合《生活饮用水消毒剂和消毒设备卫生安全评价规范（试行）》规定。

8.2　生活饮用水的输配水设备、防护材料和水处理材料不应污染生活饮用水，应符合 GB/T 17219—1998 中第 3 章的规定。

9　水质检验方法

各指标水质检验的基本原则和要求按照 GB/T 5750.1 执行，水样的采集与保存按照 GB/T 5750.2 执行，水质分析质量控制按照 GB/T 5750.3 执行，对应的检验方法按照 GB/T 5750.4～GB/T 5750.13 执行。

8.6.2 《生活饮用水卫生标准》解读

《生活饮用水卫生标准》自实施以来，为我国饮用水水质的安全保障发挥了重要作用。随着社会发展、环境变化、检测技术的不断提高，人们陆续发现了一些新的饮用水风险，对饮用水水质的认知也不断增强。

修订后的指标分类将“非常规指标”调整为“扩展指标”，其含义为“反映地区生活饮用水水质特征及在一定时间内或特殊情况下水质状况的指标”。

水质指标由 2006 年版的 106 项调整为现行标准的 97 项，其中常规指标 43 项，扩展指标 54 项。

修订后的标准强化了对消毒副产物的管控。消毒作为饮用水净水工艺中的重要环节，可以有效去除水中的有害微生物，但同时也会产生具有安全风险的消毒副产物。现行标准为加强对消毒副产物的管控，将消毒副产物包括一氯二溴甲烷、二氯一溴甲烷、三溴甲烷、三卤甲烷、二氯乙酸、三氯乙酸 6 项指标，从 2006 年版的“非常规指标”调整为“常规指标”。氨（以 N 计）的浓度对消毒剂投加量可以产生较强干扰作用，因此将其从 2006 年版的“非常规指标”调整为现行标准的“常规指标”。

修订后的标准加强了对感官性状指标的管控。增加了 2 项扩展指标：2- 甲基异莰醇和土臭素。部分水源在特定时间特定环境下易产生藻类暴发事件，导致 2- 甲基异莰醇、土臭素等物质的产生，致使水体异臭异味。为保证饮用水的舒适度，现行标准加强了上述 2 项指标的控制要求。

修订后的标准增强了对风险变化的关注。增加了 2 项可能造成人体健康风险的扩展指标：高氯酸盐和乙草胺。高氯酸盐在我国地表水中检出率较高，其作为强氧化剂，在烟花制造、航天、军工等行业均有应用，其具有导致甲状腺疾病的风险，并影响身体发育。乙草胺在我国供水厂中的检出率较高，其作为国内应用最普遍的除草剂之一，具有环境激素效应，能够造成蛋白质、DNA 损伤，脂质过氧化，给人体健康造成较大的危害。

彻底删除 1 项可替代指标：耐热大肠菌群。大肠埃希氏菌比耐热大肠菌群有更强的指示作用，且随着技术发展，目前我国检测机构已基本具备大肠埃希氏菌检测能力。因此修订后的标准彻底删除耐热大肠菌群这项指标。

12 项指标从正文调整至附录中：三氯乙醛检出值远低于限值要求。氯化氰、甲醛、硫化物、1, 1, 1- 三氯乙烷、1, 2- 二氯苯和乙苯 6 项指标检出率极低，检出值低于限值要求，并且标准中的氰化物指标可以间接反映氯化氰风险。六六六、对硫磷、甲基对硫磷、林丹和滴滴涕 5 项指标均为我国多年前已停产禁用的农药，检出值已多年低于限值要求且逐渐降低。

除了以上调整，现行标准还将 4 项指标（硒、四氯化碳、挥发酚、阴离子合成洗涤剂）

从“常规指标”调整为“扩展指标”。水质指标的调整，使水质管控更加科学、准确，删除检测意义较小的水质指标能够有效降低监测和检测成本，同时也有利于对部分风险较高指标的进一步监测。

参考国际上饮用水水质的最新研究进展和健康风险评估方法，根据我国目前实际的水质情况，现行标准更改了 8 项的指标限值，包括硝酸盐（以 N 计）、浑浊度、高锰酸盐指数（以 O_2 计）、游离氯、硼、氯乙烯、三氯乙烯、乐果。基于硼元素在我国的分布及人体代谢上的考量，现行标准将硼的限值放宽至 1mg/L。补充了总 β 放射性指标的检测要求：当总 β 放射性扣除 ^{40}K 后仍然大于 1Bq/L 时，应进行核素分析和评价，判定能否饮用。补充了微囊藻毒素 –LR 指标的适用情况（藻类暴发情况发生时）。这些限制要求的调整，体现出了现行标准指标应用的全面性、准确性、科学性。

附表 1

供水厂类安全生产风险源识别建议清单

序号	风险源	风险描述示意（仅供参考）	可能造成的后果	风险类型
一、供水生产设备				
1	泵	1. 取水泵房、污泥处理车间、提升泵房、回流泵房、配水机房内各类泵旋转部件无防护，违章操作可能导致机械伤害。止水密封老化，结构件防腐蚀涂层起皮、脱落，可能发生介质泄漏。管道堵塞，压力升高可能造成爆管； 2. 保护装置缺失或失效，用电设备绝缘损坏、老化等造成耐压等级下降等，可能造成触电事故； 3. 用电设备短路、过载、接触不良、铁芯发热、散热不良等原因产生电弧、电火花和危险温度，引发电气火灾或引燃周围的可燃物质，造成火灾事故； 4. 污泥处理车间，污泥处理过程中会产生有害气体，人员不慎吸入可能会导致中毒窒息	人员伤亡 经济损失 环境影响	机械伤害 淹溺 触电 火灾 中毒和窒息
2	搅拌器、搅拌机、刮泥机	法兰、密封面机器紧固螺栓松动；基础设施下沉、倾斜、开裂；地脚螺栓松动，未固定良好，机器震动导致机器损坏，人员在下池检修过程中，可能会受到机械伤害	人员伤亡 经济损失	机械伤害 其他伤害
3	水处理臭氧发生器、紫外消毒	1. 臭氧发生器外观有机械损伤，设备基础下沉、倾斜、开裂；地脚螺栓松动，未固定良好，导致机器损坏，臭氧外漏，人员不慎吸入可能导致中毒和窒息事故； 2. 臭氧发生器制氧过程中由于超负荷运转，压力过高，管路连接不牢固，发生意外泄漏，可能引发现场作业人员氧中毒；现场人员进行电控操作切换，电气设备漏电，可能引发人员触电； 3. 臭氧发生器壳体、电源柜、防护网未可靠接地，可能会造成人员触电事故； 4. 紫外消毒过程中，工作人员不慎接触紫外光线，会对人眼和皮肤造成灼伤	人员伤亡 经济损失 环境影响	中毒和窒息 触电
4	加药设备	投放药品未经检验合格，药品出现杂质，加药设备出现卡阻、异常声响和震动；加药设备连接阀门之间不可靠，出现漏液现象；加药储罐、管路堵塞、锈蚀等现象，导致加药药品次氯酸钠、三氯化铁外漏，人员误接触引起皮肤灼伤、眼睛受伤事故	人员伤亡 经济损失	灼烫 中毒和窒息
5	脱水机房设备	1. 带式输送机头部与尾部的防护罩、隔离栏、安全联锁装置等缺失或失效，人员经常通过部位未设置跨越通道等，可能导致机械伤害； 2. 输送机皮带与支架、外罩等摩擦易产生火花等引燃源，遇粉尘积聚，可能引发粉尘爆炸； 3. 离心机漏电保护装置缺失或失效，用电设备绝缘损坏、老化等造成耐压等级下降等，可能造成触电事故； 4. 离心机短路、过载、接触不良、铁芯发热、散热不良等原因产生电弧、电火花和危险温度，引发电气火灾或引燃周围的可燃物质，造成火灾事故； 5. 离心机旋转部件无防护，违章操作可能导致机械伤害	人员伤亡 经济损失 环境影响	机械伤害 火灾 触电 其他爆炸

续表

序号	风险源	风险描述示意（仅供参考）	可能造成的后果	风险类型
一、供水生产设备				
6	板框压滤机	设备基础下沉、倾斜、开裂；地脚螺栓松动，未固定良好，电动机部分未设置安全防护装置，人员在检修过程中可能受到机械伤害	人员伤亡 经济损失	机械伤害
7	活性炭投料设备	1. 活性炭投料装置漏电保护装置缺失或失效，用电设备绝缘损坏、老化等造成耐压等级下降等，可能造成触电事故； 2. 活性炭投料装置短路、过载、接触不良、铁芯发热、散热不良等原因产生电弧、电火花和危险温度，引发电气火灾或引燃周围的可燃物质，造成火灾事故； 3. 设备间活性炭粉尘积聚，遇火源可能发生粉尘爆炸事故	人员伤亡 经济损失 环境影响	触电 火灾 其他爆炸
8	水池	净水车间的净化水池防护栏固定不牢或环境潮湿被腐蚀，护栏格栅过宽有效防护失效，人员巡检或维修作业，不慎跌入水池，发生人员淹溺	人员伤亡 经济损失	淹溺
9	氧气罐区	液氧储罐防雷装置失灵，雷电天气，可能导致储罐发生其他爆炸事故；液氧发生泄漏，导致现场作业人员发生氧气中毒窒息事件，低温管路可能造成人员冻伤事故	人员伤亡 经济损失	其他爆炸 中毒窒息 其他伤害
二、危险化学品				
10	用于水处理的化学品	1. 液氯常压下即汽化成气体，吸入人体能严重中毒，有剧烈刺激作用和腐蚀性，在日光下与其他易燃气体混合时发生燃烧和爆炸； 2. 氨是有毒、有刺激性气味的气体，吸入会引起人员中毒；液氨泄漏后迅速汽化，体积迅速膨胀，当液氨在空气中浓度达到 20% 左右时，氨气与空气混合能形成爆炸性混合物，遇明火、高热等引起燃烧爆炸；液氨飞溅、泄漏可能引起人身皮肤灼伤、眼睛受伤事故； 3. 液氨管道法兰、仪表、阀门密封不良，未设置气体浓度报警装置或气体浓度报警装置失效，电器未采用防爆型设备等，可能造成火灾、爆炸或中毒窒息。液氨钢瓶存在缺陷，钢瓶使用或操作不当等，可能导致液氨钢瓶发生物理爆炸； 4. 臭氧泄漏可能导致人员中毒和窒息事故； 5. 液氧储罐防雷装置失灵，雷电天气，可能导致储罐爆炸事故；低温管路可能造成人员低温伤害事故； 6. 臭氧泄漏可能导致人员中毒和窒息事故； 7. 聚合氯化铝、三氯化铁等化学药剂接触人体，造成人体化学灼伤事故； 8. 人员在活性炭投料过程中如果吸入活性炭，由于活性炭的干燥性和摩擦作用，会造成呼吸道的轻度痛感；活性炭颗粒粉尘在空气易缓慢地发热和自燃，接触明火有可能发生爆炸	人员伤亡 经济损失 环境影响	火灾 中毒和窒息 灼烫 容器爆炸

续表

序号	风险源	风险描述示意（仅供参考）	可能造成的后果	风险类型
二、危险化学品				
11	用于水质检测的化学品	1. 挥发性化学药剂极易挥发，其挥发气体或雾对眼睛、黏膜和呼吸道有刺激性危害； 2. 易燃类化学药剂的挥发气体与空气可形成爆炸性混合物。遇明火、高热能引起燃烧爆炸。与氧化剂接触发生化学反应或引起燃烧。在火场中，受热的容器有爆炸危险。能在较低处扩散到相当远的地方，遇明火会引着回燃；甲醇具有毒性，且易挥发，人员操作时未佩戴防护用具，吸入甲醇气体后会对人体造成危害； 3. 具有毒性的化学药剂，人员在不经意间吸入、食入或经皮肤吸收，可造成人员体力衰弱、无力、面色灰白、恶心、呕吐； 4. 实验中化学药剂混合在一起可能会产生有毒性气体（如二氧化锰和浓盐酸混合后会反应产生氯气）	人员伤亡 经济损失 环境影响	火灾 容器爆炸 中毒和窒息
12	危险化学品专用储存室及专柜	1. 危险化学品专用储存室和专柜防雷和防静电设施失效，摄像头、灯具、通风机等未采用防爆型设备等原因可能导致出现静电火花、电器火花等，遇到易燃气体、液体包装破损泄漏，可燃气体报警装置失效等造成易燃气体、液体聚积时，可能引发火灾、爆炸；易燃气体、易燃液体与氧化剂等禁忌物混存，可能引发火灾、爆炸； 2. 危险化学品专用储存室和专柜有毒有害物质包装破损等引起有毒有害物质泄漏，人员大量吸入可能导致中毒； 3. 危险化学品专用储存室和专柜腐蚀性物质包装破损等引起腐蚀性物质泄漏，人员接触可能导致灼烫事故； 4. 易燃可挥发性危险化学品发出的气体积聚在天花板上，遇到电火花会发生爆炸事故	人员伤亡 经济损失 环境影响	火灾 其他爆炸 中毒和窒息 灼烫
三、用电设备				
13	配电装置	1. 高低压配电装置产品质量缺陷、绝缘性能不合格；现场环境恶劣（高温、潮湿、腐蚀、振动）、运行不当、机械损伤、维修不善导致绝缘部分老化破损；设计不合理、安装工艺不规范；安全技术措施不完备、违章操作、保护失灵等原因，可能发生电击、电灼伤等触电危险； 2. 高低压配电装置安装不当、过负荷、短路、过电压、接地故障、接触不良等，可能产生电火花、电弧或过热，引发电气火灾或引燃周围的可燃物质，造成火灾事故；在有过载电流流过时，还可能使导线（含母线、开关）过热，金属迅速气化而引起爆炸； 3. 配电箱（柜）内可能存在裸露带电部位，绝缘胶垫缺失等，导致人员触电事故； 4. 电器元件、配件质量不好，绝缘性能不合格，接线不规范，接线端子接线松弛，线型选择过细，引起电器元件或端子接头发热引燃周边可燃物质，发生火灾； 5. 易燃易爆气体可能进入电缆沟，在沟内积聚，遇火源可能导致火灾、爆炸事故； 6. 电缆沟地面潮湿、积水不能及时排出，线路漏电，可能导致人员触电； 7. 进入电缆沟有限空间未执行“先通风、后检测、再作业”规定，可能导致人员中毒窒息事故	人员伤亡 经济损失 环境影响	触电 火灾 其他爆炸 中毒和窒息

续表

序号	风险源	风险描述示意（仅供参考）	可能造成的后果	风险类型
三、用电设备				
14	电气设备及控制柜	1. 格栅间、取水泵房、污泥处理车间、提升泵房、脱水机房、过滤车间、回流泵房、预处理自动化设备间、膜池及设备间、配水机房等厂区内的控制柜内可能存在裸露带电部位，绝缘胶垫缺失等，导致人员触电事故； 2. 控制柜内电器元件、配件质量不好，绝缘性能不合格，接线不规范，接线端子接线松弛，线型选择过细，引起电器元件或端子接头发热引燃周边可燃物质，发生火灾； 3. 使用淘汰用电设备，漏电保护装置缺失或失效，用电设备绝缘损坏、老化等造成耐压等级下降等，人员在对电气设备操作、检修时，可能造成触电事故； 4. 使用淘汰用电设备，用电设备短路、过载、接触不良、铁芯发热、散热不良等原因产生电弧、电火花和危险温度，引发电气火灾或引燃周围的可燃物质，造成火灾事故； 5. 由于环境潮湿导致电气设备、电气线路发生腐蚀、老化，产生的火花引燃周边的可燃物，导致火灾、爆炸事故	人员伤亡 经济损失 环境影响	触电 火灾
15	手持电动工具	1. 手持电动工具的防护罩、盖以及手柄出现破损、变形、松动，人员在使用过程中会发生机械伤害事故； 2. 电动工具电源插头有破裂或损坏、插头接线不正确、短路、保护装置缺失或失效等，可能导致人员触电	人员伤亡 经济损失	机械伤害 触电
四、特种设备				
16	电梯、提升机	1. 安全钳、限速器不灵敏或失效；电梯下行达到限速器动作速度不能有效制动停止；轿厢超负荷运行，悬挂装置断裂等，可能造成人员坠落伤亡； 2. 倚靠、挤压或撬动电梯层门，可能使其非正常故障打开，导致人员坠落井道发生伤亡事故； 3. 电梯故障超高平层大于 0.75m 时，强扒电梯层、轿门，爬或蹦跳出电梯，可能导致乘客坠入敞开门的井道发生伤亡事故； 4. 电气联锁装置缺失或失效，可能出现轿厢门夹人等伤害； 5. 电梯因故障，开门走梯，可能导致乘客被剪切或挤压，发生人身伤亡事故； 6. 火灾时乘坐电梯，可能发生电梯故障，导致困人窒息等人身伤害事故	经济损失 人员伤亡	高处坠落 其他伤害 机械伤害 中毒和窒息

续表

序号	风险源	风险描述示意（仅供参考）	可能造成的后果	风险类型
四、特种设备				
17	起重机械	1. 被吊物件捆绑不牢；吊具、工装选配不合理，超载，钢丝绳存在缺陷；吊钩危险断面出现裂纹、变形或磨损超限；主、副吊钩操作配合不当造成被吊物重心偏移；制动器、缓冲器、行程限位器、起重量限制器、防护罩、应急开关等安全装置缺失或失效； 2. 移动式起重机作业场地不平整、支撑不稳固，配重不平衡，重物超过额定起重量，可能造成机身倾覆或吊臂折弯等，引起起重伤害； 3. 保护接零或接地、防短路、过压、过流、过载保护，以及互锁、自锁装置失效，带电部位绝缘保护失效，可能导致触电事故	人员伤亡 经济损失	起重伤害 触电
18	氧气、氢气、氮气、液氨、液氯、乙炔气瓶、正压式呼吸器气瓶	1. 气瓶保管使用中受阳光、明火、热辐射作用，瓶中气体受热，压力急剧增加；气瓶在搬运或贮存过程中坠落或撞击坚硬物体等，均可能引发气瓶爆炸； 2. 气瓶内部易燃易爆介质发生泄漏，遇火源可能导致火灾、爆炸事故； 3. 气瓶内部毒性介质发生泄漏，人员接触可能导致中毒窒息事故； 4. 气瓶连接胶管老化、破裂，使用过程中会导致气体泄漏，人员吸入可能导致中毒窒息事故	人员伤亡 经济损失 环境影响	火灾 容器爆炸 中毒和窒息
19	锅炉	1. 锅炉本身存在缺陷；出气阀被堵死，锅炉仍在运行；超载运行；操作人员失误或仪表失灵等造成超载；缺水运行；腐蚀失效；水垢未及时清除；锅炉到期未检验，安全附件缺失或失效；炉膛内燃气泄漏；司炉人员无证操作或脱岗等原因，可能造成锅炉爆炸； 2. 锅炉房内燃料发生泄漏，人员大量吸入可能导致中毒窒息等事故；遇火源可能导致火灾、爆炸事故； 3. 蒸汽锅炉、热水锅炉及其高温管道发生损坏，管道与设备连接处焊接质量差，管段的变径和弯头处连接不严密，阀门密封垫片损坏，高温设备保温措施失效，锅炉炉体泄漏，热水管线上的“跑、冒、滴、漏”等原因，可能会发生人员灼烫事故	人员伤亡 经济损失 环境影响	锅炉爆炸 中毒和窒息 火灾
20	压力容器	1. 贮气罐等压力容器存在缺陷；未按规定进行定期检验、报废；压力容器内外发生腐蚀；安全阀失效；违章操作等，可能导致容器爆炸事故； 2. 压力容器内部易燃易爆介质发生泄漏，遇火源可能导致火灾、爆炸事故； 3. 压力容器内部毒性介质发生泄漏，人员接触可能导致中毒窒息事故	人员伤亡 经济损失 环境影响	容器爆炸 火灾 中毒和窒息
21	场（厂）内专用机动车辆	场内机动车辆与行人发生碰撞，导致车辆伤害事故	人员伤亡 经济损失	车辆伤害

续表

序号	风险源	风险描述示意（仅供参考）	可能造成的后果	风险类型
五、危险作业				
22	高处作业	1. 钢直梯、钢斜梯、钢平台、便携式金属梯等结构不合理，性能不符合规定要求；未设置临边防护或临边防护拆除后导致防护措施缺失；高处作业未佩戴安全带、安全帽等，可能导致高处坠落事故； 2. 外墙高处清洗防护不当、作业人员身体素质不达标或者恶劣天气等容易造成高处坠落事故； 3. 人员在滤池、澄清池等水池旁巡视、作业时，有高处坠落的风险	人员伤亡 经济损失	高处坠落
23	有限空间作业	1. 人员在进入消火栓井、管线井、排水井、污水井、闸门井、配水井等井室，以及电缆沟、暖气沟、加药沟、雨水沟、清水池、储药池、机加池等，进行检维修过程中，由于作业场地狭小、作业人员精力不集中、防护措施不当或夜间照明不足时，可能会发生物体打击、碰、挤、擦、刮等其他伤害，以及有毒有害气体超标或者缺氧、富氧环境可能导致人员中毒和窒息等事故； 2. 有限空间作业部位可能存在可燃气体，遇火源或电火花可能导致火灾、爆炸事故； 3. 有限空间作业部位高度超过 2m。人员在进行作业时由于防护措施不当可能导致高处坠落事故； 4. 地下有限空间作业环境存在爆炸危险的，使用的照明灯具和电气设备不符合防爆要求； 5. 有限空间作业使用的电器设备超过 24V 安全电压，导致人员发生触电事故	人员伤亡 经济损失	中毒和窒息 其他伤害 高处坠落 触电
24	临时用电作业	1. 临时用电线路及设备带电部位裸露，可能导致触电事故； 2. 由于环境潮湿导致临时用电线路发生腐蚀、老化，产生的火花引燃周边的可燃物，导致火灾、爆炸事故	人员伤亡 经济损失 环境影响	触电 火灾 其他爆炸
25	检修维修作业	1. 在设备平台、管道等设备内部或管道等进行检修维修时，未落实检修维修作业方案、违章作业等，可能引发火灾、中毒窒息、高处坠落等事故； 2. 检修维修过程违章操作，电气线路负载、安全防护装置等不符合安全要求，或在运行中出现绝缘部位发生损坏、老化等造成耐压等级下降，或设备运动部件安全防护装置缺失或失效等，可能造成触电、机械伤害事故； 3. 检修维修单位及人员无特种设备相应许可或超许可范围作业，导致人身伤害或设备事故	人员伤亡 经济损失 环境影响	触电 机械伤害 火灾 中毒和窒息
26	洗膜作业	1. 涉及膜处理工艺时，用于洗膜的酸、碱等化学品溶液，接触人体时易造成人员伤害；或者酸、碱溶液混合，产生化学反应，产生有毒有害物质，导致人员中毒窒息； 2. 人员在酸洗池、碱洗池、废液回收池旁作业时，可能发生高处坠落事故； 3. 离线洗膜涉及的吊装作业，容易对人员造成起重伤害或者物体打击	人员伤亡 经济损失	灼烫 高处坠落 物体打击 起重伤害 中毒和窒息

续表

序号	风险源	风险描述示意（仅供参考）	可能造成的后果	风险类型
六、公用辅助用房及设备设施				
27	可燃物品、堆放物品或货架等	1．仓库堆放的大量可燃物等遇火源（电器短路、电弧、明火等）可能导致火灾事故； 2．堆放物品过高或储存物品的货架不稳可能导致坍塌事故	人员伤亡 经济损失 环境影响	火灾 其他伤害 物体打击
28	食堂后厨设备	1．食堂电器设备：电源控制开关受烟尘、潮湿等因素影响，控制失效且带电；电源线被浸泡、高温腐蚀等发生外漏，可能导致人员触电事故； 2．食堂燃气设备：使用燃气发生泄漏，遇火源可能导致火灾、爆炸事故，在通风不良的环境中，使用燃气发生泄漏，导致空气中的氧含量不足，可能会导致中毒窒息事故； 3．炊事设备：绞肉机、压面机等加料处防护设施缺失或失效，可能绞入人手、衣服等； 4．地沟：地沟疏堵时未落实“先通风、后检测、再作业”规定，可能导致中毒窒息事故； 5．烟道：未定期清理烟道内积聚的大量油污，易发生火灾事故	人员伤亡 经济损失	触电 火灾 机械伤害 中毒和窒息 其他爆炸
29	员工宿舍	使用电炉等大功率电器设备、吸烟等可能引发火灾事故	人员伤亡 经济损失 环境影响	触电 火灾
30	空气压缩站	1．空气储罐、压缩机缺陷，安全阀、压力表失效等，可能引发超压爆炸； 2．空气压缩站电器设备线路绝缘损坏、短路，保护装置缺失或失效等，可能导致触电事故； 3．空压机转动部位防护罩缺失或失效，可能导致机械伤害	人员伤亡 经济损失 环境影响	火灾 其他爆炸 触电 机械伤害

工程施工类安全生产风险源识别建议清单

附表 2

序号	风险源	风险描述示意（仅供参考）	可能造成的后果	风险类型
一、用电设备				
1	配电装置	1. 高低压配电装置产品质量缺陷、绝缘性能不合格；现场环境恶劣（高温、潮湿、腐蚀、振动）、运行不当、机械损伤、维修不善导致绝缘部分发生老化破损；设计不合理、安装工艺不规范；安全技术措施不完备、违章操作、保护失灵等原因，可能发生电击、电灼伤等触电危险； 2. 高低压配电装置安装不当、过负荷、短路、过电压、接地故障、接触不良等，可能产生电气火花、电弧或过热，引发电气火灾或引燃周围的可燃物质，造成火灾事故；在有过载电流流过时，还可能使导线（含母线、开关）过热，金属迅速气化而引起爆炸； 3. 配电箱（柜）内可能存在裸露带电部位，绝缘胶垫缺失等，导致人员触电事故； 4. 电器元件、配件质量不好，绝缘性能不合格，接线不规范，接线端子接线松弛，线型选择过细，引起电器元件或端子接头发热引燃周边可燃物质，发生火灾； 5. 易燃易爆气体可能进入电缆沟，在沟内积聚，遇火源可能导致火灾、爆炸事故； 6. 电缆沟地面潮湿、积水不能及时排出，线路漏电，可能导致人员触电； 7. 进入电缆沟有限空间未执行“先通风、后检测、再作业”规定，可能导致人员中毒窒息事故	人员伤亡 经济损失 环境影响	触电 火灾 其他爆炸 中毒和窒息
2	电气设备及控制柜	1. 控制柜内可能存在裸露带电部位，绝缘胶垫缺失等，导致人员触电事故； 2. 控制柜内电器元件、配件质量不好，绝缘性能不合格，接线不规范，接线端子接线松弛，线型选择过细，引起电器元件或端子接头发热引燃周边可燃物质，发生火灾； 3. 使用淘汰用电设备，漏电保护装置缺失或失效，用电设备绝缘部分发生损坏、老化等造成耐压等级下降等，人员在对电气设备操作、检修时，可能造成触电事故； 4. 使用淘汰用电设备，用电设备短路、过载、接触不良、铁芯发热、散热不良等原因产生电弧、电火花和危险温度，引发电气火灾或引燃周围的可燃物质，造成火灾事故	人员伤亡 经济损失 环境影响	触电 火灾
3	手持电动工具	1. 手持电动工具的防护罩、盖及手柄出现破损、变形、松动，人员在使用过程中会发生机械伤害事故； 2. 电动工具电源插头有破裂或损坏、插头接线不正确、短路、保护装置缺失或失效等，可能导致人员触电	人员伤亡 经济损失	机械伤害 触电

续表

序号	风险源	风险描述示意（仅供参考）	可能造成的后果	风险类型
二、特种设备				
4	起重机械	1. 被吊物件捆绑不牢；吊装带磨损严重未及时更换；吊具、工装选配不合理，超载，钢丝绳存在缺陷；吊钩危险断面出现裂纹、变形或磨损超限；主、副吊钩操作配合不当造成被吊物重心偏移；制动器、缓冲器、行程限位器、起重量限制器、防护罩、应急开关等安全装置缺失或失效； 2. 移动式起重机作业场地不平整、支撑不稳固，配重不平衡，重物超过额定起重量，可能造成机身倾覆或吊臂折弯等，引起起重伤害； 3. 保护接零或接地、防短路、过压、过流、过载保护，以及互锁、自锁装置失效，带电部位绝缘保护失效，可能导致触电事故	人员伤亡 经济损失	起重伤害 触电
5	压力容器	1. 灭火器、贮气罐等压力容器存在缺陷；未按规定进行定期检验、报废；压力容器内外发生腐蚀；安全阀失效；违章操作等，可能导致容器爆炸事故； 2. 压力容器内部易燃易爆介质发生泄漏，遇火源可能导致火灾、爆炸事故； 3. 压力容器内部毒性介质发生泄漏，人员接触可能导致中毒窒息事故	人员伤亡 经济损失 环境影响	容器爆炸 火灾 中毒和窒息
6	场（厂）内专用机动车辆	场内机动车辆与行人发生碰撞，导致车辆伤害事故	人员伤亡 经济损失	车辆伤害
三、项目建设工程				
7	施工作业机械设备	1. 螺旋输送机、中型调直机、直螺纹滚丝机、切断机等设备电源线受拉、磨而损坏，电源线连接处容易脱落而使金属外壳带电，漏电保护装置缺失或失效等，可能导致人员触电； 2. 弯曲机、弯箍机管子弯度行程范围附近有人，可能造成变弯的管子伤人。液压管或接头线破损，导致弯管机在工作过程中管线断裂甩出伤人。工件固定不牢，导致弯管机在运行过程中，工件飞出伤人； 3. 砂浆罐钢直梯结构不合理，性能不符合规定要求，在砂浆罐顶部高处作业未佩戴安全带、安全帽等，可能导致高处坠落事故。砂浆罐用电线路及设备带电部位裸露，可能导致触电事故； 4. 汽柴油发电机发电用的油品可能发生泄漏，引发火灾、爆炸事故；发电机产生的有毒有害气体可能引发人员中毒窒息事故；发电机工作过程中，可能发生漏电，导致触电事故	人员伤亡 经济损失 环境影响	火灾 触电 机械伤害 物体打击 高处坠落

续表

序号	风险源	风险描述示意（仅供参考）	可能造成的后果	风险类型
三、项目建设工程				
8	施工工程作业	1．土方开挖运输工程：开挖深度超过 2m 的沟槽，未按标准设置围栏防护和密目网封挡；超过 2m 的沟槽，未搭设上下管道，危险处未设红色标志灯。在施工坑边 1m 内堆土、堆料、停置机具；超过 1.5m 的施工坑未按规定放坡或设置支护；机械设备施工地点与槽边距离过小，又无加固措施。运输车装车过满或装载不均，以及将大块物品装在车的同一端；驾驶人员酒后驾车、超限、超速行驶；车辆行驶路面凹凸不平、路面狭窄、路面坍塌、积水、安全警示标志不完善等； 2．吊装工程作业：吊车吊装作业中被吊物件捆绑不牢；吊具、工装选配不合理，超载，钢丝绳存在缺陷；吊钩危险断面出现裂纹、变形或磨损超限；主、副吊钩操作配合不当造成被吊物重心偏移；制动器、缓冲器、行程限位器、起重量限制器、防护罩、应急开关等安全装置缺失或失效；吊钩在起升运行过程中与卷扬发生碰撞；起重机门舱联锁保护失效等，可能造成吊物坠落、同轨相邻起重机之间碰撞、人员挤伤、绞伤及高处坠落等起重伤害； 3．其他建筑施工作业风险源参考《北京市房屋建筑和市政基础设施工程施工安全风险分级管控技术指南（试行）》	人员伤亡 经济损失 环境影响	触电 坍塌 高处坠落 机械伤害
四、危险作业				
9	高处作业	1．钢直梯、钢斜梯、钢平台、便携式金属梯等结构不合理，性能不符合规定要求；未设置临边防护或临边防护拆除后导致防护措施缺失；脚手架、跳板存在缺陷；高处作业未佩戴安全带、安全帽等，可能导致高处坠落事故； 2．外墙高处清洗防护不当、作业人员身体素质不达标或者恶劣天气等容易造成高处坠落事故； 3．人员在滤池、澄清池等水池旁巡视、作业时，有高处坠落的风险	人员伤亡 经济损失	高处坠落
10	有限空间作业	1．人员在对滤池的检维修过程中，由于作业场地狭小、作业人员精力不集中、防护措施不当或夜间照明不足时，可能会发生物体打击以及碰、挤、擦、刮等其他伤害； 2．人员在进入消火栓井、管线井、排水井、污水井、闸门井、配水井等井室以及电缆沟、暖气沟、加药沟、雨水沟、清水池、储药池、机加池等有限空间进行巡视、检维修等作业时，有毒有害气体超标或者缺氧、富氧环境可能导致人员中毒和窒息等事故； 3．有限空间作业部位可能存在可燃气体，遇火源或电火花可能导致火灾、爆炸事故； 4．有限空间作业部位高度超过 2m。人员在进行作业时由于防护措施不当可能导致高处坠落事故； 5．地下有限空间作业环境存在爆炸危险的，使用的照明灯具和电气设备不符合防爆要求； 6．有限空间作业使用的电器设备超过 36V 安全电压，导致人员发生触电	人员伤亡 经济损失	中毒和窒息 其他伤害 高处坠落 触电

续表

序号	风险源	风险描述示意（仅供参考）	可能造成的后果	风险类型
四、危险作业				
11	临时用电作业	1. 临时用电线路及设备带电部位裸露，可能导致触电事故； 2. 由于环境潮湿导致临时用电线路发生腐蚀、老化，产生的火花引燃周边的可燃物，导致火灾、爆炸事故	人员伤亡 经济损失 环境影响	触电 火灾 其他爆炸
12	动土作业	1. 动土作业导致周边设施内易燃易爆物质泄漏，遇火源可能导致火灾、爆炸事故，动土作业导致周边设施内有毒物质泄漏，可能导致中毒事故； 2. 动土作业时，发生支撑不牢靠，或地下和地面水渗入作业区，可能导致作业区坍塌事故； 3. 动土作业现场高差大于 2m 时，人员可能坠入坑内，导致高处坠落事故； 4. 动土作业伤及地下电缆，可能导致人员触电及停电事故	人员伤亡 经济损失 环境影响	火灾 其他爆炸 中毒和窒息 坍塌 高处坠落
13	动火作业	焊接、切割、楼顶防水、电缆头拼接等动火作业部位、附近区域存在可燃物、易燃易爆危险化学品、粉尘积聚等，遇火源可能导致危险化学品火灾和爆炸、粉尘爆炸事故	人员伤亡 经济损失 环境影响	火灾 其他爆炸
14	检修维修作业	1. 在设备平台、管道等设备内部或管道等进行检维修时，未落实检修维修作业方案、违章作业等，可能引发火灾、中毒窒息、高处坠落等事故； 2. 检修维修过程违章操作，电气线路负载、安全防护装置等不符合安全要求，或在运行中出现绝缘损坏、老化等造成耐压等级下降，或设备运动部件安全防护装置缺失或失效等，可能造成触电、机械伤害事故； 3. 检修维修单位及人员无特种设备相应许可或超许可范围作业，导致人身伤害或设备事故	人员伤亡 经济损失 环境影响	触电 机械伤害 火灾 中毒和窒息
五、公用辅助用房及设备设施				
15	可燃物品、堆放物品或货架等	1. 仓库堆放的大量可燃物等遇火源（电气短路、电弧、明火等）可能导致火灾； 2. 堆放物品过高或储存物品的货架不稳可能导致坍塌	人员伤亡 经济损失 环境影响	火灾 其他伤害 物体打击
16	食堂后厨设备	1. 食堂电器设备：电源控制开关受烟尘、潮湿等因素影响，控制失效且带电；电源线被浸泡、高温腐蚀等发生外漏，可能导致人员触电； 2. 食堂燃气设备：使用燃气发生泄漏，遇火源可能导致火灾、爆炸事故； 3. 炊事设备：绞肉机、压面机等加料处防护设施缺失或失效，可能绞人人手、衣服等； 4. 地沟：地沟疏堵时未落实“先通风、后检测、再作业”规定，可能导致中毒窒息事故； 5. 烟道：未定期清理烟道内积聚的大量油污，易发生火灾事故	人员伤亡 经济损失	触电 火灾 机械伤害 中毒和窒息 其他爆炸

续表

序号	风险源	风险描述示意（仅供参考）	可能造成的后果	风险类型
五、公用辅助用房及设备设施				
17	员工宿舍	使用电炉等大功率电器设备、吸烟等可能引发火灾事故	人员伤亡 经济损失 环境影响	触电 火灾
18	空气压缩站	1. 空气储罐、压缩机缺陷，安全阀、压力表失效等，可能引发超压爆炸； 2. 空气压缩站电器设备线路绝缘部分发生损坏、短路，保护装置缺失或失效等，可能导致触电事故； 3. 空压机转动部位防护罩缺失或失效，可能导致机械伤害	人员伤亡 经济损失 环境影响	火灾 其他爆炸 触电 机械伤害

附表 3

营销与其他类安全生产风险源识别建议清单

序号	风险源	风险描述示意（仅供参考）	可能造成的后果	风险类型
一、用电设备				
1	配电装置	1. 高、低压配电装置产品质量缺陷、绝缘性能不合格；现场环境恶劣（高温、潮湿、腐蚀、振动）、运行不当、机械损伤、维修不善导致绝缘部分发生老化破损；设计不合理、安装工艺不规范；安全技术措施不完备、违章操作、保护失灵等原因，可能发生电击、电灼伤等触电危险； 2. 高、低压配电装置安装不当、过负荷、短路、过电压、接地故障、接触不良等，可能产生电气火花、电弧或过热，引发电气火灾或引燃周围的可燃物质，造成火灾事故；在有过载电流流过时，还可能使导线（含母线、开关）过热，金属迅速气化而引起爆炸； 3. 配电箱（柜）内可能存在裸露带电部位，绝缘胶垫缺失等，导致人员触电事故； 4. 电器元件、配件质量不好，绝缘性能不合格，接线不规范，接线端子接线松弛，线型选择过细，引起电器元件或端子接头发热引燃周边可燃物质，发生火灾； 5. 易燃易爆气体可能进入电缆沟，在沟内积聚，遇火源可能导致火灾、爆炸事故； 6. 电缆沟地面潮湿、积水不能及时排出，线路漏电，可能导致人员触电； 7. 进入电缆沟有限空间未执行“先通风、后检测、再作业”规定，可能导致人员中毒窒息事故	人员伤亡 经济损失 环境影响	触电 火灾 其他爆炸 中毒和窒息

续表

序号	风险源	风险描述示意（仅供参考）	可能造成的后果	风险类型
一、用电设备				
2	电气设备及控制柜	1. 控制柜内可能存在裸露带电部位，绝缘胶垫缺失等，导致人员触电事故； 2. 控制柜内电器元件、配件质量不好，绝缘性能不合格，接线不规范，接线端子接线松弛，线型选择过细，引起电器元件或端子接头发热引燃周边可燃物质，发生火灾； 3. 使用淘汰用电设备，漏电保护装置缺失或失效，用电设备绝缘部分发生损坏、老化等造成耐压等级下降等，人员在对电气设备操作、检修时，可能造成触电事故； 4. 使用淘汰用电设备，用电设备短路、过载、接触不良、铁芯发热、散热不良等原因产生电弧、电火花和危险温度，引发电气火灾或引燃周围的可燃物质，造成火灾事故	人员伤亡 经济损失 环境影响	触电 火灾
3	营业厅、办公区用电设备	1. 电脑、打印机、传真机、扫描机、照明、网络路由器、空调空气净化器、微波炉、饮水机等电器设备超负荷使用、超年限使用以及下班不断电，长时间通电使用； 2. 移动式插座长距离串接，插座负荷与所供电器设备功率不匹配； 3. 使用电热坐垫、“小太阳”、加热器、加湿器、风扇等电器设备，增加场所用电负荷； 4. 人员工作岗位或办公座位调整频繁，电气线路多次拉伸、挤压易出现绝缘层破损漏电，固定插座松动等情况	人员伤亡 经济损失 环境影响	火灾 触电
二、特种设备				
4	电梯、提升机	1. 安全钳、限速器不灵敏或失效；电梯下行达到限速器动作速度不能有效制动停止；轿厢超负荷运行，悬挂装置断裂等，可能造成人员坠落伤亡； 2. 倚靠、挤压或撬动电梯层门，可能使其非正常故障打开，导致人员坠落井道发生伤亡事故； 3. 电梯故障超高平层大于 0.75m 时，强扒电梯层、轿门，爬或蹦跳出电梯，可能发生乘客坠入敞开门的井道伤亡事故； 4. 电气联锁装置缺失或失效，可能出现轿厢门夹人等伤害； 5. 电梯因故障，开门走梯，可能导致乘客被剪切或挤压，发生人身伤亡事故； 6. 火灾时乘坐电梯，可能发生电梯故障，导致困人窒息等人身伤害事故	经济损失 人员伤亡	高处坠落 其他伤害 机械伤害 中毒和窒息
5	锅炉	1. 锅炉本身存在缺陷；出气阀被堵死，锅炉仍在运行；超载运行；操作人员失误或仪表失灵等造成超载；缺水运行；腐蚀失效；水垢未及时清除；锅炉到期未检验，安全附件缺失或失效；炉膛内燃气泄漏；司炉人员无证操作或脱岗等原因，可能造成锅炉爆炸； 2. 锅炉房内燃料发生泄漏，人员大量吸入可能导致中毒窒息等事故；遇火源可能导致火灾、爆炸事故； 3. 蒸汽锅炉、热水锅炉及其高温管道发生损坏，管道与设备连接处焊接质量差，管段的变径和弯头处连接不严密，阀门密封垫片损坏，高温设备保温措施失效，锅炉炉体泄漏，热水管线上的“跑、冒、滴、漏”等原因，可能会发生人员灼烫事故	人员伤亡 经济损失 环境影响	锅炉爆炸 中毒和窒息 火灾

续表

序号	风险源	风险描述示意（仅供参考）	可能造成的后果	风险类型
二、特种设备				
6	压力容器	1. 灭火器、贮气罐等压力容器存在缺陷；未按规定进行定期检验、报废；压力容器内外发生腐蚀；安全阀失效；违章操作等，可能导致容器爆炸事故； 2. 压力容器内部易燃易爆介质发生泄漏，遇火源可能导致火灾、爆炸事故； 3. 压力容器内部毒性介质发生泄漏，人员接触可能导致中毒窒息事故	人员伤亡 经济损失 环境影响	容器爆炸 火灾 中毒和窒息
7	场（厂）内专用机动车辆	场内机动车辆与行人发生碰撞，导致车辆伤害事故	人员伤亡 经济损失	车辆伤害
三、危险作业				
8	危险化学品运输作业	1. 装卸区域内，罐车、罐装管线等静电导除出现问题，可能引发火灾爆炸；危险化学品装卸、搬运作业过程，由于未使用专用工器具等原因，造成包装物损坏的，危险化学品泄漏，可能导致腐蚀灼烫事故；装卸搬运人员未经过装卸工作培训，未获得装卸人员从业资格证，导致装卸作业操作不当，危险化学品发生泄漏、引发腐蚀灼烫等事故； 2. 运输罐车罐体装卸超重，或不当使用导致罐体表面发生腐蚀及部件金属发生疲劳，罐体可能发生物理性爆炸； 3. 运输人员未取得危险货物运输从业资格证、危险货物运输从业资格证过期或套用他人危险货物运输从业资格证等；未取得对应危险货物运输资格证，擅自从事道路危险货物运输，导致交通事故，操作不当导致次氯酸钠发生泄漏等	人员伤亡 经济损失 环境影响	火灾 其他爆炸 灼烫 交通事故
9	临时用电作业	1. 临时用电线路及设备带电部位裸露，可能导致触电事故； 2. 由于环境潮湿导致临时用电线路发生腐蚀、老化，产生的火花引燃周边的可燃物，导致火灾、爆炸事故	人员伤亡 经济损失 环境影响	触电 火灾 其他爆炸

续表

序号	风险源	风险描述示意（仅供参考）	可能造成的后果	风险类型
四、公用辅助用房及设备设施				
10	可燃物品、堆放物品或货架等	1. 仓库堆放的大量可燃物等遇火源（电气短路、电弧、明火等）可能导致火灾； 2. 堆放物品过高或储存物品的货架不稳可能导致坍塌	人员伤亡 经济损失 环境影响	火灾 其他伤害 物体打击
11	食堂后厨设备	1. 食堂电器设备：电源控制开关受烟尘、潮湿等因素影响，控制失效且带电；电源线被浸泡、高温腐蚀等发生外漏，可能导致人员触电； 2. 食堂燃气设备：使用燃气发生泄漏，遇火源可能导致火灾、爆炸事故； 3. 炊事设备：绞肉机、压面机等加料处防护设施缺失或失效，可能绞入人手、衣服等； 4. 地沟：地沟疏堵时未落实“先通风、后检测、再作业”规定，可能导致中毒窒息事故； 5. 烟道：未定期清理烟道内积聚的大量油污，易发生火灾事故	人员伤亡 经济损失	触电 火灾 机械伤害 中毒和窒息 其他爆炸
12	员工宿舍	使用电炉等大功率电器设备、吸烟等可能引发火灾事故	人员伤亡 经济损失 环境影响	触电 火灾
13	空气压缩站	1. 空气储罐、压缩机缺陷，安全阀、压力表失效等，可能引发超压爆炸； 2. 空气压缩站电器设备线路绝缘部分发生损坏、短路，保护装置缺失或失效等，可能导致触电事故； 3. 空压机转动部位防护罩缺失或失效，可能导致机械伤害	人员伤亡 经济损失 环境影响	火灾 其他爆炸 触电 机械伤害

参考文献

[1] 中华人民共和国住房和城乡建设部. 城镇供水厂运行、维护及安全技术规程：CJJ 58—2009[S]. 北京：中国建筑工业出版社，2010.

[2] 国家市场监督管理总局，国家标准化管理委员会. 生活饮用水卫生标准：GB 5749—2022[S]. 北京：中国标准出版社，2023.

[3] 中华人民共和国国家质量监督检验检疫总局，中国国家标准化管理委员会. 地下水质量标准：GB/T 14848—2017[S]. 北京：中国标准出版社，2017.

[4] 中华人民共和国住房和城乡建设部. 城镇供水管网加压泵站无负压供水设备：CJ/T 415—2013[S]. 北京：中国标准出版社，2013.

[5] 中华人民共和国住房和城乡建设部. 城镇供水管网漏水探测技术规程：CJJ 159—2011[S]. 北京：中国建筑工业出版社，2011.

[6] 国家环境保护总局，国家质量监督检验检疫总局. 地表水环境质量标准：GB 3838—2002[S]. 北京：中国环境科学出版社，2002.

[7] 郑姿. 韧性城市导向的城市供水系统规划探索——以泉港区为例 [J]. 给水排水，2022，58（S2）：61–67.

[8] 张国晟，刘洪波，张显忠. 供水系统安全保障与韧性城市建设综述 [J]. 净水技术，2023，42（1）：8–14，127.

[9] 贝大卫. 城市供水系统韧性研究进展与启示 [J]. 净水技术，2023，42（S1）：46–50，324.

[10] 王俊佳，崔东亮. 韧性城市视角下的城市供水系统评价体系研究 [J]. 城镇供水，2021（2）：100–106，124.

[11] 杨芳，蒋艳灵，田川，等. 三亚市基于韧性理念的旅游城市供水策略研究 [J]. 中国给水排水，2022，38（12）：14–21.

[12] 刘金宁. 不同情景下滨海城市供水系统韧性评估研究 [D]. 青岛：青岛理工大学，2022.

[13] 刘慧洁. 基于能量和拓扑的城市供水管网韧性研究 [D]. 北京：北京交通大学，2021.

[14] 甄纪亮，刘晓然，刘朝峰，等. 分类分级视角下供水管网地震韧性评估研究 [J]. 安全与环境学报，2023，23（8）：2630–2636.

[15] 李岩峰，尹家骁，刘朝峰，等. 基于投影寻踪聚类的供水管网地震韧性评估 [J]. 中国安全科学学报，2020，30（6）：152–157.

[16] 顾嘉榕. 变化环境下长三角城市群供水系统韧性空间分布及影响因素研究 [D]. 镇江：江苏大学，2022.

[17] 杨铭威，石亚东，盛东，等. 城市供水安全评价指标体系初探 [J]. 水利经济，2009，27（6）：32–35，68–69.

[18] 陈新波，李聪. 特大型城市供水安全评价——以北京市为例 [J]. 给水排水，2015，51（S1）：61–65.

[19] 刘金宁，王伟，邵志国. 水旱灾害下青岛市供水系统韧性能力评估及提升 [J]. 防灾科技学院学报，2020，22（4）：9–19.

[20] 刘晓青. 城市水务规划韧性提升策略：雄安新区实践与探索 [J]. 上海城市规划，2023（3）：144–150.

[21] 刘健，黄文杰. 咸潮情景影响下城市供水系统弹性能力评估研究 [J]. 现代城市研究，2017（9）：32–40.

[22] 金俊伟. 基于管网韧性的城市水系统优化运行研究 [J]. 广东化工，2022，49 (21)：150–153.

[23] 靳军涛，梁思宸. 二次供水设施调研及水质影响因素分析 [J]. 中国给水排水，2023，39 (20)：32–37.

[24] 马学军. 基于多风险要素的供水管道风险评估方法应用 [J]. 科技资讯，2023，21 (22)：235–239.